21世纪高等学校
经济管理类规划教材 高校系列

博弈论与信息经济学

——PBL教程

◎ 张成科 宾宁 朱怀念 编著

GAME THEORY
AND INFORMATION
ECONOMICS

人民邮电出版社
北京

图书在版编目（CIP）数据

博弈论与信息经济学 : PBL教程 / 张成科, 宾宁, 朱怀念编著. -- 北京 : 人民邮电出版社, 2015.6（2023.8重印）
21世纪高等学校经济管理类规划教材. 高校系列
ISBN 978-7-115-38907-7

Ⅰ. ①博… Ⅱ. ①张… ②宾… ③朱… Ⅲ. ①博弈论－高等学校－教材②信息经济学－高等学校－教材 Ⅳ. ①O225②F062.5

中国版本图书馆CIP数据核字(2015)第086448号

内容提要

本书“以学生为中心”“以问题为导向”，注重培养学生专业素养，使学生自主地发现问题、解决问题，培养学生的创新思维，提高学生的学习能力。

本书共分 8 章，主要包括绪论、完全信息静态博弈、完全信息动态博弈、不完全信息静态博弈、不完全信息动态博弈、委托—代理理论、逆向选择和道德风险、信息传递和信息甄别等内容。

本书可作为普通高等院校和高职高专院校经济、管理类专业经济博弈论、信息经济学相关课程的教材，也可作为博弈论与信息经济学爱好者的参考用书。

◆ 编　　著　张成科　宾　宁　朱怀念
责任编辑　许金霞
责任印制　沈　蓉　彭志环

◆ 人民邮电出版社出版发行　　北京市丰台区成寿寺路 11 号
邮编　100164　　电子邮件　315@ptpress.com.cn
网址　http://www.ptpress.com.cn
北京虎彩文化传播有限公司印刷

◆ 开本：787×1092　1/16
印张：12.75　　　2015 年 6 月第 1 版
字数：290 千字　　　2023 年 8 月北京第 9 次印刷

定价：32.00 元

读者服务热线：(010)81055256　印装质量热线：(010)81055316
反盗版热线：(010)81055315

前言 FOREWORD

问题导向学习（Problem Based Learning，PBL）的教学模式在我国高校已引起高度关注。其始于 20 世纪 60 年代，这种教学模式的创立，改变了传统的教学理念，其核心理念是“以学生为中心”“以问题为导向”“注重培养学生专业素养”，使学生变被动学习为主动学习。学生自主地发现问题，解决问题，通过训练逐渐培养创新思维，掌握终身学习的能力，使学生成为终生学习者，更加符合目前高等学校应用型人才培养的需要。

近年来，随着我国教学改革的深入，以及教学理念的更新，许多院校都进行了 PBL 教学模式的尝试。我们编写这本书的教学团队也从 2009 年开始一直在所开设的“经济博弈论”或者“信息经济学”课程当中进行 PBL 教学的探索。在这个过程中，我们更认同范英昌教授在编写《病理学 PBL 教程》当中所提出的观点“引入 PBL 教学模式进行教学改革的同时，必须面对我国的教育现状，特别是本院校、本课程的教育现状和我们所面对学生的整体水平和实际情况以及传统教育的惯性影响，因而不能生搬硬套”。具体到某门课程，最关键的就是要有一本适合本土教学的教材，因此我们就萌发了编写这本教材的念头。从 2010 年 3 月形成讲义稿，历经 4 年的试用修改，于 2014 年 12 月形成目前的版本。本教材主要是基于 PBL 的教学理念来设计教学“引导问题”和组织构建教学内容，既包含了博弈论的经典内容，也包含了信息经济学的新进展以及新应用。在章节布局上，包括理论部分和应用部分。理论部分主要包括非合作博弈的核心内容（完全信息静态博弈、完全信息动态博弈、不完全信息静态博弈、不完全信息动态博弈），应用部分涵盖了信息经济学的主要内容，围绕 3 个主题展开（委托—代理理论、逆向选择和道德风险模型、信号传递和信息甄别模型）。本教材共分为 8 章，其篇章结构如下图所示。

教材力求体现以下两个特点。

（1）编写模式上紧紧扣住 PBL 教学理念，体现以学生为主、用问题导向的教学特色。在每章都注明教学目标，给出一个引导案例，同时在每个关键知识模块之后，设定一个引导学生讨论的提示模板。该模板包括“提示问题”和“教师注意事项及问题提示”两个内容，可帮助学生快速形成小组讨论的问题，然后由学生利用各种方式查阅文献自主学习，回答问题，解决问题。在每章最后还给出了一个扩展知识模块，试图通过对博弈论与信息经济学中世界级大师的介绍，引导学生进一步热爱课程学习。由此来构建以问题为导向、用问题进行驱动、以典型案例为引导的知识结构，让学生多维度了解问题，给学生提供开放性辩论、探究式的学习模式。通过实际问题研讨来巩固所学知识，促进课堂知识的学习，获得综合课程知识，促进学生综合实践能力的提高，培养学生的创新精神。

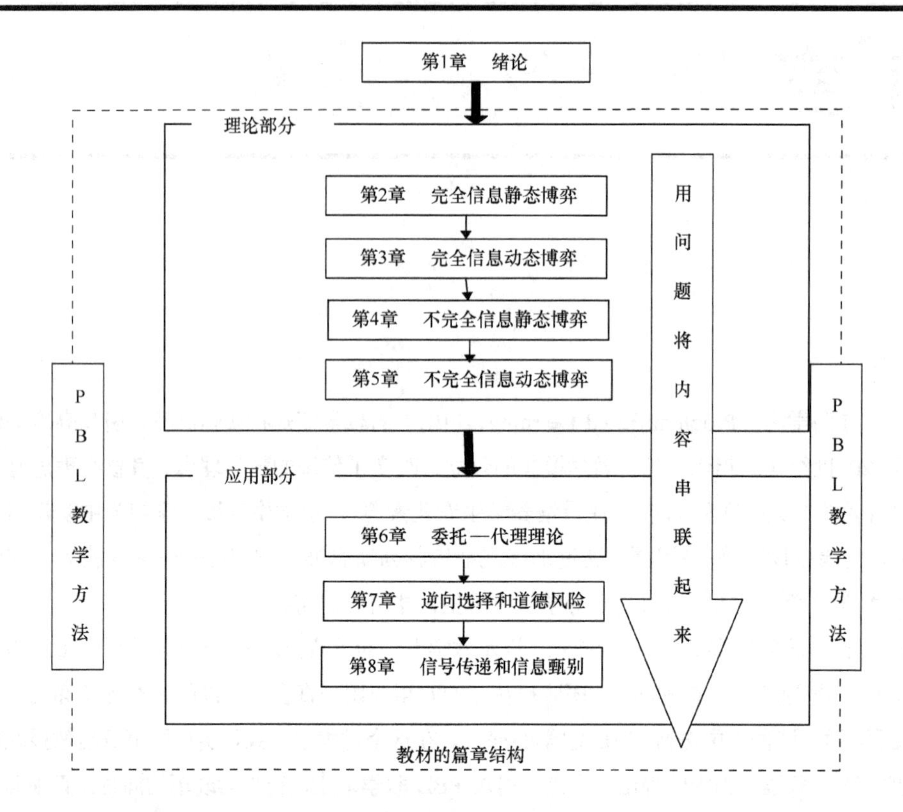

教材的篇章结构

（2）切实按照博弈论与信息经济学课程知识体系的内在逻辑性，构筑课程的内容体系。按理论部分与应用部分两个层次，分为完全信息静态博弈、完全信息动态博弈、不完全信息静态博弈、不完全信息动态博弈、委托—代理理论、逆向选择和道德风险、信号传递和信息甄别等知识模块组织内容。力争做到逻辑清晰、结构严谨、经典与现代相结合，反映博弈论与信息经济学的进步与发展，反映新思想、新方法。教学内容模块化设计，能满足教学组织的灵活性和多样性的需要。

本书可作为普通高等院校和高职高专院校经济、管理类专业经济博弈论、信息经济学相关课程的教材，也可作为博弈论与信息经济学爱好者的参考用书。

本书最终得以完稿并出版，首先得益于广东省教育厅所给予资助的高等学校教育教改“质量工程”项目，其次也因得到人民邮电出版社的热情关怀和大力支持，在此谨致衷心的感谢！在编写过程中，我们参阅了大量的文献资料，吸收了很多有价值的观点，在此特向原作者致谢！本书由广东工业大学精品课程小组全体成员总结多年教学改革中的经验，反复讨论修改而成。编写过程历时四年，虽然做了很多努力，但由于 PBL 本身的开放性、多元性，加上我们学识水平有限，对 PBL 的认识和理解也缺乏足够的深度，编写中难免存在遗漏，例如 PBL 案例编写模式结构是否合理，问题设置是否准确，内容详略是否得当等还需进一步深入探讨，但我们真诚地希望能够抛砖引玉，期待本书的出版能够帮助更多同行在博弈论与信息经济学的课程教学中实施 PBL。因此，对于书中的不足、缺点乃至错误之处，恳请给予批评指正，以便今后修订和完善。

编者

2014 年 12 月

目录 CONTENTS

第1章 绪　论

本章是全书的热身，主要是概述性地介绍博弈论与信息经济学的一些基本概念，以及关于问题导向学习（Problem Based Learning，PBL）的基本知识，并给出几个经典的趣味博弈模型，为后面的叙述做好铺垫。

【学习目标】

通过本章的学习应掌握以下问题：

- 了解博弈的基本概念，以及博弈论与主流经济学的发展历史；
- 了解并掌握 PBL 教学方法的基本原理与特征；
- 了解典型的趣味博弈模型。

【能力目标】

- 培养学生熟悉 PBL 教学模式和实施流程，激发参与课程 PBL 学习的热情。

【引导案例 1：田忌赛马博弈】

《史记》中著名的“田忌赛马”故事是战术中以弱胜强的典范，同时也是博弈论的经典范例，如图 1.1 所示。

图 1.1　田忌赛马博弈

参与人：齐王、田忌。

规则：各有上、中、下等马三匹，赛三场，赢得两场以上者为胜者。

问题：田忌是如何取胜的？

历史典故的结果我们都知道了，但是，如果当年齐王学习了博弈论，则结果将会完全不一样！

【引导案例 2：为什么麦当劳和肯德基永远是邻居】

在世界各个城市当中，不论是在喧闹的商业区，还是在人流来往频繁的住宅区，你会发现：只要有麦当劳的地方一定就有肯德基，有肯德基的地方一定也少不了麦当劳。麦当劳与肯德基虽是经营理念和经营产品都相近的竞争对手，却总是形影不离，就像是一对热恋中的情侣。对这一现象，你有没有考虑过，为什么它们都要把分店开到对方的附近，非要拥挤到一起竞争客源，而不是推选别的地方分散竞争呢？

不单是麦当劳、肯德基是这种情况，其他如国美、苏宁等大型家电连锁企业，也喜欢扎堆经营，聚合选址。常见的有建材一条街、酒吧一条街等。如何用经济学原理解释这种现象呢？

【引导案例3：为什么企业都争当各行各业的标王】

中央电视台（CCTV）从1994年起就在其广告黄金段位（《新闻联播》、天气预报前的65秒时段，共分13标块，每块5秒）进行公开竞标，出价最高者获得一年该时段的广告，谓之为“央视广告标王”。1994年，“孔府宴酒”以3079万元拔得头筹，成为首届“标王”。随后，利润大增的“孔府宴酒”提醒了当年还名不见经传的“秦池老窖”参与1995年的广告竞标，使其以6666万元竞得了CCTV“标王”的桂冠。1996年，“标王”的身价猛增至3.2亿元，得主依然是“秦池”。那次竞标会上，开价1亿元的企业就有十多家，和1995年的6666万元相比，大家都以为自己能稳坐标王宝座。但让大家没有想到的是，“齐民思”投进了2.2亿元。然而，“齐民思”并不是最后的赢家，因为“秦池”出了3.2亿元的天价。当公布这个数字时，CCTV的每位广告负责人都惊呼：“疯了，酒疯子！”昔日标王——“秦池老窖”姬长孔曾如此豪言：每天开一辆桑塔纳进CCTV，赚回一辆奥迪。CCTV在中国有着巨大的影响力，促使众多想在全国范围内打开市场的企业捧着钞票往CCTV送。随后各个企业都争当“标王”。1997年的“标王”是做DVD的“爱多”，中标金额是2.1亿元；而2013年的央视广告标王是“剑南春”，中标金额是6.08亿元。

许多企业以获得标王为荣，并将之作为企业发展的“终极目标”，甚至为争夺标王而押付全部身价。那么这里面到底包含了怎样的经济学原理呢？

【引导案例4：为什么飞机、轮船等都要设置不同的舱位和价格】

我们都知道，航空公司或者轮船公司在其客运服务中，分别在客运飞机或者轮船中提供了头等舱、商务舱和经济舱等不同价位的服务，对应不同舱位设定了不同的价格，以便将具有不同支付意愿的客户区别开来。类似的现象还有：电信服务公司，提供不同价位的手机电话套餐，以供不同手机用户群体来选择不同的套餐服务；房地产开发商通常也在一个比较大型的楼盘当中提供高等房型商品、中等房型商品和普通房型商品。所有这些我们所熟悉的生活当中的经济现象，蕴涵着怎样的经济学原理呢？

本书将通过既通俗易懂又严谨的科学分析方法，伴随你逐一解读这些问题。

1.1 博弈论与信息经济学概述

博弈论研究的是给定信息结构下的均衡是什么，而信息经济学研究的是给定信息结构下什么是最优的合约安排。

信息经济学主要研究非对称信息环境中的最优合约，故又称为合约（契约、合同）理论或机制设计理论。

信息经济学与博弈论之间的关系是，前者是后者在信息不对称环境下的应用，但从特点上看，博弈论更注重于方法论，而信息经济学注重于问题的解析。博弈论从某种意义上看是“实证的”，而信息经济学是“规范的”。

在进一步叙述之前，让我们先了解什么是博弈以及博弈论的研究范畴，继而介绍博弈论与主流经济学之间的关系，然后简要介绍“问题导向学习”（Problem-Based Learning，PBL），的发展历史、基本特征和原理，最后介绍几个常见的博弈模型以体现博弈论在日常生活、学习中的应用。

1.1.1 博弈及博弈论

“博弈论”译自英文“Game Theory”。“Game”的基本意义是游戏，因此“Game Theory”直译应该是“游戏理论”。

说起游戏，人们一般想到的是小朋友玩的躲猫猫、比大小、围棋等棋类比赛，桥牌、拱猪等扑克游戏，以及田径、球类等各种体育比赛。博弈论来源于这些真正的游戏，但又高于这些游戏。那么，博弈论与这些游戏的本质区别在哪里呢？

其实如果我们认真观察、思考一下就能发现，很多游戏都有如下共同的特点：

（1）都有一定的规则，规定游戏的参加者（可以是个人，也可以是队组）可以做什么，不可以做什么，应该按怎样的次序做，什么时候结束游戏和一旦参加者犯规将受怎样的处罚等。

（2）都有一个结果，如一方赢一方输、平局或参加者各有所得等，而且结果常能用正或负的数来表示，或能按照一定的规则折算成数值。

（3）策略至关重要，游戏者不同的策略选择常会带来不同的游戏结果。

（4）策略和利益有相互依存性，即每一个游戏者所得结果的好坏，不仅取决于自身的策略选择，也取决于其他参加者的策略选择。有时一个差的策略选择也许会带来并不差的结果，原因是其他游戏者选择了更差的策略。因此在有策略依存性的游戏中，策略本身常常没有绝对的好坏之分，只有相对于其他策略的相对好坏。

上述几点正是许多游戏共有的本质特征。同时，人们发现许多经济、政治、军事活动中的决策问题也与游戏有着基本相似的特征。为了扩大游戏理论的应用研究，一般把“Game”译成“博弈”，而将“Game Theory”译成“博弈论”或“对策论”。

定义 1.1 博弈是指决策主体（可能是个人，也可能是团体，如企业、国家、国际组织等）在相互对抗中，对抗双方（或多方）相互依存的一系列策略和行动的过程集合。

在定义 1.1 中，有几点需要注意。

第一，博弈中的参与人各自追求的利益具有冲突性。如果决策主体之间的利益是一致的，就不是博弈。从学术观点来看，即使一个博弈包含无穷多个参与人，如果他们利益一致，也可以理解为一个人。由于一个人是不会和自己博弈的，因此从某种意义上看，博弈论是一门专门研究冲突的学科，它为人们理解冲突和合作提供了一种重要的思想方法。

第二，博弈是一个过程。博弈不是一个孤立的事件，而是人们在对抗过程中有关的所有方面的集合。它包含参与人集合、策略的集合、行动的集合、信息的集合等。把博弈看做一个集合是思维从具体到抽象的重要一步。

第三，博弈的一个本质特征就是策略的相互依存性。如果参与人之间的策略不存在依存性，那么与一个人自娱自乐的游戏并无区别，当然也就不能称其为博弈。不过在一种特殊的情形下，有一种博弈“不存在”策略的相互依存性，这种博弈就是包含严格占优策略的博弈，在以后的章节中我们会介绍到。

定义 1.2 博弈论就是系统研究博弈如何出现均衡的规律的学科。

1.1.2 博弈的分类

可以根据各种不同的标准对博弈进行分类。

信息经济学与博弈论都研究所讨论的问题的信息结构对问题结果的影响。在非合作博弈理论中，通常将信息结构分为四类，对应的博弈模型也就分为四种，如表 1.1 所示。

表 1.1 非合作博弈的分类及对应的均衡概念

行动顺序 / 信息	静态	动态
完全信息	完全信息静态博弈； 纳什均衡； 代表人物：纳什（1950，1951）	完全信息动态博弈； 子博弈精炼纳什均衡； 代表人物：泽尔腾（1965）
不完全信息	不完全信息静态博弈； 贝叶斯纳什均衡； 代表人物：海萨尼（1967，1968）	不完全信息动态博弈； 精炼贝叶斯纳什均衡； 代表人物：泽尔腾（1975） 克瑞普斯和威尔逊（1982）

首先，根据参与人在博弈中的行为是否达成一个具有约束力的协议，可将博弈划分为合作博弈和非合作博弈。如果达成一个具有约束力的协议，就是合作博弈；反之，则是非合作博弈。

其次，根据博弈的时间或参与人的行动顺序，可将博弈分为静态博弈和动态博弈。静态博弈指的是博弈中参与人同时选择行动，或虽非同时但后行动者并不知道前行动者采取了什么具体行动；动态博弈指的是参与人的行动有先后顺序，且后行动者能够观察到先行动者的行动。

再次，根据参与人所拥有的有关博弈的信息知识，可将博弈划分为完全信息博弈和不完全信息博弈。完全信息博弈指的是博弈中每一个参与人对其他参与人的特征、策略空间及支付函数有准确的认识；否则，就是不完全信息博弈。

最后，根据博弈的收益分配情况，可以将博弈划分为零和博弈与非零和博弈。零和博弈是指参与博弈的各方在严格竞争下，一方的收益必然意味着另一方的损失。博弈各方的收益和损失相加总和永远为“零”；否则，就是非零和博弈。

在现实经济管理问题中，绝大多数博弈是非合作、不完全信息、动态的、非零和博弈。因此，研究非合作博弈、不完全信息博弈及动态博弈更具有实际意义。

1.1.3 博弈论与主流经济学的新发展

经济学是研究什么的呢？传统教科书上讲，经济学是研究稀缺资源的有效配置。不过，从现代的观点看，更为恰当地说，经济学是研究人的行为（human behaviour）。当然，研究人的行为的学科很多，不止经济学。那么，经济学与其他学科有什么不同呢？这个不同之处就在于经济学假定人是理性的。理性人是什么意思呢？理性人是指有一个定义得很好的偏好，在面临给定的约束条件下最大化自己的偏好。正是理性人的假设使得经济学家得以运用数学工具描述人的行为。注意，理性人与自私人不同。理性人可能是利己主义者，也可能是利他主义者。

无论是利己还是利他，理性人在最大化偏好时，需要相互合作（cooperation），而合作中又存在着冲突（conflics）。为了实现合作的潜在利益和有效地解决合作中的冲突，理性人发明了各种各样的制度规范他们的行为。价格制度（或称市场制度）是人类为达到合作和解决冲突所发明的最重要的制度之一。

传统的新古典经济学（neo–classic economics）就是以价格制度为研究对象的，故又称为价格理论。新古典经济学的两个基本假定是：（1）市场参与者的数量足够多，从而市场是竞争性的；（2）参与人之间不存在信息不对称问题。但这两个假设在现实中一般是不满足的。首先，在现实中，买卖双方的人数常常是非常有限的，在有限人数下，市场不可能是完全竞争的。在不完全竞争市场中，人们之间的行为是直接相互影响的，所以一个人在决策时必须考虑对方的反应，这就是博弈论要研究的问题。其次，现实中市场参与者之间的信息一般是不对称的，例如说，卖者对产品质量的了解通常比买者多。当参与人之间存在信息不对称时，任何一种有效的制度安排必须满足“激励相容”（incentive compatible）或“自选择”（self–selection）条件，这是信息经济学研究的问题。不完全信息使得价格制度常常不是实现合作和解决冲突的最有效安排，诸如学校、企业、家庭、政府等这样一些非价格制度，也许更为有效。而非价格制度的最显著特征是参与人之间行为的相互作用。因此，毫不奇怪，当20世纪70年代经济学家开始将注意力由价格制度转向非价格制度时，博弈论逐渐成为经济学的基石。

博弈论是研究决策主体的行为发生直接相互作用时候的决策以及这种决策的均衡问题，也就是说，当一个主体，例如说一个人或一个企业的选择受到其他人、其他企业选择的影响，而且反过来影响到其他人，其他企业选择时的决策问题和均衡问题。所以在这个意义上说，博弈论又称为“对策论”。这里我们可以把博弈论与我们在一般传统微观经济学上学的东西作一比较。传统微观经济学谈到个人的决策，就是在给定一个价格参数和收入的条件下，最大化他的效用；个人效用函数只依赖于他自己的选择，而不依赖于其他人的选择；个人的最优选择只是价格和收入的函数，而不是其他人选择的函数。这里，经济作为一个整体，人与人之间的选择是相互作用的，但是对单个人来讲，所有其他人的行为都被总结在一个参数里，这个参数就是价格。这样，一个人作出决策时他面临的似乎是一个非人格化的东西，而不是面临着另外一个人或另外一个决策主体。他既不考虑自己的选择对别人选择的影响，也不考虑别人选择对自己选择的影响。与此相对照，在博弈论里，个人效用函数不仅依赖于他自己的选择，而且依赖于他人的选择；个人的最优选择是其他人选择的函数。从这个意义上讲，博弈论研究的是在存在相互外部经济条件下的个人选择问题。在传统微观经济学中，寡头市场是一个例外，而这一部分正是博弈论最主要的应用领域之一。

人们之间决策行为相互影响的例子很多，几乎所有我们在生活中遇到的事情都是这样的。例如，OPEC 石油输出国组织成员国家选择石油产量；在寡头市场上，企业选择他们的价格和产量；又如家庭中的夫妻，他们之间的行为也是一种博弈；还有国家与国家之间的关系也存在这种情况；再例如我国的中央政府和地方政府之间也存在一种博弈。就是说，中央采取一种行动会影响地方的行动；反过来，地方的行动又会使中央采取相应的政策，所以博弈论的应用是非常广泛的。

博弈论可以划分为合作博弈（cooperative game）与非合作博弈（noncooperative game）。纳什、泽尔腾和海萨尼的贡献主要是在非合作博弈方面；而且现在经济学家谈到博弈论，一般指的是非合作博弈。合作博弈与非合作博弈之间的区别主要在于人们的行为相互作用时，当事人能否达成一个具有约束力的协议，也就是说，有没有一种 binding agreement。如果有，就是合作博弈，反之，则是非合作博弈。例如我们刚才讲的两个寡头企业，如果它们之间达成一个协议，联合最大化垄断利润，并且各自按这个协议生产，就是合作博弈。它们面临的问题就是如何分享合作带来的剩余。但是如果这两个企业间的协议不具有约束力，也就是说，没有哪一方能够强制另一方遵守这个协议，每个企业都只选择自己的最优产量（或价格），则是非合作博弈。这就是两个概念的区别。同时应该指出的是，合作博弈强调的是团体理性，就是 collective rationality，强调的是效率（efficiency）、公正（fairness）、公平（equality）。非合作博弈强调的是个人理性、个人最优决策，其结果可能是有效率的，也可能是无效率的。

严格地讲，博弈论并不是经济学的一个分支。它是一种方法，应用范围不仅包括经济学。其他如政治学、军事、外交、国际关系、公共选择，还有犯罪学，都涉及博弈论。实际上，好多人把博弈论看成是数学的一个分支。纳什在 1951 年关于博奕论的奠基性文章就是发表在数学杂志上，而不是经济学杂志上，在相当长一段时间里经济学家们并不把纳什当作一个经济学家。还有夏普利作于 1953 年的文章本身也是一篇数学手稿，而非经济学手稿。那么为什么把诺贝尔经济学奖授给这 3 个人，而不是把其他的什么奖授给他们呢？大致有以下 3 个方面的原因。

（1）博弈论在经济学中的应用最广泛、最成功；博弈论的许多成果是借助于经济学的例子来发展的，特别是在应用领域。

（2）经济学家对博弈论的贡献也越来越大，特别是在动态分析和不完全信息引入博弈论之后，例如克瑞普斯和威尔逊都是经济学家。

（3）最带根本性意义的原因是经济学和博弈论的研究模式是一样的，即强调个人理性，也就是在给定的约束条件下追求效用最大化。在这一点上，博弈论和经济学是完全一样的。

大体是因为这 3 个原因，博弈论逐渐被当成是经济学的一部分，诺贝尔经济学奖自然就授给了 3 位博弈论专家。

但是，博弈论真正成为主流经济学的一部分不过是近二三十年的事。大体来讲，在 20 世纪 70 年代中期之前，经济学家也有一部分用到博弈论，但所有这些经济学家应用到的博弈论知识大体在 1953 年之前就已经被创造出来了（当然也有一些例外）。只是到 20 世纪 70 年代中期以后经济学家开始转而强调个人理性，特别是强调对个人的最基础的效用函数的研究之后，他们才发现信息是一个非常重要的问题，信息问题成为经济学家关注的焦点。同时，在研究个人行为时，个人决策有一个时间顺序（sequence 或 time order），就是说当你作出某项决策时，必须对你之前（或之后）别人的决策有一个了解（或猜测），你的决策受你之前别人决策的影响，同时反过来影响你之后别人的行为，这样，时序问题在经济学中就变得非常重要。博弈论发展到这一阶段正好为这两方面的问题（一个是信息，一个是时序）提供了有力的研究工具，这些工具包括泽尔腾在 1965 年发表的关于动态博弈精炼均衡和海萨尼在 1967—1968 年发表的关于不完全信息的研究成果（这些成果在 20 世纪 70 年代中期之前经济学家们没有用过）。后来的包括克瑞普斯和威尔逊于 1982 年的研究成果，还有克瑞普斯、米格罗姆（Milgrom）、罗伯茨（Roberts）和威尔逊发表于 1982 年关于信誉（reputation）问题的非常有名的“四人帮模型”。

博弈论在经济学中的绝大多数应用模型都是在 20 世纪 70 年代中期之后发展起来的。大体从 20 世纪 80 年代开始，博弈论逐渐成为主流经济学的一部分，甚至可以说成为微观经济学的基础。博弈论的发展和经济学的发展可以说是你中有我，我中有你，不少当今赫赫有名的经济学家就发迹于其在博弈论方面的研究成果。

这里引用一下美国印第安纳大学的经济学家艾瑞克·拉斯马森（Eric Rasmusen）在《博弈与信息》（Games and Information，1989）一书中的一段话来概括博弈论在主流经济学中的地位变迁史。他说：

不久前，一个爱开玩笑的人或许会说，计量经济学和博弈论就如同日本和阿根廷。在 20 世纪 40 年代晚期，这两门学科都充满了生机，正如同这两个国家一样都充满了希望，做好准备开始迅速的经济增长，并对世界产生广泛的影响。我们都知道日本和阿根廷发生了什么。在这两门学科中，计量经济学变成了经济学不可分割的一部分，而博弈论则萎缩成为一个子科目，仅对博弈论专家来说充满乐趣而被整个经济学界所遗忘。这些博弈论专家一般都是数学家，他们只关心定义和证明，而不关心其应用；他们很为博弈论能在众多学科中的应用感到自豪，但是没有一门学科把博弈论当作自己不可分割的一部分。

但到 20 世纪 70 年代后，把博弈论比作阿根廷就不再合适了。在阿根廷把她的前专制君主 Juan Peron 迎回来的同时，经济学家们开始发现通过把博弈论应用于复杂的经济问题可能得到的东西。理论和应用方面的新发现对非对称信息和动态行为的分析尤其有用。在 20 世纪 80 年代，博弈论迅速成为主流经济学的重要组成部分。事实上，它几乎吞没了整个微观经济学，就如用计量经济学吞没了“经验经济学”（empirical economics）一样。

博弈论在西方经济学中的地位也可以从国外流行的教科书中看出来，这里举几个例子：

例一，哈尔·范里安（Hal Varian）的《微观经济分析》（Microeconomic Analysis）是一本在欧美非常流行的高级微观经济学教科书，几乎所有大学的研究生课程都用这本书。在 1984 年的第二版中，没有博弈论，甚至在书后的词汇表上都找不到“博弈论”这个词，但是在 1992 年的第三版就加上了“博弈论”一章，而且有关寡头竞争这一章也按博弈论的理论重写了。

例二，克瑞普斯在 1990 年出版的《微观经济理论教程》（A Course in Microeconomic Theory）是 1991 年最畅销的经济学教科书，被相当多的欧美名牌大学选为研究生课程的教材，其中的第三部分就是“非合作博弈”，共 219 页，占全书正文的 28%以上，且书中的许多内容也涉及博弈论。当然这可能与他本人就是博弈论专家有关。1990 年他因对博弈论的贡献而获美国克拉克奖（Clark Medal，全美对 40 岁以下经济学家的最高奖）。

例三，让・梯若尔泰勒尔（Jean Tirole，法国经济学家，2014 年诺贝尔经济学奖获得者）在 1988 年出版了《产业组织理论》一书。该书是目前最受欢迎、最流行的有关产业组织的教科书，全书的内容都是建立在非合作博弈论的基础上的，以致作者不得不在最后加上一章“非合作博弈论”，供不熟悉非合作博弈论的读者参考。现在，博弈论已经基本上成为产业组织理论中占主导地位的研究方法。

博弈论进入主流经济学，反映了经济学发展的以下几个趋势。

第一，经济学研究的对象越来越转向个体，放弃了一些没有微观基础的假定，如消费函数及其投资函数、销售最大化等，一切从个人效用函数及其约束条件开始，解约束条件下的个人效用最大化问题而导出行为及均衡结果。这正是博弈论研究的范式：给出个人的支付函数及战略空间，然后看当每个人都选择其最优战略以最大化个人支付函数时将发生什么。这与经济学效用最大化的方式完全吻合。

第二，经济学越来越转向对人与人关系的研究，特别是对人与人之间行为的相互影响和作用、人们之间的利益冲突与一致、竞争与合作的研究。过去经济学研究个人行为时，总是假设其他人的行为都被总结在一个非人格化的参数——价格——里面，所以个人是在给定价格参数下进行决策，人们行为之间的相互作用是通过价格来间接完成的。但是现在不是这样了，经济学开始转向对人与人之间的直接关系进行研究，经济学越来越重视对人与人之间关系的研究，特别是经济学开始注意到理性人的个人理性行为可能导致的集体非理性。这一点和传统经济学形成明显对照。在传统经济学里，价格可以使个人理性和集体理性达到一致。现代经济学开始注意到个人理性和集体理性的矛盾与冲突，但是解决这个问题的办法并不是像传统经济学主张的那样通过政府干预来避免市场失败所导致的无效状态，而是认为，如果一种制度安排不能满足个人理性的话，就不可能实行下去。所以解决个人理性与集体理性之间冲突的办法不是否认个人理性，而是设计一种机制，在满足个人理性的前提下达到集体理性。认识到个人理性与集体理性的冲突对于认识制度安排是非常重要的。

第三，经济学越来越重视对信息的研究，特别是信息不对称对个人选择及制度安排的影响。如我们已经提到的，博弈论成为主流经济学的一部分，正是伴随着经济学对信息问题的重视而来的。从某种意义上讲，信息经济学是博弈论应用的一部分，或者说，信息经济学是非对称信息博弈论。

1.2 PBL 概述

1.2.1 PBL 的起源和发展历程

问题导向学习（Problem Based Learning，PBL）作为一种教学模式，起源于美国 20 世纪 50 年代中期的医学教育领域。是最早由美国神经病学教授霍华德・巴罗斯（Howard Barrows）于 1969 年在加拿大麦克马斯特大学医学院（McMaster University Medical School）

开始实行的一种新的教学模式。长久以来，医学院的教学大多以知识传递为重点，要求学生记住一大堆知识，然后再将这些知识应用于临床场合。可用这种“先学后用”的简单方法，培养不出能胸有成竹地处理各种现实问题的医生。尽管医学院学生为了对付各门功课的考试，而把基本医学知识背得滚瓜烂熟，但一到实际应用则手足无措，而且不久就把这些知识都忘得一干二净。

针对传统医学教学方法单纯注重知识传授，忽视学生各种技能培养的弊端，巴罗斯设计了一系列超越常规案例研究的问题。他不是把所有知识向学生和盘托出，而是要求学生研究一个具体的病例，提出恰当的问题，并自己拟定解决问题的方案。这样不仅使学生加深对各种可应用的医疗工具的了解，而且使学生日益精通“临床推理过程”。在医学院使用“问题导向学习”的学生成为了“自我指导的学习者”，这样的“学习者”心怀求知求学的渴望，深知自己的学习需要，善于选择和利用现有的资源来满足自己的需要。巴罗斯把这种新方法规定为：“起自于努力理解和解决一个问题的学习”。以该校巴罗斯为代表的一些教师开始从事这方面的实践和研究。从此，“问题导向学习”作为一种明确的课程教学模式诞生了。

无论是作为一种教学现象，还是作为一种教学思想、教学模式，PBL 都并不是一种全新的东西。它有着悠久的历史，在东方和西方都有其思想源流和实践脉络。

“学起于思，思源于疑”。在我国古代，孔子的启发式教学思想对所有后世的教育思想都有着深远影响。在西方，亚里士多德曾说过：“思维是从疑问和惊奇开始的。”问题教学的早期发展至少可以追溯到古希腊的苏格拉底的“产婆术”。而从苏格拉底到卢梭，再到杜威，我们可以看到问题教学的发展进程。到了 20 世纪，由于实用主义哲学的影响，问题教学受到越来越多的教育学、心理学学者的支持和提倡。心理学家中最早对问题解决给予专论的当属威廉·詹姆斯（1890 年），而杜威在儿童中心主义理论基础上提出“做中学”思想，20 世纪 50 年代末至 60 年代初期前苏联教育家马赫穆托夫、马丘什金、列尔耐尔等人在思维心理学的研究成果上形成了问题教学理论。马赫穆托夫于 1957 年出版的专著《问题教学》在前苏联被誉为“当代问题教学的理论与实践的百科全书”。

但是把“问题解决”作为新教育理念的体现，系统地运用于教学领域，是从 20 世纪 80 年代开始的，其中影响较大的学者是美国的数学教育家 G.波利亚。到 20 世纪末，问题中心、以问题为基础等名词在教育研究刊物上出现的频率越来越高，并逐渐成为各种教学、教育会议的中心议题。由此问题导向教学理论得到了迅速的发展，并产生了许多与此有关的新的教育思想和理念，如问题教学、问题解决、建构主义情境学习、问题导向学习等。这些理论对当代的教学产生了重大的影响。而且由于东西方文化不断交流、交融，问题教学思想的影响几乎遍及全世界。

1983 年春，在荷兰的 Maastricht 举行了第一届问题导向学习国际研讨会，来自美国、加拿大、荷兰、马来西亚、泰国、苏丹、澳大利亚和埃及的各国代表出席了会议。他们所在的学校都应用问题导向学习作为教学方法。会议对问题导向学习在未来医学教育改革中的积极作用予以肯定。

1989 年，美国医学院协会在华盛顿举行了第 100 届年会，对问题导向学习进行探讨，并列入独立议题。至今二十几年间，已有 98%的美国和加拿大的医学院校在教学过程中采用了问题导向学习。这一新型的教学模式现已进一步得到世界医学教育界的肯定，目前已有 37 个国家 60 多所院校采用这种方法。而且国外学者对于 PBL 的研究从理论上和实际应用上进行得都比较深入，例如美国南伊利诺伊大学研究了许多开展 PBL 教学的工具；美国 BIE 协会专门研究 PBL 在教学中的应用；Bernice McCarthy 还提出了“4MAT 设计模式”等。

总之，PBL 作为一种学习策略，已得到世界卫生组织和世界医学教育组织的认可，目前已广泛应用于包括大众医学、护理、药学、兽医学等在内的医学教育领域。不仅如此，PBL 还拓展到法律、工程学、教育、社会研究等其他专业的教育领域中，甚至应用于中小学教育中。

PBL，这种当前在国外被誉为“多年来专业教育领域最引人注目的革新”，在我国于 20 世纪 80 年代中期在一些西医院校开始试行，但仍局限于小范围、局部课程的应用。我国最早是于 1986 年由上海第二医科大学和西安医科大学引进的，20 世纪 90 年代以来，引进 PBL 的院校逐渐增多，PBL 已成为医学教育中一个主要发展趋势。

与此同时，国内教育理论界的研究者也开始重视这种教学方法，出现了不少理论介绍性和实践探索性的研究成果，“21 世纪社会进步主义教育研究中心”等不少网上教育资源对其进行了推介，甚至在“全球华人计算机教育应用大会”第六届年会上，问题导向学习已经开始作为一个崭新的议题出现。

1.2.2 PBL 的基本原理与特征

1．PBL 的定义

对于问题导向学习的界定，研究者们没有给出一个非常统一的描述，而是根据各自的研究和理解，提出不尽相同的解释。

霍华德 · 巴罗斯（Howard Barrows）和安 · 凯尔森（Ann Kelson）提出，PBL 既是一种课程，也是一个过程：说它是一种课程，是指它由经过仔细选择、精心设计的问题组成，而这些问题是学习者在获得批判性知识、熟练的问题解决能力、自主学习策略以及团队合作参与能力时需要的；说它是一个过程，是指它遵循普遍采用的用以解决问题或应对生活和事业所遇挑战的系统方法。

琳达（Linda Torp）和莎拉（Sara Saga）认为，问题导向学习是让学生围绕着解决一些结构不良的、真实的问题而进行的一种有针对性的、实践性（学生不仅要动脑，而且要动手）的学习，它包括课程组织和策略指导两个基本过程，也就是说，问题导向学习就是让学生在实际问题情境中学习，让他们把所学知识和实际生活联系起来，以此培养他们的学习兴趣和学习主动性，同时让他们建构自己的知识框架。

唐纳德 · 伍兹（Donald R.Woods）认为，PBL 就是一种以问题驱动学习的学习环境，即，在学生学习知识之前，先给他们一个问题。提出问题是为了让学生发现在解决某个问题之前必须学习一些新知识。

史蒂芬（Stephen）和加拉格尔（Gallagher）把问题导向学习理解为，对学生进行任何教学之前，提供一个“劣构”问题。在整个学习过程中，要求学生对问题进行深入探究，找到问题之间的联系，剖解问题的复杂性，运用知识形成问题的解决方案。

我国刘儒德教授认为，问题导向学习以问题为核心，让学生围绕问题展开知识建构过程，以此过程促进学生掌握灵活的知识基础和发展高层次的思维技能、解决问题能力及自主学习能力。

张建伟教授提出，问题导向学习是一种问题取向的教学思路，它强调把学习设置到复杂的、有意义的问题情境中，通过让学习者合作解决真实性问题，来学习隐含于问题背后的科学知识，形成解决问题的技能，并形成自主学习的能力。

总的来说，问题导向学习是把学习设置于复杂的、有意义的问题情境中，将学生置于积极的问题解决者的角度，直接去面对反映真实世界情境的劣构问题，通过解决复杂的实际问题，培养学生的问题求解策略，从而形成解决问题的能力和自主学习的能力，同时发展学科的基础知识和基本技能。这种教学模式以小组的形式开展教学活动，由教师提供获取学习资源的途径和学习方法的适当指导，让学习者解决拟真实情境中的问题。对于学生而言，问题导向学习能够帮助他们建立起主动的思维模式，学会主动学习；作为教师而言，要摆脱传统的教学模式，努力建立问题探究式课堂，让学生在探究活动中思考和解决问题，从而促进学生学习能力的发展。

2．PBL基本要素

内容、活动、情境和结果是PBL构成的四大要素，如图1.2所示。

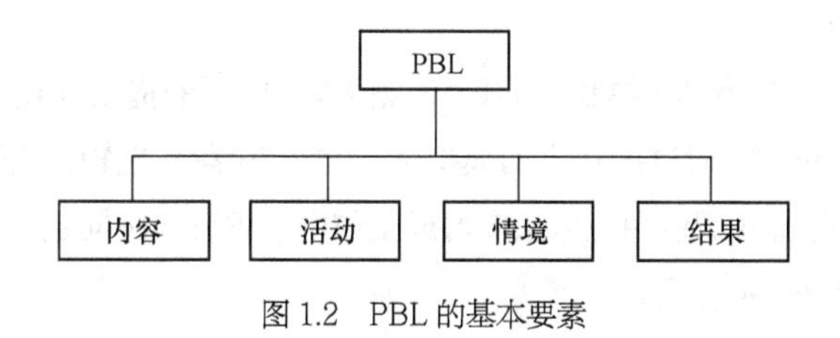

图1.2　PBL的基本要素

（1）内容

内容作为PBL的第一个要素，有以下两个方面的特点：

其一是内容关注的是现实生活中的真实问题，是值得学生进行深度探究并且在学生能力范围内可以进行有意义探究的知识。例如，在美国采用PBL的历史教学中，教师会提问学生“我们所居住的城市有什么样的历史？”，在健康课教学中提问学生“我们学校的午餐健康程度如何？”，这都是与学生的生活息息相关的一类问题，学生也可以在生活中去发现这些问题的答案。

其次，内容的选取是学生感兴趣的，例如是学生日常经历中的内容或者是当前热门的话题，即能够引起学生兴趣的，以此激发学生学习的主动性。

（2）活动

PBL的活动主要是在教师的指导下，学生通过采用某些技术工具和一些研究方法对所要解决的问题采取一定的探究行为。活动开展的起点是遇到了一定的问题，然后学生通过实地调查、互联网搜索、文献检索等途径搜寻信息和知识，并通过对知识的学习以及小组互相讨论、辨析从而解决问题。在活动过程中，学生们遇到的问题是有一定困难程度的，使得学生在自有的知识基础上进行知识的记忆，迁移建构新的知识。

（3）情境

PBL 中第 3 个要素情境是一种特殊的学习环境，在这个学习环境中学生真正地参与，有亲身的体验，同时学生之间可以进行合作学习，可以相互分享个人的学习经历，锻炼人际交往能力。

（4）结果

PBL 的结果是学生进行一系列的学习后的丰富学习成果，如制作一个面向一定用户的多媒体软件，或者举行一个小型的书画展览等。有教师曾经指出虽然在我们国家中小学不乏以项目为基础的学习，但是却不重视 PBL 中的成果这一要素，即不重视“产品”展示。然而这一环节恰恰是非常重要的，因为它可以锻炼学生的写作能力、口头和书面交流能力，通过学生之间成果的展示交流，能够开阔学生的视野，进一步激发学生的研究欲望。

3．PBL 基本原理

PBL 的理论源于对人类学习与记忆的研究，Schmid 很严谨地阐述了 PBL 的基本原理。

（1）激发既往知识

PBL 往往是先提出问题，然后通过小组讨论的方式去激发小组各成员以往的知识记忆，以往的知识具有长期的记忆，可以帮助择取新知识，同一篇文献由一年级和四年级学生分别研读，他们必然呈现出不同的学习结果。因此，如何激发学生相关知识的记忆，从而促进他们学习新知识，是非常重要的。

（2）模拟特定情境

PBL 问题的每一幕都为学生提供特定的模拟情境，问题的提出及整个学习过程都紧紧围绕这些特定的情境展开，同时这些特定的模拟情景与未来学生工作中遇到的真实情况十分接近，故学生通过学习能将知识应用在未来实习或工作中，解决实际问题，所以说 PBL 是以问题作为实际应用与知识间的桥梁的。

（3）系统梳理知识

PBL 实施过程中，学生在不断提出问题、查找资料、讨论、回答问题、做笔记、同伴学习、组织及评估问题、自我学习等过程中，对相关知识进行归纳总结、系统梳理，从而使知识得到进一步的阐述与发展。

4．PBL 特征

问题导向学习在国内外被广泛应用，并成为当前教学改革中一个被推崇的教学模式，可见其相比其他传统教学模式和其他的教学方法有一定的优势。PBL 教学模式的特征与优势如表 1.2 所示。

表 1.2　PBL 模式的特征与优势

特征	优势
是一种以学生为主体的教学模式	强调意义而不是事实
以问题为中心组织教学并作为学习的驱动力	通过问题解决的过程，增强学生的自主学习能力
问题是真实的、劣构的，是发展学生解决实际问题能力的手段	问题驱动引发比传统教学更深入的理解和更高能力的发展
以学生小组为单位的学习形式	小组学习的形式促进人际交往能力及团队合作能力的提高

续表

特征	优势
真实的、基于绩效的评价，重过程甚于结果	师生之间的关系更融洽
教师是辅导者、引导者	发展运用知识的能力及解决问题的能力，提高整体学习水平

问题导向学习有其独特的功效，可以通过从教学的主要要素：教师、学生、媒体、教学策略、学习环境、评价等方面来与传统教学模式作比较，如表 1.3 与表 1.4 所示。

表 1.3　传统教学模式与问题导向学习对照表

传统教学模式	问题导向学习
以教师为中心	以学生为中心
线形组织结构	非线形组织结构
教师作为知识的传递者	教师作为学习的促进者和支持者
学生通过被动接受进行学习	学生通过建构知识进行学习
固定化学习环境	灵活的学习环境

表 1.4　一般课程教学与问题导向学习各教学要素比较表

	传统的课程教学	问题导向学习
教学目标	强调学生对现成知识的记忆及理解，在短时间内进行基本知识及技能的获取	强调学生对所习知识及技能的应用；培养学生的自学能力，并在实际问题解决的过程中锻炼学生综合、分析、判断等高层次思维技能
教学内容	主要是教科书上的知识，来自别人间接经验的总结，问题的假设与结果都已经在学习内容中标明	学习如何收集、处理和提取信息；运用有关的知识来解决实际问题；学会在研究的过程中与人交流与合作；表述或展示研究成果等
教师角色	教师处于“主体”地位，通过教导和要求学生来控制学习过程	教师处于辅助地位，是学生学习的引导者、帮助者、鼓励者，在学习过程中建议或提示学生发现问题，并完成学习进展的记录和评估
学生角色	学生通常作为知识的被动接受者，处于从属地位	从问题的提出到学习小组的组合、研究内容的确定和成果的展示，都由学生自己作主，突出学生的主体性
评价方式	以测验、考试等“量”的评价方法对学生进行阶段性或总结性评价，重视学习的结果	诊断性评价、形成性评价、总结性评价贯穿研究过程的始终，注重组内评价、组间评价、教师评价三者有机结合的多元评价方式，重视学习的过程
教学方式	通常是采用课堂讲授的方式集中教学	在教师引导下，学生围绕特定的问题，采用研究型的学习方式解决问题，强调学生的主动探究和协作学习，其主要特征是通过高水平的思维来学习，基于问题解决来建构知识

1.2.3　PBL 实施策略

PBL 的实施主要分为 6 个步骤，如图 1.3 所示。

（1）识别问题。学生了解问题并对问题进行讨论。老师引导学生去正确地识别问题，并且鼓励其去更深入地思考。

（2）发掘已掌握的知识，澄清问题中的要素以及要素的含义。学生总结出自己已知的知识和生活经验，陈述自己对问题的已有的理解，并在小组内部来交流对问题的认识，进一步明确问题。

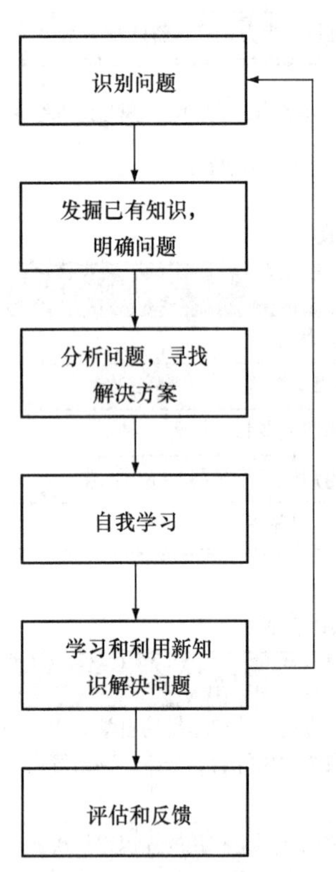

图 1.3　PBL 的实施步骤

（3）形成假设以及可能的解决方案，并识别问题。在之前讨论的基础上，学生形成关于问题本质的假设，包括可能的解决方案。并确定出需要进一步发掘的问题，即不能够用小组现有知识解决，但是通过学习是能够解决的问题。学生将会进一步清楚他们的问题是什么，无论是小组的还是个人的。

（4）自我学习阶段。学生在之前 3 个阶段的基础上，形成自我学习的领域，并充分理解和使用其他小组成员带来的资料，花费大量的时间来研究和学习。

（5）根据问题对新知识进行评价和利用。在完成之前的问题识别、自我学习之后，开始把这些获得的新知识应用到最初的问题上。学习小组内开始进行广泛的交流，学生之间自由地提出问题，并识别那些能够应用到问题上的重要概念，并最终形成问题的解决方案。如果在这个阶段仍然找不到一个理想的方案，学生们需要从第一步开始重新识别问题、明确问题并开展相关的学习，这个循环一直进行下去，直到最终形成问题的解决方案为止。

（6）学习过程的评价和反馈。在问题基本解决之后的一个步骤是每位学生都能对之前的学习过程进行思考和反思。这包括对学习成果的审视、小组成员之间就各自的工作以及小组整个工作过程进行反馈，以及对整个小组的工作情况进行考核。

1.2.4　博弈论与信息经济学 PBL 的“问题”参考模式

1．“问题”的设计

PBL 教学模式强调把学习设置到复杂的、有意义的问题情景中，学生在真实的问题情境中寻求解决问题的方法，从而学习隐含在问题背后的知识，形成解决问题的技能和自主、合作学习的能力。由此可见，PBL 的精髓在于发挥问题对整个学习过程的引导作用。“问题”是 PBL 教学模式的核心，问题设计是否成功将会影响学生学习的动机，以及学生对学习的热情，问题的设计在整个教学设计中显得尤为重要。

结合编者所在学校院系的实际情况，编者于 2009 年 9 月开始，在经济与贸易学院以及管理学院所开设的“博弈论与信息经济学”课程中探索实施 PBL 教学。总结几年经验，PBL 问题的设计必须围绕课程教学目标以及教学大纲来逐层进行，并合理分配子问题和学时。

“博弈论与信息经济学”课程的教学目标是通过该课程的学习，了解信息经济的研究对象、研究内容和主要研究领域，掌握微观信息经济学的理论、原理和方法。即通过课程学习使学生掌握微观信息经济学的基本原理：给定信息结构，什么是经济行为人的最优契约安排？以及进行微观信息经济分析的工具和方法：给定信息结构，什么是可能的均衡结果？——博弈论分析方法；并能将其应用于信息经济活动的实践，实现对信息经济时代的有效管理。围绕这个教学目标，“问题”的设计必须符合教学大纲对教学内容的基本要求，以及涵盖课程所包含的知识与技能模块，因此必须对“问题”进行由浅入深的逐层递增设计，让学生在完成“问题”的同时，学习和应用更多的课程知识与技能。“博弈论与信息经济学”课程实施 PBL 教学模式的课程知识模块和学时安排参如表 1.5 所示。

表 1.5　课程知识模块以及学时安排

课程知识模块	PBL	课程知识模块	PBL
Ch1 博弈论与信息经济学		Ch2 完全信息静态博弈	4 学时
Ch3 完全信息动态博弈	4 学时	Ch4 不完全信息静态博弈	4 学时
Ch5 不完全信息动态博弈	4 学时	Ch6 委托—代理理论	4 学时
Ch7 逆向选择和道德风险	3 学时	Ch8 信号传递和信息甄别	3 学时
整个课程合计	PBL 教学模式 26 学时（采取分组进入专门配置的工作室方式进行）		

根据我们这几年在本课程开展 PBL 教学的实践，建议可以参考表 1.6 给出的参考模式。

表 1.6　PBL 教学的“问题”设计参考模式

问题题目：××××

（1）问题背景

本部分的设计目的：给出问题的背景描述，描述要生动且贴近现实，以便能吸引学生对问题产生研究的兴趣。

（2）问题的国内外研究现状（部分）

本部分的设计目的：介绍目前国内外学者对问题的研究现状，并对现状做出必要的点评分析，以便引导学生能尽快查找文献学习并对问题进行研究与讨论。

（3）需要探究的基本问题和扩展问题

本部分的设计目的：给出若干个供学生参考使用的问题，又分为基本问题和扩展问题，其中基本问题是属于模仿学习用的，目的是通过对基本问题的探究式研讨，就可以学习掌握课程要求的基本知识；扩展问题是属于有所创新性学习用的，目的是通过扩展问题的探究式研讨，除了进一步巩固知识外，还要训练利用知识研究经济现象或者问题的技能，在模仿式研究问题的基础上有所创新。根据我们这几年开展 PBL 教学的实践，通常我们设定如下几个问题：

基本问题 1：根据所拟定的题目反映的背景和现实经济现象，模仿完全信息静态假设，构建一个完全信息静态博弈模型并分析之，以便掌握课程第 2 章的基本知识。

基本问题 2：根据所拟定的题目反映的背景和现实经济现象，模仿完全信息动态假设，构建一个完全信息动态博弈模型并分析之，以便掌握课程第 3 章的基本知识。

基本问题 3：在基本问题 1 的基础上，假设信息是不完全的，构建一个不完全信息静态博弈模型并分析之，使得通过该问题的研究，就能掌握课程第 4 章的基本知识。

基本问题 4：在基本问题 2 的基础上，假设信息是不完全的，构建一个不完全信息动态博弈模型并分析之，使得通过该问题的研究，就能掌握课程第 5 章的基本知识。

扩展问题 1：在前面 4 个基本问题研究的基础上，结合课程第 6 章或者第 7 章的知识要求，设定一个拓展问题模型，使得通过该拓展问题的研究，就能掌握课程第 6 章或者第 7 章的基本知识。

扩展问题 2：进一步根据课程第 7 章或者第 8 章应该掌握的知识要求，设定一个综合拓展问题，使得通过该拓展问题的研究，就能掌握课程要求的综合知识和技能。

（4）参考文献

给出不少于 10 篇的有关该问题的国内外参考文献，以便学生能尽快熟悉问题并能开展小组讨论。

为了方便使用者，结合以上参考模式，我们在大量文献研究的基础上，设计了表 1.7 所示的参考样板，该样板经过我们多年使用实践，已获得学生认可。

表 1.7 PBL 教学的“问题”设计参考样板

问题题目：多寡头市场的博弈模型以及信息经济分析

（1）问题背景

在成熟的市场经济体系中，寡头市场已成为市场结构的主要形式。企业根据实际的情况采取自主创新、跟踪新产品开发和引进模仿等不同的产品开发战略，因此分别形成了多寡头企业完全竞争的 Cournot 市场结构、一个领先者和多个追随者的 Stackelberg 市场结构。

例如，在中国的家电、钢铁、汽车、通信、乳饮料等竞争性产业领域已经形成了寡头竞争的市场格局。在寡头市场上，少数工厂控制了产品供给的大部分，各厂商之间具有较大程度的相互依赖性。

（2）问题的国内外研究现状（部分）

在寡头垄断市场结构研究中，一个重要的问题是分析企业不同行为下的企业利润以及消费者的福利变化。现有一些研究文献对寡头市场结构下不同的企业行为对产量、利润、社会福利等影响进行分析，一般认为领先者具有先动优势，但是追随者如果能在产品的差异化、创新和进入时机上正确把握，将具有后动优势。先动优势（First Mover Advantage）是指先进入者可以抢先占有各类资源来获得优势，包括对市场空间、产品技术空间、消费者偏好空间等方面资源的抢先占有。其中，通过建立双寡头理论模型，Gal-Or（1985）和 Dowrick（1985）分析了不同反应函数下的先动优势和后动优势；Muceller（1997）研究了特定产业周期中领先寡头先动优势的路径依赖问题；Haan 和 Marks（1966）指出存在市场进入壁垒时，Stackelberg 竞争未必能提高福利；Okuguchi（1999）分析了不同反应函数下 Cournot 模型和 Stackelberg 模型的均衡，以及领先者和追随者占有行动优势的条件；Huck（2001，2002）通过实验经济学的方法研究了不同模型下的产出效率。

在多寡头垄断的研究中，Sherali（1984）对 Stackelberg 模型进行了扩展分析，构造了多个领先者、多个追随者的寡头垄断模型，得出领先者利润大于追随者，新进入的寡头必然会减少在位寡头的利润的结论；Danghety（1990）分析一般情况下的 m 个领先者、（n-m）个追随者的 Stackelberg 博弈的均衡解；Wolf 和 Smeers（1997）建立了随机 Stackelberg 模型，讨论模型的均衡解和性质，并运用在欧洲燃气市场分析中。

上述研究文献主要讨论了同一个市场结构中不同条件下的企业行为。国内一些文献对多寡头的 Cournot 市场结构和 Stackelberg 市场结构也进行了对比分析，但是分析结论并不一致。

（3）请你结合以下的基本问题和扩展问题（这些问题供参考但不限定）进行探究

基本问题 1：在多寡头完全竞争市场结构下，依据你的模型假设构建完全信息静态博弈模型，并求解其纳什均衡解，分析企业分别采取自主创新、跟踪新产品开发和引进模仿的产品开发战略的市场表现，及产量和利润依次递减情况。

基本问题 2：考虑在 1 个领先者、多个追随者的 Stackelberg 市场结构下，依据你的模型假设构建完全信息动态博弈模型，并求解其子博弈精炼纳什均衡解，对比分析领先者企业、追随者企业的产量、利润和社会福利各个指标，并分析企业相应采取的各种研发策略及其绩效表现。

基本问题 3：在基本问题 1 的基础上，假设信息是不完全的，构建一个不完全信息静态博弈模型，并分析企业的产量、利润和社会福利各个指标变化情况。

基本问题 4：在基本问题 2 的基础上，假设信息是不完全的，做某种适当的条件简化和模型抽象，构建一个不完全信息动态博弈模型，并分析其可能的精练贝叶斯纳什均衡。

扩展问题 1：从企业的角度，如果企业是董事会—总经理管理机制的，试结合委托—代理理论，给出你的管理建议。或者，你作为企业的人事部经理，探讨给出企业有利于企业发展的绩效管理方案；或者有效的企业员工招聘方案。或者，你作为企业的营销部经理，如何根据市场以及客户特征，区分产品的不同价位品牌，让不同的潜在客户愿意根据其所需的价位购买商品，增大公司利润。

扩展问题 2：比较两种市场结构的消费者剩余和社会福利水平，提出为了形成具有更高社会福利水平的 Stackelberg 市场结构，政府需要采取的产业扶持政策。

（4）参考文献

[1] Gal-Or E. First Mover and Second Mover Advantages[J]. International Economic Review, 1985, 26(3): 649-53.

[2] Dowrick S. von Stackelberg and Cournot Duopoly: Choosing Roles[J]. RAND Journal of Economics, 1986, 17(2): 251-260.

[3] Mueller D C. First-mover advantages and path dependence[J]. International Journal of

Industrial Organization, 1997, 15(6): 827-850.

[4] Haan M, Maks H. Stackelberg and Cournot competition under equilibrium limit pricing[J]. Journal of Economic Studies, 1996, 23(5/6): 110-127.

[5] Okuguchi K. Cournot and Stackelberg duopolies revisited[J]. Japanese Economic Review, 1999, 50(3): 363-367.

[6] Huck S, Muller W, Normann H T. Stackelberg beats Cournot—on collusion and efficiency in experimental markets[J]. The Economic Journal, 2001, 111(474): 749-765.

[7] Huck S, Müller W, Normann H T. To commit or not to commit: endogenous timing in experimental duopoly markets[J]. Games and Economic Behavior, 2002, 38(2): 240-264.

[8] Sherali H D. A multiple leader Stackelberg model and analysis[J]. Operations Research, 1984, 32(2): 390-404.

[9] Daughety A F. Beneficial Concentration[J]. American Economic Review, 1990, 80(5): 1231-1237.

[10] De Wolf D, Smeers Y. A stochastic version of a Stackelberg-Nash-Cournot equilibrium model[J]. Management Science, 1997, 43(2): 190-197.

[11] 徐晋，廖刚，陈宏民. 多寡头古诺竞争与斯塔尔博格竞争的对比研究[J]. 系统工程理论与实践, 2006, 2(2): 49-54.

[12] 薛伟贤，陈爱娟. 寡头市场的博弈分析[J]. 系统工程理论与实践, 2002, 22(11): 82-86.

[13] 施卓敏. 论寡头企业的先动优势与后动优势[J]. 学术研究, 2005 (3): 23-27.

2．PBL 教学模式的实施

一种新的理论要应用于实践之中，并指导实践，才能检验这种理论的有效性及其可行性。课程实施阶段是 PBL 教学的核心部分，又是其成败的关键。在近几年来，编者一直在对该教学模式进行较为深入的思考和探索，我们基本上是按照图 1.4 所示的教学流程开展 PBL 教学的。在实施过程当中，又分为：集中在一个大教室讲授课程的 PBL 教学问题、如何围绕问题制定学习研讨计划、课程涉及的概念和基本知识，以及分散在若干个小课室按组开展系列问题探究这两种形式，在大教室与小课室之间按照表 1.5 所示的学时分配来回穿插进行。

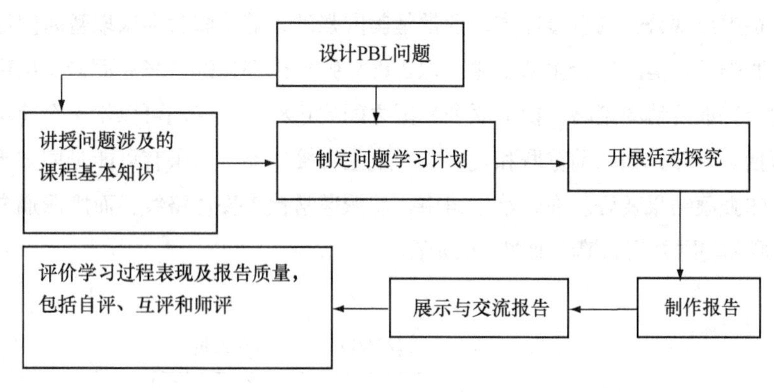

图 1.4　PBL 教学流程图

1.3　典型的趣味博弈模型

1．模型 1——囚徒困境博弈

在博弈论中，含有占优战略均衡的一个著名例子是由塔克给出的“囚徒困境”

（prisoners’dilemma）博弈模型。该模型用一种特别的方式为我们讲述了一个警察与小偷的故事。假设有两个小偷 A 和 B 联合犯事、私入民宅被警察抓住。警方将两人分别置于不同的两个房间内进行审讯。对每一个犯罪嫌疑人，警方给出的政策是：如果一个犯罪嫌疑人坦白了罪行，交出了赃物，于是证据确凿，两人都被判有罪；如果另一个犯罪嫌疑人也作了坦白，则两人各被判刑 8 年；如果另一个犯罪嫌疑人没有坦白而是抵赖，则以妨碍公务罪（因已有证据表明其有罪）再加刑 2 年，而坦白者因有功被减刑 8 年，立即释放；如果两人都抵赖，则警方因证据不足不能判两人的偷窃罪，但可以判私入民宅罪名成立。图 1.5 给出了这个博弈的支付矩阵。

	B 坦白	B 抵赖
A 坦白	－8, －8	0, －10
A 抵赖	－10, 0	－1, －1

图 1.5　囚徒困境博弈（prisoner's dilemma）

我们来看看这个博弈可预测的均衡是什么。对 A 来说，尽管他不知道 B 作何选择，但他知道无论 B 选择什么，他选择“坦白”总是最优的。显然，根据对称性，B 也会选择“坦白”，结果是两人都被判刑 8 年。但是，倘若他们都选择“抵赖”，每人只被判刑 1 年。在表中的 4 种行动选择组合中，（抵赖、抵赖）是帕累托最优的，因为偏离这个行动选择组合的任何其他行动选择组合都至少会使一个人的境况变差。不难看出，“坦白”是任意犯罪嫌疑人的占优战略，而（坦白，坦白）是一个占优战略均衡。

2．模型 2——鸽派和鹰派博弈

前苏联和美国是冷战时期的两个超级军事大国，并长期处于对抗状态。从历史来看，前苏联和美国很少出现公开的直接冲突，通常是美国强硬，前苏联就会采取暂时回避的策略；如果是前苏联强硬，美国就会主动回避。像古巴导弹危机那样的紧张局面极少出现，即使出现，双方都会采取妥协的策略。前苏联和美国之间的这种现象我们可以用一个简单的博弈模型来加以概括。显然，如果前苏联和美国之间发生直接冲突，后果有可能是同归于尽，因而妥协要比一味强硬结果要好。在政治术语中，鸽派通常代表妥协路线，而鹰派通常代表强硬路线。前苏联和美国之间的博弈如图 1.6 所示。

		美国	
		鸽派政策	鹰派政策
前苏联	鸽派政策	(0, 0)	(−1, +1)
	鹰派政策	(+1, −1)	(−*w*, −*w*)

图 1.6　鹰鸽博弈

图 1.6 表明，如果前苏联和美国都采取鸽派策略（避免冲突），那么双方得到的利益为零，表示双方相安无事。如果双方都采取强硬路线，那么必然导致冲突的发生，后果是双方同归于尽，得到的利益为负无穷大。如果一方采取强硬路线，而另一方采取回避策略，那么

实行鹰派政策的一方可以威吓对方从而获得较多的利益，用+1 表示，而实行鸽派政策的一方则失去一部分利益，用–1 表示。因此，前苏联和美国到底采取什么政策，主要取决于彼此认为对方可能采取的策略。如果美国采取鸽派政策，那么前苏联的最优策略就是表现出强硬立场。如果美国采取鹰派政策，那么前苏联的最优反应就是退避三舍，采取鸽派政策。上述这个模型虽然简单，但却真实地反映了冷战时期的本质所在。在图 1.6 中，存在着两个博弈均衡解，它们分别是（前苏联鸽派政策，美国鹰派政策）和（前苏联鹰派政策，美国鸽派政策）。这就为冷战时期苏美两个超级大国主动避免冲突的行为提供了有说服力的解释。

3．模型 3——“超级女声”晋级博弈

2006 年 9 月 29 日，年度“超级女声”大赛在掌声和欢呼中谢幕，尚雯婕凭借 5 196 975 的票数登上冠军宝座。有人发出疑问：与 2004 年的冠军安又琪相比，她没有出众的外表；与 2005 年的冠军李宇春相比，她没有倾倒观众的舞台魅力；与 2006 年亚军谭维维相比，她没有“无可挑剔”的唱功，那她凭什么夺冠呢？实际上这个疑问本身就反映了疑问者对于博弈论的不了解。这个冠军本来就不是尚雯婕一个人得到的，而是在主办方湖南电视台和天娱传媒、参赛的女生们、电视观众、媒体、各女生的“粉丝”等方方面面共同博弈的结果。每一次超级女声的比赛，电视上几个女生在台上比赛唱歌跳舞，而实际上真正的博弈在屏幕之外。以主办方来说，就不断根据观众的反应而修改策略，从开始的评委打分到专业评委、大众评审团、短信共同决定，再到最后完全靠短信决胜负，这种修改可以看做对形势发展的妥协，也可以解释为追求商业利益最大化的对策。有人认为整个过程中还出现了非合作博弈与合作博弈的可能：某些得分较低的女生的“粉丝”，联手对付得分高的选手；得分最高的选手联合肯定无望出线的选手以巩固地位，防止次高选手反超。这就是一种相互依存的博弈，而相互依存的策略就构成一种均衡。

4．模型 4——价格战博弈

现在我们经常会遇到各种各样的家电价格大战，彩电大战、冰箱大战、空调大战、微波炉大战……这些大战的受益者首先是消费者。每当看到一种家电产品的价格大战，百姓都会“没事儿偷着乐”。在这里，我们可以解释厂家价格大战的结局也是一个“纳什均衡”，而且价格战的结果是谁都没钱赚。因为博弈双方的利润正好是零。竞争的结果是稳定的，即是一个“纳什均衡”。这个结果可能对消费者是有利的，但对厂商而言是灾难性的。所以，价格战对厂商而言意味着自杀。从这个案例中我们可以引伸出两个问题：一是竞争削价的结果或“纳什均衡”可能导致一个有效率的零利润结局；二是如果不采取价格战，作为一种敌对博弈论（rivalry game），其结果会如何呢？每一个企业，都会考虑采取正常价格策略，还是采取高价格策略形成垄断价格，并尽力获取垄断利润。如果垄断可以形成，则博弈双方的共同利润最大。这种情况就是垄断经营所做的，通常会抬高价格。另一个极端的情况是厂商用正常的价格，双方都可以获得利润。从这一点上，我们又引出一条基本准则：“把你自己的战略建立在假定对手会按其最佳利益行动的基础上”。事实上，完全竞争的均衡就是“纳什均衡”或“非合作博弈均衡”。在这种状态下，每一个厂商或消费者都是按照所有的别人已定的价格来进行决策。在这种均衡中，每一企业要使利润最大化，消费者要使效用最大化，结果导致了零利润，也就是说价格等于边际成本。在完全竞争的情况下，非合作行为导致了社会所期望的经济效率状态。如果厂商采取合作行动并决定转向垄断价格，那么社会的经济效率就会遭到破坏。这就是 WTO 和各国政府要加强反垄断的意义所在。

课后习题

1. 在美国，参加大选前，候选人须先赢得自己所在党派的提名。你会发现，无论哪个党，候选人都不太愿意在党派提名过程中作为领先者出现。但在大选时，候选人就不太在意他领先于对手这个事实被我们看到，为什么？（从博弈论的角度回答）

2. Ross 和 Rachel 是一对情侣，暗地里都有过不忠的行为。但他们并不想分开，而是希望能继续生活在一起，于是不得不面对一个问题：是否应该向对方坦白自己的不忠行为？（请用博弈论分析）

3. 有 5 个海盗，即将被处死刑。法官愿意给他们一个机会：从 100 个黄豆中随意抓取，最多可以全抓，最少可以不抓，可以和别人抓的一样多。最终，抓的最多的和最少的要被处死。如果你第一个抓，你抓几个？ 条件：每个海盗都是很聪明的人，都能很理智地判断得失，从而做出选择。

4. 扑克牌只有黑红两色，现在考虑玩一种“扑克牌对色”游戏。甲乙两人各出一张扑克牌，翻开以后，如果两人出牌的颜色一样，甲输给乙一支笔；如果两人出牌颜色不一样，乙输给甲一支笔。试把这个扑克牌游戏表达为一个博弈。

第2章 完全信息静态博弈

从第一章绪论我们知道，博弈论是研究两个及两个以上利益关联（包括利益冲突）的参与人对局的理论。若每个参与人的战略和支付都是共同知识（其相关定义本章后面将阐述），则谓之为完全信息博弈；若参与人是同时决策的，则谓之为静态博弈。本章首先将通过具体例子，介绍两人完全信息静态博弈的概念，构成一个完整博弈所需要具备的三大要素，并介绍表述博弈的常用形式：策略式描述和矩阵式描述。进而讨论完全信息静态博弈的各种均衡解概念以及对应的求解方法，并特别给出 Nash 均衡解的典型应用案例分析。

【学习目标】

完全信息静态博弈理论是整个非合作博弈理论的基础，它抽象出现实博弈形式中最基本的组成部分构成数学模型，由此对博弈人的理性行为形成规范描述，在此基础上进一步扩展为更复杂的博弈模型。

通过本章的学习，应掌握以下问题：

- 掌握博弈的基本概念，了解它的构造和基本假设；
- 了解并掌握离散和连续两种情况下纳什均衡的求解方法；
- 了解和掌握混合战略纳什均衡的求解方法；
- 了解纳什均衡的存在性定理、多重性及其选择。

【能力目标】

- 促使学生能运用博弈及其相关概念描述现实问题，即将现实问题抽象描述为博弈问题，或者依据一个博弈问题编写一个现实故事；
- 培养学生利用博弈思维分析处理现实问题的能力。

【引导案例：航空公司与旅行者的博弈】

两个旅行者甲、乙到一个出产名贵陶瓷的地方旅行，返城时都买了一个花瓶。当他们在机场提取行李时，发现花瓶被挤破了，于是两人向航空公司索要赔偿。航空公司知道这种花瓶的价格在 600～1 000 元，但是并不知道确切的购买价格。航空公司必须要考虑到以下两种现实：第一，确实这两个旅行者以 600～1 000 元的某个价格购买，他们只想索赔他们真实购买价格的损失；第二，他们可能以 600～1 000 元的某个低价格购买，目的是索赔一个有利可图的高价格。

在这样的一场索赔争议中，如果你是航空公司一方，你如何避免顾客的恶意索赔来保证公司利益？

航空公司是这样处理的：航空公司客气地请两位旅行者各自单独地到一间房间坐下，请他在 1 000 元以内，写下自己购买花瓶的价格。并向旅行者宣布自己的理赔方案如下：如果两个人写的价格一样，那么公司就将如数赔偿；如果两人所写价格不一致，那么以价格低者为真，按低价格赔偿，并奖励其 100 元，而写高价格者则被认为是讲假话，罚款 500 元。

你认为航空公司是否能保证自己的利益？如果你是当事的旅行者，你又如何处理呢？

2.1 博弈论的基本概念及战略式表述

2.1.1 基本概念

前面已经指出，博弈论是分析存在相互依赖情况下理性人如何决策的基本工具。本章我们将正式介绍博弈论的一些基本概念。博弈论的基本概念包括参与人、行动、信息、战略、支付（效用）、均衡和结果，其中，参与人、战略和支付是描述一个博弈所需要的最少的要素，而行动和信息是其“积木”。参与人、行动和结果统称为“博弈规则”（the rules of the game）。博弈分析的目的是使用博弈规则预测均衡。我们现在给出这些概念的准确定义。

1．参与人

参与人（player）是指博弈当中决策的主体，他在博弈中有一些行动要选择以最大化他的效用或收益（支付）。参与人可以是生活中的自然人，也可以是一个企业或组织，还可以是一个国家或是国家之间的一种组织（如北约、欧盟等）。在一个博弈中，只要是其决策对结果有着重要影响的主体，我们都把它当做一个参与人。

像多数博弈论教科书一样，本教材对博弈参与人作以下假设。

【个体理性假设】：我们假设所有参与人都是个体理性的，即他追求自身利益的最大化（或者成本最小化），或者更清楚地说，他只按博弈规则的规定选择自己的战略以使自身利益最大化，而不讲究礼仪、道德等。

这一假设对于个人来说，往往容易接受。读者可能存在以下疑问：如果每一个人都是理性的，那么由个人所形成的组织是不是理性的？这一问题涉及经济学中著名的“偏好加总”，即每个参与人必须有可供选择的行动和一个很好定义的偏好函数。关于这些不作为本书讨论的问题。但对于我们来说，当把一个组织视为一个决策主体时，一般假定其有一个很好定义的目标函数，这样，我们就可以把它当做理性的主体来看待了。当然，在现实生活中，很多组织并没有体现出应有的集体理性。但任何一个组织，如果在关键的决策问题上不能以组织的目标为重，那么这个组织的生命力就非常有限。

【完全理性假设】：每个博弈参与人都是逻辑学家、精算专家，他们都能够进行正确的推理和计算，从而做出正确的战略选择。

这一假设当然是理想化的，现实中参与人都是有限理性的。但是通过这个假设，我们发现，完全理性是唯一的，而有限理性是各式各样的，描述起来非常复杂。因此，为了研究更复杂的有限理性情形，我们需要研究清楚完全理性时的分析方法。本书仅涉及完全理性假设情形，有兴趣涉及更复杂的有限理性的读者，可以参阅有关书籍，如《演化博弈》和《博弈学习理论》等。

除一般意义上的参与人之外，当一个博弈涉及随机因素时，我们往往还引入一个名为

“自然”（nature）的“虚拟参与人”（pseudo-player）。例如，在投资决策中，一项投资能否获利，不仅取决于决策者的选择，还取决于不受投资者控制的随机因素，即俗话所说的“谋事在人，成事在天”。但是，“天”，也就是“自然”这个虚拟的参与人，与一般参与人不同的是，它没有自己的支付和目标函数，即它不是为了某一目的才采取行动。

2．行动

行动（action or move）是参与人在博弈的某个时点的决策变量。每个参与人，在轮到他采取行动时，都有多种可能的行动可供选择。例如，打牌时，轮到某人出牌，他可以出黑桃，也可以出方片。所有参与人在博弈中所选择的行动的集合就构成一个“行动组合”（action profile）。不同的行动组合导致了博弈不同的结果。所以，在博弈中，要想知道博弈的结果如何，不仅需要知道自己的行动，还需要知道对手选择的行动。

与行动相关的另一个重要问题是行动的顺序，即谁先行动，谁后行动。一般来说，参与人的行动顺序不同，结果往往也不同。例如，下围棋时大家都愿意先行，因为先行往往可能带来优势，以致输赢结果不同，所以正式比赛中通常采用抓阄的办法决定行动顺序，以示公平。现实中许多博弈的行动顺序是由技术、制度、历史等外生因素决定的。

3．信息

信息（information）是指在博弈当中每个人知道些什么。这些信息包括对自己、对对方的某一些特征的了解。例如，对方是一个比较容易妥协的人，还是一个比较好斗的人？对方的企业是低成本还是高成本的？同样，信息还包括了对对方采取的一些行动的了解，即轮到自己行动时，对手在这之前都做了些什么。例如，下棋时，当轮到自己走棋时，对手在这之前是走马还是拨炮。

【完全信息】：在博弈中，如果参与人对其他人的特征和类型、参与人可以选择的战略以及选择这些战略下所能得到的支付（关于战略和支付这两个概念在本节稍后介绍）的信息掌握得充分，我们把这类博弈叫作“完全信息”（complete information）博弈。

例如，下棋时，你的对手可能是高手，也可能是臭棋篓子。如果你和他较为熟悉，知道他的水平如何，在这种情况下和他下棋，就是一种完全信息博弈；如果你和他是第一次下棋，不知道其水平如何，则是一种不完全信息博弈。对于不完全信息的博弈，往往可以视为有自然人参与行动的不完美信息博弈（关于“完美信息”和“不完美信息”的定义见下面段落），即由自然来决定对手的类型，但自然的行动选择不是所有的参与人都观察到了。以下棋来说，对手的水平可以视为由“自然”决定的，但对方知道“自然”的决定，而自己并不知道。

【共同知识】：共同知识（common knowledge）是与信息有关的一个重要概念。共同知识指“所有参与人知道，所有参与人知道所有参与的人知道，所有参与人都知道所有参与人知道所有参与的人知道……”。

关于共同知识这个概念，我们可以结合下面的趣味例子来进一步体会和理解。

【趣味例子：“老师的生日”之谜（共同知识）】

小李和小王都是张老师的学生，张老师的生日是M月D日，2人都知道张老师的生日是下列10组中的其中一组，这10组日期分别为：

3月4日，3月5日，3月8日；

6月4日，6月7日；

9月1日，9月5日；

12月1日，12月2日，12月8日。

张老师把M值告诉了小李，把D值告诉了小王，张老师问他们知道他的生日在哪一天了吗。小王说："我还是不知道。"小李说："我本来不知道的，现在我知道了。"小王也说："我现在也知道了。"那么张老师的生日到底在哪天呢？

这个故事是用来说明共同知识的。故事的推理过程是：

根据小王的话"我还是不知道"，那么张老师的生日不可能是6月7日和12月2日。

因为张老师告诉了小王D值（即日期），如果D值为7或2，那么小王马上能够确定张老师的生日。但是小王说不知道，即D值为1、4、5、8其中一个。

根据小李说"本来不知道，现在知道"，那么张老师的生日就是6月4日。

因为根据小王之前说的"不知道"，那么小李推断出剩下可能的日期分别为：

3月4日，3月5日，3月8日；

6月4日；

9月1日，9月5日；

12月1日，12月2日；

上面4个月份8组日期中，唯有6月份只有一个日期。若是张老师的生日在3、9、12这3个月份，那么小李也是无法知道张老师的生日的。

这个推理的过程，张老师生日的10组可能数字是两个学生的共同知识，M值为小李的知识，D值为小王的知识，M和D不是共同知识。当小王说"不知道"之后，"张老师不是6月7日和12月2日生日"便是他们的共同知识。而当小李说"本来不知道，现在知道了"之后，"6月4日是张老师的生日"便成了他们的共同知识了。

在博弈论中，如果参与人对其他人的行动的信息掌握得非常充分，我们把这类博弈叫作"完美信息"（perfect information）博弈。如前面提到的下围棋或者是下象棋，当轮到己方行动时，对手在这之前行动都是可以观察到的，所以，下棋属于完美信息博弈。如果在完美信息博弈中有自然的参与，则自然的初始行动也会被所有参与人都能准确观察到，即不再存在事前的不确定性了。例如，下棋之前双方要猜子决定谁先行动，那么抓到棋子是白色还是黑色是由自然决定的，但要在下棋之前揭示出来，即自然的行动要让大家都知道。

博弈中静态博弈和动态博弈的划分，也是和信息概念相关联的。所谓静态博弈，就是所有参与人同时行动，而且只能行动一次。静态博弈中的"同时"行动，不一定是一个日历性的时间概念，而是一个信息概念，即双方不一定在时间上同时行动，而是指一方行动时不知道对方采取了什么行动。所以说静态是一个信息概念。典型的静态博弈如"剪刀锤子布"游戏。所谓动态博弈，即博弈时一方先行动，一方后行动，且后行动的一方知道先行动的一方的选择。下围棋就是典型的动态博弈。由于动态博弈中参与人轮流行动，所以也称为"序贯博弈"（sequential game）。在动态博弈中，如果参与人了解对方（包括自然）之前的行动，也知道对方的类型，这一类博弈就称为完全信息动态博弈。如果只是了解对方的行动，不了解对方的类型，则称为不完全信息动态博弈。例如，打扑克时，轮到己方行动时，己方知道对方的行动，但对于对方手里有些什么牌并不知道，这就是一个典型的不完全信息博弈。中国有句俗话，叫“知人知面不知心”，表明和别人的交往过程实际上也是一种不完全信息的博弈。

在动态博弈论中，我们借助信息集（information set）来描述某个参与人掌握了多少信息。对于信息集的概念，我们将在第三章中结合具体内容和例子来介绍。

4．战略

战略（strategies）可以理解为参与人的一个相机行动方案（contingent action plan），它规定了参与人在什么情况下该如何行动。战略的这种相机性实际上为参与人选择行动提供了一种规则。例如，在 20 世纪 60 年代中国和苏联的关系比较紧张的时候，毛泽东就提出来一个战略，即“人不犯我，我不犯人；人若犯我，我必犯人”。这里边实际上包含了两个行动——“我不犯人”和“我必犯人”，并规定了采取这两种行动的具体条件（时机）——“人不犯我”和“人若犯我”。对于同样的行动，如果规定的时机不一样，则相应的战略就不一样了。例如，“人不犯我，我就犯人；人若犯我，我不犯人”也是一种战略。还有，“不论人犯我不犯我，我都犯人”以及“不论人犯我不犯我，我都不犯人”都是战略。所以，战略是行动的规则，它要为行动规定时机。

战略要具有完备性，就是说针对所有可能的情况，都要制定相应的行动计划。例如，“人不犯我，我不犯人”并不是一个完整的战略，因为它只规定了“人不犯我”的情况下该如何行动，没有规定“人若犯我”的情形下该如何行动。在现实中，把所有可能的战略或行动计划都制定出来，显然非常困难。因为在现实中会发生什么情况，我们有时的确难以预测。但追求战略的完备仍然是非常重要的，就像我们常说的“不怕一万，就怕万一”。

5．支付

支付（payoff）是指每个参与人在给定战略组合下得到的报酬。在博弈论中，每一个参与人得到的支付不仅依赖于自己选择的战略，也依赖于其他人选择的战略。我们把博弈中所有参与人选择的战略的集合叫作“战略组合”（strategy profile）。在不同的战略组合下，参与人得到的支付一般是不一样的，博弈的参与人真正关心的也就是其参与博弈得到的支付。支付在具体的博弈中可能有不同的含义。例如，个人关心的可能是自己的物质报酬，也可能是社会地位、自尊心等。而企业关心的可能是利润，也可能是市场份额，或者是持续的竞争力。政府也是这样，可能关心的是国民收入是多少，国内生产总值（GDP）是多少，也可能关心的是政府的财政收入或国家的国际地位。对于参与人的支付理解得不对，对博弈的预测就可能出现失误。这一点对建立博弈模型非常重要。例如在国有企业之间竞争的博弈中，很有可能其老总关心的只是自己的权力，其支付就是权力的大小。如果建一个博弈模型，假设他的支付为企业的利润，这时，预测就会出现失误，因为追求最大化利润的行为和最大化权力的行为是不一样的。

6．均衡

博弈中的均衡（equilibrium）可以理解为博弈的一种稳定状态，在这一状态下，所有参与人都不再愿意单方面改变自己的战略。换句话说，给定对手的战略，每一个参与人都已经选择了最优的战略。因此，这样的稳定状态是由所有参与人的最优战略组成的。因此，我们把最优战略组合定义为均衡。

一般来说，在一个博弈中，参与人可能有很多个战略，最优战略是给定其他人的战略能够给他带来最大支付的战略。好比上面讲到的中国和苏联的例子中，每方都有 4 个战略。如果对方采取“人不犯我，我不犯人；人若犯我，我必犯人”这一战略是最优的，则己方采取这一战略也是最优的，此时，双方谁都不愿意去改变自己的选择，那么就形成了一个均衡。

需要指出的是，博弈论中的均衡概念与经济学中的“一般均衡”“局部均衡”等均衡概念有所不同。博弈论中的均衡指的是所有参与人都不再改变自己的战略，该战略组合处于稳定状态；而一般均衡或者局部均衡指的是一组市场出清价格，使得市场上的供给和需求相等，市场处于稳定状态。

7．结果

结果（outcome）是在参与人所关心的、在博弈均衡情况下出现的，如参与人的行动选择，或相应的支付组合等。它的具体含义依上下文而定。例如，我们说的均衡结果，有时是指均衡时每个参与人的战略或行动，有时是指均衡时各方得到多少支付。需要注意的是，我们讲的“结果”是从博弈的理论模型中导出的东西，不一定是现实中实际发生的事情。实际上，博弈分析的目的就是希望借助理论模型来预测博弈的结果，运用不同的均衡概念导致的结果也会不同。

2.1.2 博弈的战略式表述

在博弈论里，一个博弈可以用两种不同的方式来表述，一种是战略式表述（strategic form representation），又称标准式表述；另一种是扩展式表述（或译为“展开式表述”，extensive form representation）。从理论上来讲，这两种表述形式几乎是完全等价的，但从分析的方便性来看，战略式表述更适合用于讨论静态博弈，而扩展式表述更适合用于讨论动态博弈。在这里，我们先介绍博弈的战略式表述，下一章讨论动态博弈时再给出扩展式表述。

战略式表述又称为标准式表述（normal form representation），在这种表述中，所有参与人同时选择各自的战略，所有参与人选择的战略一起决定每个参与人的支付。这里，应当注意以下三点：

（1）“同时”是一个信息概念，而不是一个时间概念。只要每个参与人在选择自己的行动时不知道其他参与人的选择，我们就说他们在同时行动；

（2）“同时选择”的是战略，而不是行动，因为战略是参与人行动的全面计划；

（3）所有的参与人都知道博弈的结构，知道他们的对手知道这一结构，知道他们的对手了解他们知道这一结构……如此直至无穷，也即博弈的结构是共同知识。

更为准确地讲，战略式表述即是必须明确表述清楚以下三点：

（1）博弈的参与人集合 $i \in \Gamma$，$\Gamma = \{1, 2, \ldots\}$；

（2）每个参与人的战略空间 S_i，$i \in \Gamma$；

（3）每个参与人的支付函数 $u_i(s_1, \ldots, s_i, \ldots)$，$i \in \Gamma$，$s_i \in S_i$。

一般用 $G=\{\Gamma;\ S_i;\ u_i;\ i \in \Gamma\}$ 表示战略式描述的博弈，下面我们举例说明。

【例 2.1　房地产开发博弈】

设想某地区有且仅有两个房地产开发商 A 和 B 参与当地的房地产开发，他们开发一栋同样的楼房所需要的投资都是 1 亿元。如果市场上有两栋楼出售，需求高时，每栋楼售价可达 1.4 亿元，需求低时，售价为 7000 万元；如果市场上只有一栋楼出售，需求高时售价为 1.8 亿元，需求低时为 1.1 亿元。假设两个房地产开发商 A 和 B 只有两种方案可供选择："开发"和"不开发"；并且他们出于商业秘密，是各自独立地作出是否开发的决策的。该如何用博弈语言描述这两个房地产商的经济行为呢？

根据前面的阐述，在本例子中，博弈参与人即为房地产开发商 A 和 B，博弈参与人的战略即为"开发""不开发"两种；而博弈参与人在各自战略下的支付情况则需要分为"高需求"和"低需求"两种情形说明。在高需求时，参与人的支付有 u_i=4 000，u_i=8 000，u_i=0 三种可能结果；而在低需求时，参与人的支付有 u_i=−3 000、u_i=1 000、u_i=0 三种可能结果。

因此，当市场需求高时，该博弈的战略式描述为：

博弈的参与人集合 $i\in\Gamma$，Γ=｛A，B｝；

每个参与人的战略空间 S_i=｛开发，不开发｝，$i\in\Gamma$；

每个参与人的支付函数 u_i(开发，开发)=4 000，u_i(开发，不开发)=8 000，u_i(不开发，开发)=0，u_i(不开发，不开发)=0，$i\in\Gamma$。

$$G=\{\Gamma;\ S_i;\ u_i;\ i\in\Gamma\}$$

而当市场需求低时，该博弈的战略式描述为：

博弈的参与人集合 $i\in\Gamma$，Γ=｛A，B｝；

每个参与人的战略空间 S_i=｛开发，不开发｝，$i\in\Gamma$；

每个参与人的支付函数 u_i(开发，开发)=−3 000，u_i(开发，不开发)=1 000，u_i(不开发，开发)=0，u_i(不开发，不开发)=0，$i\in\Gamma$。

$$G=\{\Gamma;\ S_i;\ u_i;\ i\in\Gamma\}$$

针对这种两个博弈参与人并且参与人战略是有限的博弈，也可以用一个矩阵列表方式简明扼要地将以上三要素描述清楚，称之为矩阵式描述的形式。其具体做法是将两个博弈参与人以及它们的所有战略分别列在矩阵列表的左方和上方，图 2.1 是"房地产开发博弈"的例子中开发商 A 和 B 同时行动博弈的矩阵式表述，其中（*a*）是高需求的情况，（*b*）是低需求的情况。表中左列是 A 的战略空间，上行是 B 的战略空间，每一个数字格是对应战略组合下的支付（利润），其中第一个数字是 A 的支付，第二个数字是 B 的支付，例如说，图 2.1（a）第一行第二列（8 000，0）是从战略组合（开发，不开发）得到的支付：A 的利润为 8 000 万，B 的利润是 0。

【特别提请注意】

这种矩阵式描述只适用于仅有两个博弈参与人，并且参与人的战略是有限的情形。

下面我们再举一个参与人有无限战略情形的战略式描述模型。

【例 2.2　库诺特产量博弈】

这个博弈例子是 1838 年由法国著名的数学家奥古斯丁·库诺特（Augusting Cournot）提出的一个双头垄断企业竞争模型。后人在库诺特模型的基础上又发展出许多的变型。库诺特模型的主要内容如下。

设某地区有两个寡头企业生产同质产品，他们在该地区共同占有这种产品的市场。该两寡头企业分别称为企业 1 和企业 2，每个企业的策略是选择产量，收益是利润，它是两个企业产量的函数。我们用 $q_i \in [0, \infty)$表示第 i 个企业的产量，$C_i(q_i)$表示成本函数。并且根据微观经济学的需求供给分析原理，为简单起见，假设市场出清价格 $P=P(q_1+q_2)$是总供给的逆需求函数（其中，P 是价格，$Q=q_1+q_2$是总产量即总供给）。则第 i 个企业的利润函数为：

$$\pi_i(q_1, q_2)=q_iP(q_1+q_2)-C_i(q_i),\ i=1, 2$$

		开发商B 开发	开发商B 不开发
开发商A	开发	4000,4000	8000,0
	不开发	0,8000	0,0

（a）高需求情况

		开发商B 开发	开发商B 不开发
开发商A	开发	–3000,–3000	1000,0
	不开发	0,1000	0,0

（b）低需求情况

图 2.1 房地产开发博弈

问题：该如何用博弈语言描述呢？

显然，在该例子中两寡头企业是博弈参与人，企业的战略是产量，支付是利润，则该博弈的战略式表述为：

博弈的参与人集合 $\Gamma=\{$企业 1，企业 2$\}$；

每个参与人的战略空间 $S_i=\{q_i:\ q_i\geqslant 0\}$，$i\in\Gamma$；

每个参与人的利润函数 $\pi_i(q_1, q_2)=q_iP(q_1+q_2)-C_i(q_i),\ i=1, 2$。

$$G=\{q_1\geqslant 0, q_2\geqslant 0; \pi_1(q_1,\ q_2), \pi_2(q_1,\ q_2)\}$$

这里，q_i和 π_i 分别是第 i 个企业的产量和利润。

一个博弈被称为有限博弈（finite game）的条件是：第一，参与人的个数是有限的；第二，每个参与人可选择的战略也是有限的。

讨论

【提示问题】

1. 构成一个完整博弈所需要具备的三大要素是什么？
2. 如何理解博弈中的信息？试结合本章引导案例来说明完全信息等概念。
3. 如何理解博弈中的战略和行动？战略和行动的区别是什么？
4. 怎样理解博弈模型？试结合本章引导案例来构建一个矩阵式博弈模型。

【教师注意事项及问题提示】

1. 根据本章引导案例，通过引导学生构建其博弈模型，引出博弈概念的主要构成要素等。

2. 通过引导学生本章引导案例的不同博弈规则下所形成的不同博弈模型，进而让学生了解如何根据研究目的构建合适的博弈模型，并引出后续关于博弈模型均衡解的思考。

2.2 纳什均衡

在本章的以下部分，我们集中讨论完全信息静态博弈，这里，“完全信息”指的是每个参与人对所有其他参与人的特征（包括战略空间、支付函数等）有完全的了解，“静态”指的是所有参与人同时选择行动且只选择一次。应该指出的是，“同时行动”在这里是一个信息概念而非日历上的时间概念：只要每个参与人在选择自己的行动时不知道其他参与人的选择，我们就说他们在同时行动。日历概念上的同时行动是信息概念上的同时行动的一种特殊情况，尽管从数量上讲它可能是多数情况。

完全信息静态博弈是一种最简单的博弈，在这种博弈中，由于每个人是在不知道其他参与人行动的情况下选择自己的行动，战略和行动实际上是一回事。

博弈分析的目的是预测博弈的均衡结果，即给定每个参与人都是理性的（rational），每个参与人都知道每个参与人都是理性的，什么是每个参与人的最优战略？什么是所有参与人的最优战略组合？纳什均衡是完全信息静态博弈解的一般概念，也是所有其他类型博弈解的基本要求。在本节中，我们先沿着博弈论发展的历史足迹，逐一阐述历史上所定义过的几种均衡（它们后来被证实是纳什均衡的特殊情形），然后讨论纳什均衡的一般概念。

2.2.1 占优战略均衡

一般来说，由于每个参与人的效用（支付）是博弈中所有参与人的战略的函数，因此每个参与人的最优战略选择依赖于所有其他参与人的战略选择。但在一些特殊的博弈中，一个参与人的最优战略可能并不依赖于其他参与人的战略选择，就是说，不论其他参与人选择什么战略，他的最优战略是唯一的，这样的最优战略被称为“占优战略”（dominant strategy）。下面我们结合例子来说明。

【例 2.3 “囚徒困境”博弈】

“囚徒困境”博弈讲的是，两个嫌疑犯作案后被警方抓住，目前警方只掌握该两个嫌疑犯一个比较小案件的确凿证据（该罪证可以判疑犯坐牢 1 年），但警方知道两人犯有更严重的罪（该罪证可以判疑犯坐牢 8 年），只是缺乏足够的证据定罪，除非两人当中至少有一人坦白。为了获取罪证，警察将两个嫌疑犯分别关在不同的房间里接受审讯。警察告诉每个人：如果两人中一个人坦白另一个人抵赖，坦白的释放出去，抵赖的判刑 10 年。这样，每个嫌疑犯面临 4 个可能的后果：获释（自己坦白同伙抵赖）；被判刑 1 年（自己抵赖同伙也抵赖）；被判刑 8 年（自己坦白同伙也坦白）；被判刑 10 年（自己抵赖但同伙坦白）。

图 2.2 概述了囚徒困境的问题。在这个博弈中，每个囚徒都有两种可选择的战略：坦白或抵赖。显然，不论同伙选择什么战略，每个囚徒的最优战略是“坦白”，例如说，如果 B 选择坦白，A 选择坦白时的支付为–8，选择抵赖时的支付为–10，因而坦白比抵赖好；如果 B 选择抵赖，A 坦白时的支付为 0，抵赖时的支付为–1，因而坦白还是比抵赖好。就是说，“坦白”是囚徒 A 的占优战略。类似的，“坦白”也是 B 的占优战略。

		囚犯B	
		坦白	抵赖
囚犯A	坦白	–8,–8	0,–10
	抵赖	–10,0	–1,–1

图 2.2　囚徒困境博弈模型

一般的，s_i^*称为参与人 i 的（严格）占优战略，如果对应所有的 s_{-i}，s_i^*是 i 的严格最优选择，即：

$$u_i(s_i^*, s_{-i}) > u_i(s_i', s_{-i}) \quad \forall s_{-i}, \forall s_i' \neq s_i^*$$

这里，$s_{-i}=(s_1, \ldots, s_{i-1}, s_{i+1}, \ldots, s_n)$，是除 i 之外所有参与人战略的组合。对应的，所有 $s_i' \neq s_i^*$被称为劣战略。

定义 2.1　在博弈的战略式表述中，如果对于所有的 i，s_i^*是 i 的占优战略，那么，战略组合 $s^*=(s_1^*, \ldots, s_n^*)$称为占优战略均衡（dominate–strategy equilibrium）。

在一个博弈中，如果所有参与人都有占优战略存在，那么，占优战略均衡是可以预测到的唯一的均衡，因为没有一个理性的参与人会选择劣战略。例如，在“房地产开发博弈”中，当市场需求大时，在完全信息静态的“房地产开发博弈”中（见图 2.1），企业 1 和企业 2 都有占优战略“开发”，因此博弈的结果为占优战略均衡（开发，开发）。此外，占优战略均衡只要求每个参与人是理性的，而并不要求每个参与人知道其他参与人是理性的（也就是说，不要求“理性”是共同知识），这是因为，不论其他参与人是否是理性的，占优战略总是一个理性参与人的最优选择。

显然，在一个博弈问题中，如果某个参与人具有占优战略，那么只要这个参与人是理性的，他肯定就会选择他的占优战略，参与人的这种选择行为称为占优行为。占优行为是理性参与人选择行为的最基本特征。

考察图 2.3 所示的战略式博弈，其中参与人 1 有两个战略：a_1 和 a_2，参与人 2 有 4 个战略：b_1、b_2、b_3 和 b_4。在参与人 2 的 4 个战略中，战略 b_3 是参与人 2 的占优战略。

		参与人2			
		b_1	b_2	b_3	b_4
参与人1	a_1	2,1	–2,–6	1,2	0,1
	a_2	3,0	–1,2	3,3	–1,–2

图 2.3　抽象博弈 1

更进一步，如果所有的参与人都具有占优战略，那么只要参与人是理性的，肯定都会选择自已的占优战略，在这种情况下，博弈的结果就由参与人的占优战略共同决定。像这种由参与人的占优战略共同决定的博弈结果，称为占优战略均衡（dominant–strategy equilibrium）。

在 n 人博弈中，如果对所有参与人 $i(i=1, 2, \ldots, n)$，都存在占优战略 s_i^*，则占优战略组合 $s^*=(s_1^*, s_2^*, \ldots, s_n^*)$称为占优战略均衡。

2.2.2 重复剔除的占优均衡

在每个参与人都有占优战略的情况下，占优战略均衡是一个非常合理的预测，但是在绝大多数博弈中，占优战略均衡是不存在的。尽管如此，在有些博弈中，我们仍可以应用占优的逻辑找出均衡。为了准确地理解“重复剔除的占优均衡”概念，我们需要对“占优战略”和“劣战略”的概念做适当的重新定义。

定义 2.2 对于参与人 i，若下面条件始终成立

$$u_i(s_i', s_{-i}) > u_i(s_i'', s_{-i}),\quad s_i' \neq s_i''$$

则对于 i 来说，称策略 s_i'严格优于策略 s_i''。若上式“>”改成“≥”，则 s_i'称为相对于 s_i'' 的弱占优战略。反之，称为（弱）劣战略。

定义 2.3 重复剔除的占优均衡： 战略组合 $s^*=(s_1^*, s_2^*, \ldots, s_n^*)$称为重复剔除的占优均衡，它是重复剔除劣战略后剩下的唯一的战略组合。如果这种唯一的战略组合是存在的，我们说该博弈是重复剔除占优可解的。

注意，该定义使用了“唯一”一词。如果重复剔除后剩下的战略组合不唯一，我们说该博弈不是重复剔除占优可解的。相当多的博弈是无法使用重复剔除劣战略的方法找到均衡解的。

作为理性者，显然没有哪个参与者会选择严格劣战略，因而我们可以将严格劣战略从参与者的战略空间中剔除。通过不断地剔除严格劣战略就可能最终得到博弈的均衡解。下面我们用例子来加以说明，考虑图 2.4 所表示的抽象博弈。

		参与人2		
		左	中	右
参与人1	上	1,0	1,2	0,1
	上	0,3	0,1	2,0

图 2.4 抽象博弈 2

在这个博弈中，参与人 1 显然不存在严格占优战略，也不存在严格劣战略。参与人 2 虽不存在严格占优战略，但却存在严格劣战略。战略“右”相对于战略“中”就是一个严格劣战略。因为无论参与人 1 选择什么战略，参与人 2 选择“中”都要优于选择“右”。如果参与者是理性的，无论什么情况，参与人 2 绝对不会选择“右”，因而我们可以将“右”从参与人 2 的战略“中”剔除，从而得到图 2.5。

		参与人2	
		左	中
参与人1	上	1,0	1,2
	上	0,3	0,1

图 2.5 抽象博弈 2 剔除劣战略“右”后形成的博弈

从图 2.5 可以看到，对于参与者 1 而言，“下”是一个严格劣战略，可以从参与者 1 的战略空间中剔除，最终得到图 2.6。

		参与人2	
		左	中
参与人1	上	1,0	1,2

图 2.6　抽象博弈 2 剔除劣战略“下”后形成的博弈

显然，（上，中）就是该博弈唯一的均衡解。这种方法在博弈论中被称为重复剔除严格劣战略。

与占优战略不同，重复剔除的占优战略不仅要求每个参与人是理性的，而且要求“理性”是参与人的共同知识。参与人的战略空间越大，需要剔除的步骤就越多，对共同知识的要求就越严格。

2.2.3　纳什均衡

具有占优战略均衡和重复剔除严格劣战略均衡的博弈仍然是少数，对于更为一般的博弈，如何定义更为一般的均衡并求出该均衡解呢？这就引出了“纳什均衡”这个概念。

纳什均衡是完全信息静态博弈的一般概念，构成纳什均衡的战略一定是重复剔除严格战略过程中不能被剔除的战略，就是说，没有任何一个战略严格优于纳什均衡战略，当然逆定理不一定成立；更为重要的是，许多不存在占优战略均衡或重复剔除的占优均衡的博弈，却存在纳什均衡。

我们首先来看一下纳什均衡的哲学含义：设想 n 个参与人在博弈之前就达成一个协议，规定每一个参与人选择一个特定的策略。令 $s^*=(s_1^*, \ldots, s_i^*, \ldots, s_n^*)$代表这个协议，其中 s_i^*是协议规定的第 i 个参与人的战略。我们要问的一个问题是，假定其他参与人都遵守这个协议，在没有外力强制的情况下，是否有任何参与人有积极性不遵守这个协议？显然，只有当遵守协议的效用大于不遵守协议的效用时，参与人才会遵守这个协议。如果没有任何参与人有积极性不遵守这个协议，则说明该协议是可以自动实施的。能够自动实施的协议就可以看作是一个纳什均衡；否则，它就不是一个纳什均衡。从本质上来说，纳什均衡的概念对社会计划者和理论家施加了一个约束，使他们不能建议或者预测一种非均衡行为。

下面我们给出纳什均衡的正式定义。

定义 2.4　在有 n 个参与人的战略式表述博弈 $G=\{S_1, \ldots, S_n; u_1, \ldots, u_n\}$中，战略组合 $s^*=(s_1^*, s_2^*, \ldots, s_n^*)$是一个纳什均衡，如果对于每一个 i，s_i^*是给定其他参与人的选择 $s_{-i}^*=(s_1^*, \ldots, s_{i-1}^*, s_{i+1}^*, \ldots, s_n^*)$的情况下第 i 个人的最优战略，即

$$u_i(s_i^*, s_{-i}^*) \geqslant u_i(s_i, s_{-i}^*),\ \forall s_i \in S_i,\ \forall i \in \Gamma$$

或者用另一种表示方式，s_i^*是下述最大化问题的解：

$$s_i^* \in \operatorname{argmax} u_i(s_1^*, \ldots, s_{i-1}^*, s_i, s_{i+1}^*, \ldots, s_n^*),\ i=1, 2, \ldots, n$$

因此，当且仅当没有一个参与人能从单方面背离某个策略组合的预见中增加自己的收益时，这个策略组合就是纳什均衡。此处，符号 argmax u_i表示函数 u_i的极值点集合，在本书以

下章节中我们将沿用这一记号及其涵义。

2.2.4 求解纳什均衡的方法

如何求出纳什均衡解呢？当然最直接的方法是根据定义，验证哪个战略组合满足纳什均衡的定义，则该战略组合自然就是纳什均衡了。但这往往不容易做到，所以本节下面将介绍求解纳什均衡的方法。

1．有限战略的离散型博弈纳什均衡的求解方法——划线法

对有限战略的离散型博弈，常用的求解纳什均衡的方法称为划线法。它基本的分析思路是：先找出自己针对其他参与人每种战略或战略组合（对多人博弈）的最佳对策，即自己的可选战略中与其他参与人的战略或战略组合配合，给自己带来最大支付的战略（这种相对最佳战略总是存在的，不过不一定唯一），然后在此基础上，通过对其他参与人战略选择的判断，包括对其他参与人对自己战略判断的判断等，预测博弈的可能结果和确定自己的最优战略。下面我们以图 2.7 的抽象博弈为例，介绍一下该方法的使用。首先考虑参与人 A 的战略，对于参与人 B 每一个给定的战略，找出参与人 A 的最优战略，在其对应的支付下划一横线，然后再用类似的方法找出参与人 B 的最优战略。在完成这个过程后，如果某个支付格的两个数字下都有短线，这个数字格对应的战略组合就是一个纳什均衡。在该例中，对应参与人 B 的 3 个不同战略 L、C、R，参与人 A 的最优战略分别是 M、U、D，给定参与人 A 的 3 个不同战略 U、M、D，参与人 B 的最优战略分别是 L、C、R，因此，(D, R)是一个纳什均衡。

		参与人B		
		L	C	R
参与人A	U	0,$\underline{4}$	$\underline{4}$,0	5,3
	M	$\underline{4}$,0	0,$\underline{4}$	5,3
	D	3,5	3,5	$\underline{6}$,$\underline{6}$

图 2.7 抽象博弈 3

这里需要指出的是，前面提到的“占优战略均衡”和“重复剔除的占优均衡”也可以通过划线法求解。以囚徒困境博弈为例，囚犯 A 针对囚犯 B 选择“坦白”“抵赖”两种战略，找出其最佳对策（都是“坦白”），分别在对应的支付－8 和 0 下划上短线；同样，囚犯 B 针对囚犯 A 选择“坦白”“抵赖”两种战略，找出其最佳对策（也都是“坦白”），分别在对应的支付－8 和 0 下划上短线，从而得到图 2.8。

		囚犯B	
		坦白	抵赖
囚犯A	坦白	$\underline{-8}$,$\underline{-8}$	$\underline{0}$,−10
	抵赖	−10,$\underline{0}$	−1,−1

图 2.8 用划线法分析的囚徒困境博弈

在图 2.8 支付矩阵的 4 个支付组合中，只有战略组合（坦白，坦白）对应的支付组合

（-8，-8）的两个数字下都划有短线，意味着（坦白，坦白）满足双方的战略相互是对对方战略的最佳对策，因此（坦白，坦白）是该博弈的纳什均衡。

纳什均衡是参与人将如何博弈的“一致性”（consistent）预测：如果所有参与人预测到一个特定的纳什均衡将出现，那么，没有人有兴趣作不同的选择。从而，也只有纳什均衡具有这样的特征：参与人预测到均衡，参与人预测到其他参与人预测到均衡，等等。对比之下，预测一个非纳什均衡的策略组合将意味着至少有一个参与人会犯错误，尽管这样的错误的确有可能出现。

说纳什均衡是一致性预测并不意味着纳什均衡一定是一个好的预测。正如我们将在本章第 6 节看到的，一个博弈可能有多个纳什均衡。为了预测到哪一个纳什均衡实际会出现，我们需要知道博弈的具体过程。

2．无限战略的连续型博弈纳什均衡的求解方法——反应函数法

在有些博弈中，参与人可以选择的战略是实数轴上的连续变量，尤其在经济学模型中这种情况更为常见。求解连续战略博弈纳什均衡的常用方法称为反应函数法，具体的思路为：首先求出每个参与人对其他参与人战略组合的反应函数，即在其他参与人战略组合给定时最大化自己的支付，得到的最佳反应对策表现为其他参与人战略组合的函数；得到每个参与人的反应函数后，将这些反应函数联立求解即可得到博弈的纳什均衡。下面通过几个经典模型来表现这种博弈局势以及其中纳什均衡的求解方法。

2.3 应用举例——经典模型分析

2.3.1 库诺特（Cournot）寡头竞争模型

现在我们运用前面所讲的知识来具体分析一个经典的博弈模型——库诺特寡头竞争模型，从而使读者进一步明确：（1）如何将一个博弈转化为战略式；（2）如何利用纳什均衡的概念求出博弈的均衡解。

【例 2.4 库诺特寡头博弈模型的求解】

在【例 2.2】中我们已经给出库诺特寡头博弈模型的描述。为了方便读者阅读，我们在这里再简单阐述如下。设有两个参与人，分别称为企业 1 和企业 2，每个企业的策略是选择产量，收益是利润，它是两个企业产量的函数。我们用 $q_i\in[0,\infty)$表示第 i 个企业的产量，$C_i(q_i)$表示成本函数，$P=P(q_1+q_2)$表示逆需求函数（P 是价格，$Q(P)$是原需求函数）。第 i 个企业的利润函数为：

$$\pi_i(q_1, q_2)=q_iP(q_1+q_2)-C_i(q_i),\ i=1, 2$$

博弈的战略式表述是：$G=\{q_1\geqslant 0, q_2\geqslant 0; \pi_1(q_1, q_2), \pi_2(q_1, q_2)\}$

下面用反应函数法来讨论该模型的求解。

设战略组合(q_1^*, q_2^*)是纳什均衡，则根据反应函数法，产量 q_1^*和 q_2^*必定分别是其支付函数的极值点，即：

$$q_1^* \in \text{argmax}\ \pi_1(q_1, q_2^*) = q_1P(q_1+q_2^*) - C_1(q_1)$$

$$q_2^* \in \text{argmax}\ \pi_2(q_1^*, q_2) = q_2P(q_1^*+q_2) - C_2(q_2)$$

此处，符号 argmax π_i 表示函数 π_i 的极值点集合。

由于支付函数 π_i 是可导的，因此找出纳什均衡的一个办法是对每个企业的利润函数求一阶导数并令其为 0，即一阶最优条件是：

$$\partial \pi_1 / \partial q_1 = P(q_1+q_2) + q_1P'(q_1+q_2) - C_1'(q_1) = 0$$

$$\partial \pi_2 / \partial q_2 = P(q_1+q_2) + q_2P'(q_1+q_2) - C_2'(q_2) = 0$$

上述两个一阶条件分别定义了两个反应函数（reaction function）：

$$q_1^* = R_1(q_2)$$

$$q_2^* = R_2(q_1)$$

反应函数意味着每个企业的最优策略（产量）是另一个企业产量的函数，两个函数的交点就是纳什均衡 $q^*=(q_1^*, q_2^*)$，如图 2.9 所示。

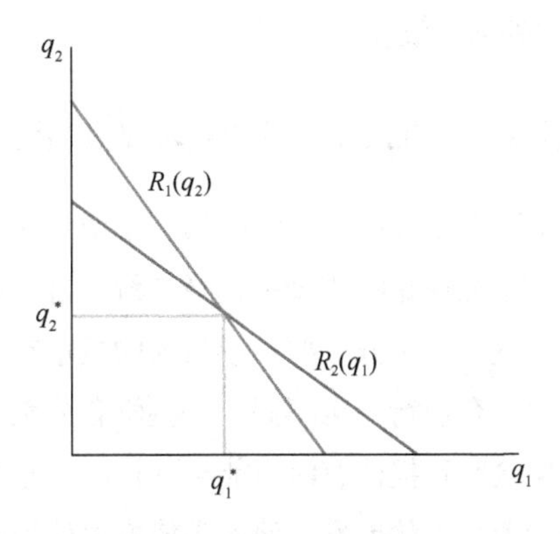

图 2.9　库诺特模型的纳什均衡

为了得到更具体的结果，我们来考虑上述模型的简单情况。假定每个企业具有相同的不变单位成本，即：$C_1(q_1) = q_1c$，$C_2(q_2) = q_2c$，需求函数取如下线性形式：$P = a-(q_1+q_2)$。那么，最优化的一阶条件分别为：

$$\partial \pi_1 / \partial q_1 = a-(q_1+q_2)-q_1-c = 0$$

$$\partial \pi_2 / \partial q_2 = a-(q_1+q_2)-q_2-c = 0$$

反应函数为：

$$q_1^* = R_1(q_2) = (a-q_2-c)/2$$

$$q_2^* = R_2(q_1) = (a-q_1-c)/2$$

就是说，j 每增加 1 个单位的产量，i 将减少 1/2 单位的产量。

解两个反应函数，我们得到纳什均衡为：

$$q_1^* = q_2^* = (a-c)/3$$

每个企业的纳什均衡利润分别为：

$$\pi_1(q_1^*, q_2^*) = \pi_2(q_1^*, q_2^*) = (a-c)^2/9$$

即，如果给定第 2 个企业的产量为 $(a-c)/3$，那么第 1 个企业的最优产量为 $(a-c)/3$；如果给定第 1 个企业的产量为 $(a-c)/3$，那么第 2 个企业的最优产量为 $(a-c)/3$，所以 $((a-c)/3, (a-c)/3)$ 为库诺特模型的纳什均衡。

为了与垄断情况作比较，我们计算一下垄断企业的最优产量和均衡利润。垄断情形是指该两个企业联合起来形成一个卡特尔，该联合的卡特尔共同确定一个垄断最优产量以使卡特尔的利润最大，然后两个企业平分产量和利润。因此卡特尔的问题是：

$$\max_{Q} \pi=Q(a-Q-c)$$

容易算出，垄断卡特尔的最优产量为 $Q^*=(a-c)/2<q_1^*+q_2^*=2(a-c)/3$；垄断利润为 $\pi^*=(a-c)^2/4>(a-c)^2/9$。可见，在卡特尔情形下，每个企业的最优产量为 $q^*=(a-c)/3$，而利润为 $\pi^*=(a-c)^2/8>(a-c)^2/9$。但是，在卡特尔情形下，若一方坚持联盟规定的垄断产量，而另一方偏离（通常是悄悄增大产量），则坚持的一方利润将大幅下降，而增大产量的一方利润将大幅增加。因此，双方都坚持联盟产量并不是一个均衡。寡头企业将面临是坚持联盟产量还是偏离联盟产量这样一个两难的尴尬境地，从这个角度而言，它是一个典型的囚徒困境问题。寡头竞争的总产量大于垄断产量的原因在于每个企业在选择自己的最优产量时，只考虑对本企业利润的影响，而忽视对另一个企业的外部负效应。

2.3.2 博特兰德（Bertrand）双头垄断模型

下面我们讨论双头垄断中两个企业相互竞争的另一模型。博特兰德（1883）提出企业在竞争时选择的是产品价格，而不像库诺特模型中选择产量。首先应该明确博特兰德模型和库诺特模型是两个不同的博弈，这一点十分重要：参与人的战略空间不同，支付函数也不同，并且在两个模型的纳什均衡中，企业行为也不同。一些学者分别用库诺特均衡和博特兰德均衡来概括所有这些不同点，但这两种提法有时可能导致误解：它只表示库诺特和博特兰德博弈的差别，以及两个博弈中均衡行为的差别，而不是博弈中使用的均衡概念不同。在两个博弈中，所用的都是前面定义的纳什均衡。

【例 2.5 博特兰德寡头博弈模型及其求解】

考虑某地区有两个寡头企业生产同类型产品，他们在该地区共同占有这种产品的市场，两种产品有差异，具有一定的相互替代性。两个企业的问题是，如何各自独立地选择自己产品的价格，以使企业利润最大？

假设企业 1 和企业 2 分别选择价格 p_1 和 p_2，消费者对企业 i 的产品需求函数为：

$$q_i(p_i, p_j)=a-p_i+bp_j$$

其中 $b>0$，即只限于企业 i 的产品为企业 j 产品的替代品的情况（这个需求函数在现实中并不存在，因为只要企业 j 的产品价格足够高，无论企业 i 要多高的价格，对其产品的需求都是正的。后面将分析到，只有在 $b<2$ 时问题才有意义）。和前面讨论过的库诺特模型类似，我们假定企业生产没有固定成本，并且边际成本为常数 c，$c<a$，两个企业是同时行动（选择各自的价格）的。

要寻找纳什均衡，首先需要把对问题的叙述化为博弈的战略式。参与人仍为两个，不过这里每个企业可以选择的战略是不同的价格，而不再是其产品产量。我们假定小于 0 的价格是没有意义的，但企业可选择任意非负价格，且无最高的限制价格。这样，每个企业的战略空间可以表示为所有非负实数 $S_i=[0,\infty)$，其中企业 i 的一个典型战略 s_i 是所选择的价格 $p_i \geq 0$。

我们仍假定每个企业的支付函数等于其利润额，当企业 i 选择价格 p_i，其竞争对手选择价格 p_j 时，企业 i 的利润为：

$$\pi_i(p_i, p_j)=q_i(p_i, p_j)(p_i-c)=(a-p_i+bp_j)(p_i-c)$$

综合以上分析，该博弈的战略式表述为：

博弈的参与人集合 $\Gamma=\{1, 2\}$，i=1 表示企业 1，i=2 表示企业 2；

每个参与人的战略空间 $S_i=\{p_i: p_i\geqslant 0\}$，$i\in\Gamma$；

每个参与人的支付函数 $\pi_i(p_i, p_j)=q_i(p_i, p_j)(p_i-c)=(a-p_i+bp_j)(p_i-c)$，$i=1, 2$。

$$G=\{p_1\geqslant 0, p_2\geqslant 0; \pi_1(p_1, p_2), \pi_2(p_1, p_2)\}$$

这里，p_i 和 π_i 分别是第 i 个企业的价格和利润。

下面利用反应函数法求解其纳什均衡。假设价格组合(p_1^*, p_2^*)是纳什均衡，那么，对每个企业 i，p_i^*应是如下最优化问题的解：

$$\max_{p_i\geqslant 0} \pi_i(p_i, p_j^*)=(a-p_i+bp_j^*)(p_i-c)$$

对企业 i 求此最优化问题，得

$$p_i^*=(a+bp_j^*+c)/2$$

由上可知，如果价格组合(p_1^*, p_2^*)为纳什均衡，企业选择的价格应满足

$$p_1^*=(a+bp_2^*+c)/2 \text{ 和 } p_2^*=(a+bp_1^*+c)/2$$

解这一对方程式，得：

$$p_1^*=p_2^*=(a+c)/(2-b),\ b<2$$

即该博弈模型的纳什均衡是$(p_1^*, p_2^*)=((a+c)/(2-b),\ (a+c)/(2-b))$。

当两厂商的产品完全无差异时，该模型中的需求函数要修改，此时必须考虑消费者对价格的敏感性。如果所有消费者对价格都非常敏感，则两厂商的价格竞争将导致均衡价格等于边际成本。在这种情形下，即使不是完全竞争，价格也等于边际成本，当固定成本为零且边际成本为常数时，利润就等于零，这被称为“博特兰德悖论”（Bertand paradox）。

2.3.3 豪泰林（Hotelling）价格竞争模型

上面我们分析到“博特兰德悖论”：在产品同质的情况下，即使只有两个企业，在均衡情况下，价格等于边际成本，企业的利润为零，与完全竞争市场均衡一样。如何解开这个悖论呢？方法之一就是引入产品的差异性。如果不同企业生产的产品是有差异的，替代弹性就不会是无限的，此时消费者对不同企业的产品有着不同的偏好，价格不是他们感兴趣的唯一变量。在存在产品差异的情况下，均衡价格不会等于边际成本。

产品差异有多种形式，我们现在考虑一种特殊的差异，即空间上的差异，这就是经典的豪泰林（Hotelling，1929）模型。

【例 2.6 豪泰林博弈模型及其求解】

假定有一个长度为 1 的线性城市，消费者均匀地分布在[0, 1]区间里，分布密度为 1。有两个商店，分别位于城市的两端，为分析简便，设商店 1 在 x=0 处，商店 2 在 x=1 处，出售物

质性能相同的产品。每个商店提供单位产品的成本为 c，消费者购买产品的运输成本与离商店的距离成正比，单位距离的成本为 t。这样，住在 x 的消费者如果在商店 1 采购，要花费 tx 的运输成本；如果在商店 2 采购，要花费 $t(1-x)$。假定消费者具有单位需求，即或者消费 1 个单位或者消费 0 个单位。消费者从消费中得到的效用水平为 U。

在 Hotelling 模型中，产品在物质性能上是相同的，但在空间位置上有差异。因为不同位置上的消费者要支付不同的运输成本，他们关心的是价格与运输成本之和，而不单是价格。

现在考虑两商店之间价格竞争的纳什均衡。假定两个商店同时选择自己的销售价格，为了简单起见，假定 U 相对于购买总成本（价格加运输成本）而言足够大从而所有消费者都购买 1 个单位的产品。令 p_i 为商店 i 的价格，$D_i(p_1,p_2)$为需求函数，$i=1,2$。如果住在 x 的消费者在两个商店之间是无差异的，那么，所有住在 x 左边的消费者都将在商店 1 购买，而住在 x 右边的消费者将在商店 2 购买，从而得到两商店产品的需求函数分别为 $D_1=x$，$D_2=1-x$。这里，x 满足：

$$p_1+tx=p_2+t(1-x)$$

解上式，得需求函数分别为：

$$D_1(p_1,p_2)=x=(p_2-p_1+t)/2t$$

$$D_2(p_1,p_2)=1-x=(p_1-p_2+t)/2t$$

利润函数分别为：

$$\pi_1(p_1,p_2)=(p_1-c)D_1(p_1,p_2)=(p_1-c)(p_2-p_1+t)/2t$$

$$\pi_2(p_1,p_2)=(p_2-c)D_2(p_1,p_2)=(p_2-c)(p_1-p_2+t)/2t$$

商店 i 选择自己的价格 p_i 最大化利润 π_i，给定 p_j，两个一阶条件分别是：

$$\partial \pi_1/\partial p_1=p_2+c+t-2p_1=0$$

$$\partial \pi_2/\partial p_2=p_1+c+t-2p_2=0$$

二阶条件是满足的。解上述两个一阶条件，得最优解为（注意对称性）

$$p_1^*=p_2^*=c+t$$

每个企业的均衡利润为：

$$\pi_1=\pi_2=t/2$$

我们将消费者的位置差异解释为产品差异，这个差异进一步可解释为消费者购买产品的运输成本。运输成本越高，产品的差异就越大，从而均衡利润也就越高。原因在于，随着运输成本的上升，不同商店出售的产品之间的替代性下降，每个商店对附近的消费者的垄断力加强，商店之间的竞争越来越弱，消费者对价格的敏感度下降，从而每个商店的最优价格更接近于垄断价格。另一方面，当运输成本为零时，不同商店的产品之间具有完全的替代性，没有任何一个商店可以把价格定得高于成本，此时我们得到博特兰德均衡结果。

在以上的分析中，我们假定两个商店分别位于城市的两个极端。事实上，均衡结果对于商店的位置是很敏感的。考虑另一个极端的情况，假定两个商店位于同一个位置 x。此时，它们出售的是同质的产品，消费者关心的只是价格，那么，博特兰德均衡是唯一的均衡：

$$p_1^*=p_2^*=c，\pi_1=\pi_2=0$$

更为一般地，我们可以讨论商店位于任何位置的情况。假定商店 1 位于 a（$a\geqslant 0$），商店

2 位于 $1-b$（这里 $b\geqslant 0$）。为不失一般性，假定 $1-a-b\geqslant 0$（即商店1位于商店2的左边）。如果运输成本为二次式，即运输成本为 td^2，这里 d 是消费者到商店的距离，那么，需求函数分别为 $D_1=x$，$D_2=1-x$。这里，x 满足：

$$p_1+t(x-a)^2=p_2+t(1-b-x)^2$$

解上式，得需求函数分别为：

$$D_1(p_1, p_2)=x=a+\frac{1-a-b}{2}+\frac{p_2-p_1}{2t(1-a-b)}$$

$$D_2(p_1, p_2)=1-x=b+\frac{1-a-b}{2}+\frac{p_1-p_2}{2t(1-a-b)}$$

需求函数的第一项是商店自己的“地盘”（a 是住在商店 1 左边的消费者，b 是住在商店 2 右边的消费者），第二项是位于两商店之间的消费者中靠近自己的一半，第三项代表需求对价格差异的敏感度。

纳什均衡为：

$$p_1^*(a,b)=c+t(1-a-b)[1+(a-b)/3]$$

$$p_2^*(a,b)=c+t(1-a-b)[1+(b-a)/3]$$

当 $a=b=0$ 时，商店 1 位于 0，商店 2 位于 1，我们回到前面讨论的第一种情况：

$$p_1^*(0,0)=p_2^*(0,0)=c+t$$

当 $a=1-b$ 时，两个商店位于同一位置，我们走到另一个极端：

$$p_1^*(a,1-a)=p_2^*(a,1-a)=c$$

2.3.4 两党政治

西方发达资本主义国家在政治制度上基本都实行多党制。从政治主张来看，可以划分为保守主张和激进主张。由于党派之间的斗争存在明显的策略依存性，因而多党制竞争是一种博弈过程，我们可以用所学的博弈论知识来抽象概括这种多党制竞争。为了简单起见，我们这里只考虑两党制。

假设保守主张用 0 来表示，激进主张用 1 来表示。选民在保守主张和激进主张之间均匀分布，即在 0 和 1 之间均匀分布。两党需要确定某种政治主张以吸引选民投他的票，获得的选票越多越好。我们用图 2.10 来说明两个党派如何争夺选民。

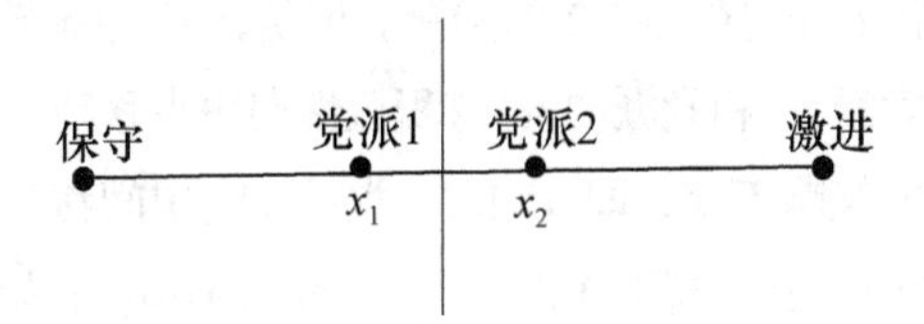

图 2.10 两党争夺选民

如果党派 1 的政治主张（策略）为 x_1，他较偏向于保守主张，那么他能获得保守选民的选票，即得到分布在$[0,x_1]$的选民支持。由于我们假设选民均匀分布在[0,1]的区间，所以他获

得的投票数可用 x_1 来表示。对于党派 2 而言，他的政治主张为 x_2，较偏向激进主张，所以他能够获得激进选民的选票，即获得分布在$[x_2, 1]$的选民的支持。他获得的选票数可用 $1-x_2$ 来表示。由于选民平均分布在[0,1]之间，所以分布在$[x_1,x_2]$的选民的选票被两个党派平分。图 2.10 中虚线的左边为支持党派 1 的选民，虚线的右边为支持党派 2 的选民。显然，在给定党派 1 的策略 x_1 的情况下，党派 2 的策略 x_2 越接近 x_1，获得的选民就会越多；对于党派 1，同样存在这样的情况。那么在这个两党政治中的纳什均衡是什么？

（1）参与人：党派 i 定义为 i，i=1,2；

（2）策略集：党派 i 的策略集 $S_i=[0,1]$，策略 $x_i \in S_i$，i=1,2；

（3）支付函数：两个党派的收益实际上就是两个党派所能获得的选民数，因而支付函数为两个党派的政治主张的函数。根据已知条件，党派 1 的支付函数 $u_1(x_1, x_2)$为：

$$u_1(x_1,x_2)=\begin{cases}\dfrac{x_1+x_2}{2}, & x_1<x_2\\ \dfrac{1}{2}, & x_1=x_2\\ 1-\dfrac{x_1+x_2}{2}, & x_1>x_2\end{cases}$$

党派 2 的支付函数 $u_2(x_1, x_2)$为：

$$u_2(x_1,x_2)=\begin{cases}\dfrac{x_2+x_1}{2}, & x_2<x_1\\ \dfrac{1}{2}, & x_2=x_1\\ 1-\dfrac{x_2+x_1}{2}, & x_2>x_1\end{cases}$$

上述支付函数的思想相当简单：如果党派 1 偏向保守主张，即 $x_1<x_2$，那么他得到$(x_1+x_2)/2$ 的选票；如果他和政党 2 的政治主张一样，那么双方各得 1/2 的选票；如果党派 1 偏向激进主张，即 $x_1>x_2$，那么他得到 $1-(x_1+x_2)/2$ 的选票。对于党派 2，其支付函数同理。

两个党派显然都力求使他的支付最大化，即

$$\max_{x_i\in[0,1]} u_i(x_i,x_j^*) \qquad 其中\ i, j=1,2, i\neq j$$

当 $x_1\neq x_2$ 时，党派 1 的最优策略是 $x_1\to x_2$，即党派 1 的政治主张越向党派 2 靠拢，“争取”到的选票越多；而党派 2 的最优策略也是 $x_2\to x_1$，即党派 2 的政治主张越向党派 1 靠拢，“争取”到的选票越多。因而，无论党派 1 还是党派 2，他们的支付最大化的必要条件是 $x_1=x_2$。在 $x_1=x_2$ 时，党派 1 和党派 2 分别获得 1/2 的选票。但是，当 $x_1=x_2\neq 1/2$，即不位于中点（代表政治上的中间路线）时，党派 1 和党派 2 都有积极性向中点移动（意味着政治主张趋于中间路线）。因为如果党派 j 的策略不变，即 $x_j\neq 1/2$，党派 i 向中间移动（奉行中间路线）至少可以获得 $1/2+(1/2-x_i)/2$ 的选民，显然高于 1/2。所以只有当 $x_1=x_2$ 并位于中点时，党派 1 和党派 2 才没有动机偏离。因此，中点是两党政治唯一的纳什均衡。

两党政治的模型虽然简单，但却深刻地说明了西方发达国家无论什么政党上台，长期奉行的政治路线通常为中间路线，既不过分保守，也不过分激进。像美国、英国这些两党制的国家就是典型。此外，它还揭示出各党派的政治主张具有趋同性，奉行中间路线的党派最有可能获胜，这意味着真正的政治改革通常难以实行，日本就是一个很好的例子。

两党政治这个模型还可以进一步变形，如三党制。在三党制下，纳什均衡不唯一，而是有无穷多的可能均衡，但最为核心的东西并没有变，那就是没有哪一个党派能够获得绝对多数选民的支持，因而通常的政府和议会是以党派联合执政的方式出现的，这就解释了为什么实行多党制（$i>2$）的国家通常是联合党执政，而很少出现像美国那样的情况。

2.4.5 公共地悲剧

18 世纪初期，资本主义生产方式在英国得到了确立，并开始迅速发展。而它的最初动力是纺织品市场需求的日益扩大，使得毛纺工业迅速发展，纺织机、蒸汽机相继得到运用，直接导致了第一次工业革命。羊毛作为原料，市场需求巨大。但当时英国农村的土地属于公社所有，牧场更是如此。在这种情况下，土地公有实际上成为有效生产羊毛的一个重要障碍，最终导致马克思称为“羊吃人”的圈地运动。1739 年，休谟（Hume）在其所写的一篇文章中指出，公共牧场实际上会导致过度放牧，从而为英国圈地运动的产生提供了一种说明。在经济学中，公共地悲剧现在已成为说明私有制度存在理由的经典模型之一。

公共地悲剧讲述的是一个村社有 n（$n\geqslant 2$）个牧民。村社的公共牧场向每一个村社的成员开放。在春天，牧民同时选择所需要饲养的羊群数。假设羊群数是连续可分的。每年夏季，所有的牧民都在村社的公共牧地上放牧自己的羊群。如果第 i 个牧民拥有的羊群数为 g_i，那么村社所有的羊群数 $G=g_1+g_2+\ldots+g_n$。购买和饲养一只羊的成本为 c，这里我们假定它是一个常数。每只羊的价值 v 为羊的总数量的函数，即 $v=v(G)$。由于每只羊都需要一定数量的草才能生存，因而村社的牧场所能供养的羊群数就有一个上限，我们定义为 $G_{\max}$，并假设当所饲养的羊群数超过牧场所能供养的上限时，每只羊的价格为 0（即羊群过多造成牧场退化，由于没有足够的饲料，从而引起羊群死亡）。用公式表示为：$v(G)>0$，$G<G_{\max}$；$v(G)=0$，$G\geqslant G_{\max}$。由于一开始饲养的羊群数很少，因而增加一只羊的数量对已经饲养的羊来说不会造成太大的伤害，但这种伤害是递增的，即当 $G<G_{\max}$ 时，$v'(G)<0$，$v''(G)<0$。一阶导数为负表明，随着羊的数量增加，每只羊的价值会下降；二阶导数为负则表明，随着羊的数量增加，每只羊的价值下降是递增的。这种关系可用图 2.11 来表示。

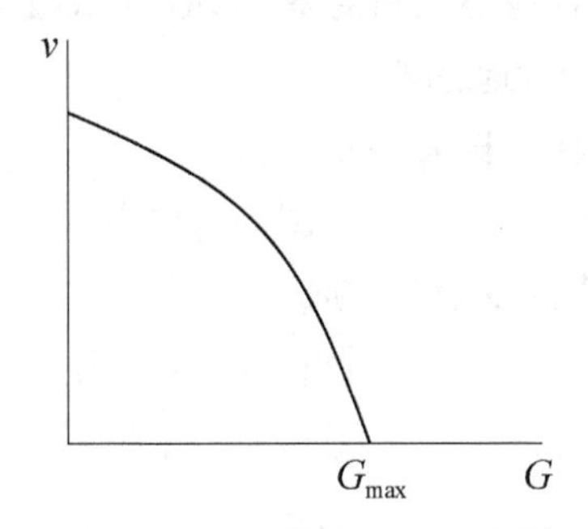

图 2.11　每只羊的价值随着饲养总量的增加而下降

现在将该问题的描述转化为博弈的战略式表述。

（1）参与人：定义牧民为 $i=1, 2, \ldots, n$；

（2）策略集：牧民 i 的策略就是选择 g_i，策略集 $S_i=[0,G_{max})$；

（3）支付函数：当其他的牧民所放牧的羊群数为$(g_1, \ldots g_{i-1}, g_{i+1}, \ldots, g_n)$时，牧民 i 从放牧 g_i 的羊群中所获得的收益为：

$$u_i(g_1, \ldots, g_i, \ldots, g_n)=g_i v(g_1, \ldots, g_{i-1}, g_i, g_{i+1}, \ldots, g_n)-cg_i, i=1,2, \ldots, n \tag{2.1}$$

每个牧民追求收益最大化，即

$$\max_{g_i} u_i(g_1, \ldots, g_n)$$

假如$(g_1^*, \ldots, g_i^*, \ldots, g_n^*)$是纳什均衡，对于每一个牧民 i 而言，在给定其他人的策略组合$(g_1^*, \ldots, g_{i-1}^*, g_{i+1}^*, \ldots, g_n^*)$的情况下，$g_i^*$一定会使式（2.1）最大化。

最大化的必要条件（一阶条件）为：

$$v(g_i+g_{-i}^*)+g_i v'(g_i+g_{-i}^*)-c=0, i=1, 2, \ldots, n \tag{2.2}$$

最大化的充分条件（二阶条件）为：

$$2v'(g_i+g_{-i}^*)+g_i v''(g_i+g_{-i}^*)<0, i=1, 2, \ldots, n$$

其中 $g_{-i}^*=g_1^*+\ldots+g_{i-1}^*+g_{i+1}^*+\ldots+g_n^*$。$n$ 个方程可解出 n 个未知数 g_i^*，$i=1,2, \ldots, n$，它们就是纳什均衡。不难证明该均衡是低效率的，即每个牧民养的羊太多（这也是一种囚徒困境）。

将 g_i^*带入（2.2），并将所有牧民的必要条件相加，得：

$$nv(G^*)+G^* v'(G^*)-nc=0 \tag{2.3}$$

在式（2.3）两端同除以 n：

$$v(G^*)+\frac{1}{n} G^* v'(G^*)-c=0 \tag{2.4}$$

其中 $G^*= g_1^*+\ldots+g_i^*+\ldots+g_n^*$。式（2.4）是纳什均衡下所有牧民所养羊之和必须满足的条件。

与私人利益最大化相对立的是社会的收益最大化，社会的目标是使下式达最大，即：

$$\max_{G} Gv(G)-Gc$$

一阶条件为：

$$v(G^{**})+G^{**} v'(G^{**})-c=0 \tag{2.5}$$

二阶条件为：

$$2v'(G^{**})+G^{**} v''(G^{**})<0$$

G^{**}是社会的最优解。现在需要证明的是 $G^*>G^{**}$，即公共地存在过度利用，怀海特（Whitehead)把这种情况称为“公共地悲剧”。

用反证法证明。假设 $G^*\leqslant G^{**}$，因为 $v'<0$，所以

$$v(G^*)\geqslant v(G^{**}) \tag{2.6}$$

又因为 $v''<0$，所以 $0>v'(G^*)\geqslant v'(G^{**})$，所以

$$|v'(G^*)| \leqslant |v'(G^{**})| \tag{2.7}$$

根据假设 $G^*\leqslant G^{**}$，所以

$$\frac{G^*}{n}<G^{**} \tag{2.8}$$

根据式（2.6）、（2.7）、（2.8）比较式（2.4）和式（2.5），可得到式（2.4）大于式（2.5）的结论。显然这与式（2.4）和式（2.5）都等于 0 相矛盾，所以 $G^*>G^{**}$。命题得证。

$G^{*}>G^{**}$表明：第一，公共牧场被过度利用，资源没有达到有效配置；第二，拥有羊群越多的牧民损失越多，因为每只羊的价值$v(G)$是G的减函数。因而从效率的角度来看，“圈地运动”必然要求实行公共牧场的私有化，并按照养羊数量的多少来划分土地专属权的大小。历史的发展恰恰与上述的理论分析是一致的，由于养羊数量少的牧民占绝大多数，因而就出现了被马克思称之为“羊吃人”的现象。然而，如果没有圈地运动这场“农业革命”，随后的英国工业革命是不可能发生的。

“公共地悲剧”反映出了极其深刻的哲理——大家都拥有（公地）的自由，却导致了大家都受损的结局。这也正是哲学家怀海特把其称为“公共地悲剧”的原因。在怀海特的著作中这样写道：“悲剧的实质不在于不幸，而在于（这种不幸是由大家共有）这一神圣性（所造成的）。”要避免公共地悲剧的发生，如果排除私有化的可能性，靠技术是不可能解决的，它实际上取决于人们崇高的思想境界。

从以上几个实例可以看出，对具有无限战略博弈的纳什均衡求解方法是：首先求出每个参与人对其他参与人战略组合的反应函数，即在其他参与人战略组合给定时最大化自己的支付，得到的最佳反应战略表现为其他参与人战略组合的函数；得到每个参与人的反应函数后，将这些反应函数联立求解即可得到博弈的纳什均衡。

讨论

【提示问题】

1. 如何理解纳什均衡的本质“给定你的战略我的战略是我最好，给定我的战略你的战略是你最好的？

2. 求解纳什均衡的划线法是如何体现纳什均衡定义的本质含义的？试结合本章引导案例进行求解说明。

3. 求解纳什均衡的反应函数法是如何体现纳什均衡定义的本质含义的？试结合本章典型应用例子进行求解说明。

4. 是不是每个博弈模型的纳什均衡都是唯一的？试构建一个博弈模型进行讨论并说明。

【教师注意事项及问题提示】

1. 根据本章引导案例，通过引导学生求解其各种定义过的均衡，引出博弈均衡的不同定义的意义所在。

2. 通过引导学生讨论本章典型应用案例的纳什均衡解的求解，进而让学生掌握如何根据所遇到的实际问题，变通应用纳什均衡的求解方法。

3. 引导学生构建一个博弈模型，该模型没有纯战略纳什均衡，并引出后续关于混合战略纳什均衡解的思考。

2.4 混合战略纳什均衡

纳什均衡的概念已经相当圆满地解决了不少博弈问题，但是现实中，许多决策问题构成的博弈中根本不存在具有稳定性的各参与人都接受的纳什均衡战略组合，也就是说，根据前面的定义，有些博弈不存在纳什均衡，如猜硬币博弈。

这个故事讲的是，两个儿童手里各拿着一枚硬币，决定要显示正面向上还是反面向上。如果两枚硬币同时正面向上或者同时反面向上，儿童 A 付 1 分钱给儿童 B；如果两枚硬币只有一枚正面向上，儿童 B 付 1 分钱给儿童 A。图 2.12 给出了这个博弈的支付矩阵。

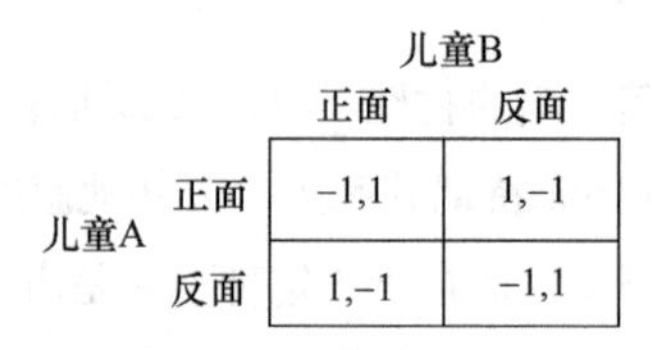

图 2.12　猜硬币博弈

这个博弈事实上是一个零和博弈，一方所得即另一方所失，没有纳什均衡。例如说，（正面，正面）不是纳什均衡，因为给定 B 选择正面，A 的最优选择是反面；（反面，正面）也不是纳什均衡，因为如果 A 选择反面，B 也将选择反面。类似地，（正面，反面）和（反面，反面）都不是纳什均衡。

我们再来考虑一个博弈：社会福利博弈。在这个博弈里，参与人是政府和一个流浪汉，流浪汉有两个战略：寻找工作或游荡；政府也有两个战略：救济或不救济。政府想帮助流浪汉，但前提是后者必须试图寻找工作，否则，前者不予帮助；而流浪汉只有在得不到政府救济时才会寻找工作。图 2.13 给出了这个博弈的支付矩阵。

		流浪汉	
		寻找工作	游荡
政府	救济	3,2	−1,3
	不救济	−1,1	0,0

图 2.13　社会福利博弈

这个博弈也不存在纳什均衡。给定政府救济，流浪汉的最优战略是游荡；给定流浪汉游荡，政府的最优战略是不救济；给定政府不救济，流浪汉的最优战略是寻找工作；而给定流浪汉寻找工作，政府的最优战略是救济；如此等等，没有一个战略组合构成纳什均衡。

上述两个博弈的显著特征是，每一个参与人都想猜透对方的战略，而每一个参与人又都不想让对方猜透自己的战略。这样的问题在诸如扑克比赛、橄榄球赛、战争等情况中都会出现。在所有这类博弈中，都不存在纳什均衡。

但是，尽管上述两个博弈不存在前面所定义的纳什均衡，却存在下面将要定义的混合战略纳什均衡。这里，混合战略指的是参与人以一定的概率选择某种战略，例如说，参与人以 0.3 的概率选择第一种战略，以 0.5 的概率选择第二种战略，以 0.2 的概率选择第三种战略。如果一个参与人采取混合战略，他的对手就不能准确地猜出他实际上会选择的战略，尽管在均衡点，每个参与人都知道其他参与人不同战略的概率分布。为了区别于这种情况，我们将前面定义的纳什均衡称为“纯”战略纳什均衡。

定义 2.5 在博弈 $G=\{S_1,\dots,S_n;u_1,\dots,u_n\}$中，假定参与人 i 有 k 个纯战略：$S_i=\{s_{i1},\dots,s_{ik}\}$，那么，概率分布 $\sigma_i=(\sigma_{i1},\dots,\sigma_{ik})$称为参与人 i 的一个混合战略，这里 $\sigma_{ij}=\sigma_{ij}(s_{ij})$是参与人 i 选择 s_{ij} 的概率，对于所有的$j=1,\dots,k$，$0\leqslant\sigma_{ij}\leqslant 1$，$\sum\sigma_{ij}=1$。

这样，纯战略可以理解为混合战略的特例，例如说，纯战略 s_i 等价于混合策略 $\sigma_i=(1,0,\dots,0)$，即选择纯战略 s_i的概率为 1，选择任何其他纯战略的概率为 0。

在纯战略情况下，参与人 i 的支付函数 u_i 是纯战略组合$(s_1,\dots,s_i,\dots,s_n)$的函数，即 $u_i=u_i(s_1,\dots,s_i,\dots,s_n)$；对于任何给定的战略组合 $s=(s_1,\dots,s_i,\dots,s_n)$，$u_i$ 取一个确定的值。与混合战略相伴随的是支付的不确定性，因为一个参与人并不知道其他参与人的实际战略选择。此时，参与人关心的是期望效用，我们用 $v_i(\sigma)=v_i(\sigma_i,\sigma_{-i})$表示参与人 i 的期望效用函数（其中，$\sigma_{-i}=(\sigma_1,\dots,\sigma_{i-1},\sigma_{i+1},\dots,\sigma_n)$是除 i 之外所有其他参与人的混合战略组合)，它可以定义为：

$$v_i(\sigma_i,\sigma_{-i})=\sum(\prod\sigma_j(s_j))u_i(s)$$

定义 2.6 在 n 个参与人博弈的战略式表述 $G=\{S_1,\dots,S_n;u_1,\dots,u_n\}$中，混合战略组合 $\sigma^*=(\sigma_1^*,\dots,\sigma_i^*,\dots,\sigma_n^*)$是一个纳什均衡，如果对于所有的参与人 $i=1,2,\dots,n$，下式成立：

$$v_i(\sigma_i^*,\sigma_{-i}^*)\geqslant v_i(\sigma_i,\sigma_{-i}^*),\forall\ \sigma_i\neq\sigma_i^*$$

让我们以社会福利博弈为例求解混合战略纳什均衡。假定政府的混合策略为 $\sigma_G=(\theta,1-\theta)$（即政府以 θ 的概率选择救济，$(1-\theta)$的概率选择不救济），流浪汉的混合策略为 $\sigma_L=(\gamma,1-\gamma)$（即流浪汉以 γ 的概率选择寻找工作，$(1-\gamma)$的概率选择游荡）。那么，政府的期望效用函数为：

$$\begin{aligned}v_G(\sigma_G,\sigma_L)&=\theta\times[3\times\gamma+(-1)\times(1-\gamma)]+(1-\theta)\times[(-1)\times\gamma+0\times(1-\gamma)]\\&=\theta\times(4\gamma-1)-(1-\theta)\times\gamma=\theta\times(5\gamma-1)-\gamma\end{aligned}$$

对上述效用函数求微分，得到政府最优化的一阶条件为：

$$\frac{\partial v_G}{\partial\theta}=5\gamma-1=0$$

因此，

$$\gamma^*=0.2$$

就是说，在混合战略均衡下，流浪汉以 0.2 的概率选择寻找工作，0.8 的概率选择游荡。

读者或许会感到奇怪，我们解的是政府的最优化问题，但得到的却是流浪汉的混合策略。这个问题可以作如下解释：我们首先假定最优混合策略是存在的，给定流浪汉选择混合战略$(\gamma,1-\gamma)$，政府选择纯战略救济（即 $\theta=1$）的期望效用为：

$$v_G(1,\gamma)=3\times\gamma+(-1)\times(1-\gamma))=4\gamma-1$$

（这里，我们省略了选择第二个纯战略的概率。）选择纯战略不救济（即 $\theta=0$）的期望效用为：

$$v_G(0,\gamma)=(-1)\times\gamma+0\times(1-\gamma)=-\gamma$$

如果一个混合战略（$\theta\neq 0, 1$）是政府的最优选择，那一定意味着政府在救济与不救济之间是无差异的，即：

$$v_G(1,\gamma)=4\gamma-1=-\gamma=v_G(0,\gamma)$$

上述等式意味着 $\gamma^*=0.2$。就是说，如果 $\gamma<0.2$，政府将选择不救济；如果 $\gamma>0.2$，政府将选择救济；只有当 $\gamma=0.2$ 时，政府才会选择混合战略（$\theta\neq 0, 1$）或任何纯战略。

为了找出政府的均衡混合战略，我们需要求解流浪汉的最优化问题。给定 $\sigma_G=(\theta, 1-\theta)$，$\sigma_L=(\gamma, 1-\gamma)$，流浪汉的期望效用函数为：

$$V_L(\sigma_G, \sigma_L)=\gamma\times[2\times\theta+1\times(1-\theta)]+(1-\gamma)\times[3\times\theta+0\times(1-\theta)]$$

$$=\gamma\times(\theta+1)+3(1-\gamma)\times\theta=-\gamma\times(2\theta-1)+3\theta$$

最优化的一阶条件为：

$$\frac{\partial v_L}{\partial \gamma}=-(2\theta-1)=0$$

因此，

$$\theta^*=0.5$$

我们可以对 $\theta^*=0.5$ 作类似于我们对 $\gamma^*=0.2$ 所作的解释。如果 $\theta<0.5$，流浪汉的最优选择是寻找工作；如果 $\theta>0.5$，流浪汉的最优选择是游荡；只有当 $\theta=0.5$ 时，流浪汉才会选择混合战略（$\gamma\neq 0, 1$）或任何纯战略。

纳什均衡要求每个参与人的混合战略是给定对方的混合战略下的最优选择。因此，在社会福利博弈中，$\theta^*=0.5$，$\gamma^*=0.2$ 是唯一的纳什均衡。就是说，在均衡情况下，政府以 0.5 的概率选择救济，0.5 的概率选择不救济；流浪汉以 0.2 的概率选择寻找工作，0.8 的概率选择游荡。

我们可以从反面来说明 $\theta^*=0.5$，$\gamma^*=0.2$ 确实是一个纳什均衡。假定政府认为流浪汉选择寻找工作的概率严格小于 0.2，那么，政府的唯一最优的选择是纯战略不救济；但如果政府以 1 的概率选择不救济，流浪汉的最优选择是寻找工作，这又将导致政府选择救济的策略，流浪汉则选择游荡，如此等等。因此，$\gamma<0.2$ 不构成纳什均衡。类似地，假定政府认为流浪汉寻找工作的概率严格大于 0.2，那么，政府的唯一最优的选择是纯战略救济；但如果政府以 1 的概率选择救济，流浪汉的最优选择是游荡，因此，$\gamma>0.2$ 也不构成纳什均衡。容易验证，$\theta<0.5$ 和 $\theta>0.5$ 都不构成纳什均衡。

上述混合战略均衡也可以用几何图形来表示。当参与人可以选择混合战略时，他选择任何一个纯战略的概率在 0 与 1 之间是连续的。在讨论连续纯战略均衡时（如库诺特模型），我们使用了反应函数的概念。现在，我们可以使用反应应对的概念来描述一个参与人对应于其他参与人混合战略的最优选择。两个概念的区别仅仅在于，反应函数表示的是一个参与人只有一个特定的战略是其他参与人给定战略的最优选择，而反应应对允许一个参与人有多个（甚至无穷多个）战略是其他参与人给定战略的最优选择。在上述博弈中，政府和流浪汉的反应应对分别为：

政府：

$$\theta=\begin{cases}0, & \gamma<0.2\\ [0,1], & \gamma=0.2\\ 1, & \gamma>0.2\end{cases}$$

流浪汉：

$$\gamma=\begin{cases}0, & \theta<0.5\\ [0,1], & \theta=0.5\\ 1, & \theta>0.5\end{cases}$$

在图 2.14 中，我们描绘出政府和流浪汉的反应曲线。两条反应曲线的交点就是纳什均衡点。

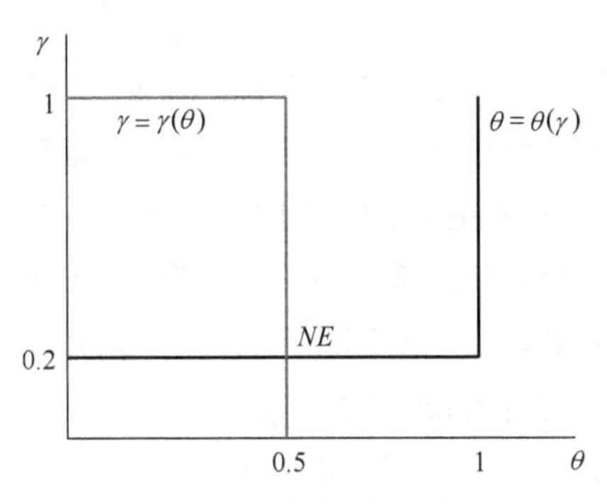

图 2.14　混合战略纳什均衡

前面的讨论表明，找出混合战略纳什均衡可以有两种方法，一种是支付最大化方法，另一种是支付等值法，这两种方法是等价的。读者可以仿照我们求解社会福利博弈的步骤找出猜谜游戏博弈的纳什均衡：每个参与人的均衡混合战略是以 0.5 的概率随机地选择任意一个纯战略。

有趣的是，尽管在均衡的情况下，每个参与人在所有构成均衡的纯战略之间是无差异的，均衡却要求每个参与人以特定的概率选择纯战略。进一步，一个参与人选择不同纯战略的几率分布不是由他自己的支付决定的，而是由他的对手的支付决定的。

由于这个原因，许多人认为混合战略纳什均衡是一个难以令人满意的概念，难道在现实世界中，人们真的是使用类似掷硬币的方法来决定选择什么行动的吗？既然参与人在构成混合战略的不同纯战略之间是无差异的，他为什么不选择一个特定的纯战略，而要以特定的概率随机地选择不同的纯战略呢？对此可以作出的一个解释是，一个参与人选择混合战略的目的是给其他参与人造成不确定性，这样，尽管其他参与人知道他选择某个特定纯战略的概率是多少，但他们并不能猜透他实际上会选择哪个纯战略。事实上，正是因为他在几个（或全部）战略之间是无差异的，他的行为才难以预测，混合战略均衡才会存在。如果他严格偏好于某个特定的纯战略，他的行为就会被其他参与人准确地猜透，就不会有混合战略均衡出现。

海萨尼（Harsanyi）对混合战略的解释是：混合战略等价于不完全信息下的纯战略均衡。在前例中，假定有两类特征的流浪汉，一类选择寻找工作，另一类选择游荡；每个流浪汉都知道自己的特征，但政府并不知道流浪汉的准确特征，只知道一个流浪汉有 20%的概率属于第一类，80%的概率属于第二类。在这种情况下，政府在选择自己的战略时似乎面临的是一位选择混合战略的流浪汉。关于海萨尼对混合战略的解释，我们将在后面进行讨论。

尽管混合战略不像纯战略那样直观，但它确实是一些博弈中参与人的合理行为方式。扑克比赛、垒球比赛、划拳就是这样的例子，在这类博弈中，参与人总是随机行动以使自己的行为不被对手所预测。在后面的章节（2.6 应用举例—扩展讨论）中，我们将通过监督博弈的例子来继续介绍参与人是如何选择混合战略的。

2.5 多重纳什均衡及其选择

纳什均衡的存在性不等于唯一性，许多博弈往往有多个纳什均衡，甚至是无穷多个纳什均衡。有时不同的纳什均衡之间也没有明显的优劣关系。在这种情况下，哪个纳什均衡最有可能成为最终的纳什均衡，往往取决于某种能使参与人产生一致性预测的机制或判断标准。然而，当一个博弈有多个纳什均衡时，纳什均衡的一致性预测也难以实现，因为要所有参与人都预测同一个纳什均衡是困难的。这些情况的存在，表明纳什均衡分析仍然是有局限性的，说明对博弈问题仅仅进行纳什均衡分析是不够的。

当博弈中存在的纳什均衡不止一个时，我们把它叫作多重纳什均衡的博弈。多重纳什均衡博弈非常普遍，我们有必要对多重纳什均衡导致的选择问题做一些分析。

2.5.1 帕累托优势均衡

在多重纳什均衡博弈中，并不是所有的多重纳什均衡博弈都是难以选择的。事实上，虽然有些博弈存在多个纳什均衡，但这些纳什均衡之间存在明显的优劣差异，所有参与人对其中的某一个纳什均衡有着共同的偏好。如果某个纳什均衡给所有参与人带来的收益都大于其他所有纳什均衡会带来的收益，这时候参与人的选择倾向性就会完全相同，各个参与人不仅自己会选择该纳什均衡战略，而且预测其他参与人也会选择该纳什均衡战略，共同追求经济学中的帕累托效率最优，因此称此纳什均衡为帕累托优势均衡。

上述多重纳什均衡选择所依据的实际上就是经济学中帕累托效率意义上的优劣关系。博弈论大师海萨尼和泽尔腾认为，这种按照收益大小选择得到的纳什均衡，比其他纳什均衡具有帕累托优势，我们把用这种方法选择出来的纳什均衡叫作“帕累托优势均衡”。帕累托优势均衡的例子是很多的，这里我们用“战争与和平”博弈问题为例作一些说明。

国家之间关于战争与和平的选择，在人类社会的历史中经历了许许多多。从国家和人民总体的长远利益出发进行客观的分析，战争通常对任何一方都是有害无益的。选择战争比选择和平有利的唯一情况是对方已经选择了战争，因为这时候不奋起反击就会任人宰割。可以用图 2.15 中的支付矩阵表示两个国家在战争与和平之间的选择和利益关系。该支付矩阵充分反映了战争对双方都是不利的，但当一个国家选择战争时，另一个国家不作抗争会更悲惨的一般规律。

		国家2	
		战争	和平
国家1	战争	−5,−5	8,−10
	和平	−10,8	10,10

图 2.15 帕累托优势均衡

从博弈分析的角度，这个博弈中有两个纯战略纳什均衡，分别是（战争，战争）和（和平，和平）。很显然，（和平，和平）是这两个纳什均衡中在帕累托效率意义上明显较好的一个，因此（和平，和平）构成本博弈的一个帕累托优势均衡。换句话说，如果两个国家的决策者都是理性的，那么这两个国家之间就不应该发生战争。因为虽然对双方来说，在这个博弈中的最佳选择都取决于对方的选择，当对方选择和平时自己选择和平最佳，而当对方选择战争时则自己的最佳选择也是战争，但因为和平共处对双方都更有利，因此每个国家都不仅自己希望实现（和平，和平），而且能指望对方也会选择和平，因此（和平，和平）应该是这个博弈的合理结果。这正是帕累托优势均衡的现实基础和意义。

上述分析结论可能会给读者带来疑问，那就是既然上述博弈证明理性的国家之间不会选择战争，那么为什么世界历史上会有那么多战争？这个问题的答案可以包括决策者考虑短期利益、个人或小集团利益更多，决策者确实缺乏理智和理性，或者局部地区或特定时期战争的利益比上述博弈中假设的要大等。此外，其他国家选择战争时还击比不还击损失小，先发制人则更能使自己相对有利，也是导致发生战争机会增大的重要原因。

寡头市场的价格竞争与两国之间关于战争与和平的选择其实是很相似的。企业之间的价格竞争有时候就是一场战争，因此上述战争与和平的选择模型也可以用来分析寡头市场的价格竞争问题，可以用帕累托优势均衡进行分析的博弈问题其实还有很多，读者不妨自己找一些例子来进行分析。

2.5.2 风险优势均衡

在多重纳什均衡博弈的选择中，选择纳什均衡的另一种方法就是风险优势均衡法。虽然帕累托优势均衡作为均衡选择的标准是合理的，然而并不是帕累托优势均衡都能够成为多重纳什均衡博弈选择的标准，有时候其他某种同样是合理的选择逻辑的作用会超过帕累托效率的选择逻辑，例如基于风险因素的考虑就是这样一种情况。当从多重纳什均衡中选择一个合理的预测常常依赖于预测风险的大小的时候，人们一般倾向于接受预测风险比较小的结果。这里我们先用投资博弈来说明上述观点。

假设有两家公司准备共同投资，一种投资机会为股票市场，另一种投资机会为房地产，我们用图 2.16 的支付矩阵表示两家公司的投资选择和收益关系。

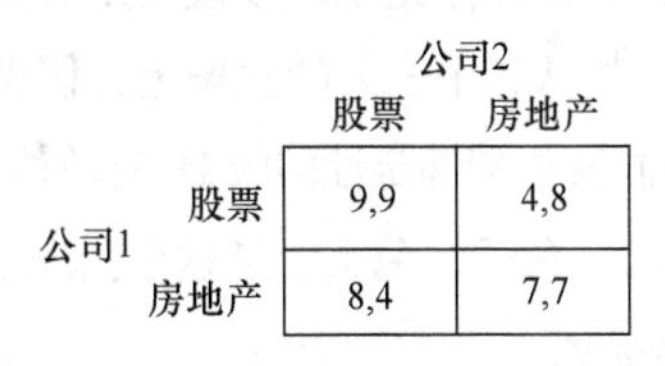

		公司2	
		股票	房地产
公司1	股票	9,9	4,8
	房地产	8,4	7,7

图 2.16 投资博弈

显然，这个博弈中有两个纯战略纳什均衡（股票，股票）和（房地产，房地产），并且（股票，股票）的双方收益大于（房地产，房地产）的双方收益，因此前一个纳什均衡是这个博弈的一个帕累托优势均衡。

那么，这个结果是否必然是两家公司双方共同采用的帕累托优势均衡（股票，股票）呢？回答是不一定的，因为虽然当双方确实都采用帕累托优势均衡（股票，股票）的战略时，两家公司的收益都会比采用另一个纳什均衡（房地产，房地产）多 2 个单位，但是如果一家公司采用{股票}的战略时，另一家公司却没有采用{股票}的战略，那么此时前者的收益是很差的 4 个单位，比他们分别采取{房地产}的收益（至少 7 个单位，不管对方的战略是什么）要低得多。这意味着采用（股票，股票）对两家公司来说都是有较大风险的。所以，如果考虑风险因素，（房地产，房地产）就有相对优势，因为虽然它在帕累托效率意义上不如（股票，股票），但在风险较小的意义上却优于（股票，股票）。当两家公司希望保险一些，想要回避风险时，就会选择（房地产，房地产），而不是（股票，股票）。我们称（房地产，房地产）是这个博弈的一个“风险优势均衡”。

风险优势均衡的一种简单理解方法或识别标准是，如果所有参与人在预计其他参与人采用两种纳什均衡的战略的概率相同时，都偏爱其中某一纳什均衡，则该纳什均衡就是一个风险优势均衡。

猎鹿（Stag-hunting）博弈是体现风险优势均衡思想的另一个生动例子。猎鹿博弈是这样的：两个人同时发现 1 头鹿和 2 只兔子，如果两人合力抓鹿，则可以把这头价值 10 单位的鹿抓住，兔子当然是抓不到了；如果两人都去抓兔子，则各可以抓 1 只价值 3 单位的兔子，鹿就会跑掉；但如果一个人选择了抓兔子而另一个人选择了抓鹿，那么选择抓兔子的能抓到 1 只兔子，选择抓鹿的人则什么也抓不到。由于两人的决策必须是瞬间作出，根本来不及商量，因此这就成了一个双方必须同时作出决策的静态博弈问题。如果合作猎获 1 头鹿后双方会平分收获，那么这个博弈的收益关系就可用如图 2.17 所示的支付矩阵表示。

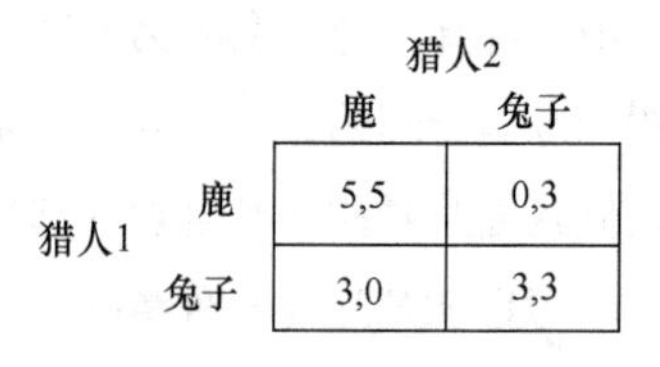

		猎人2	
		鹿	兔子
猎人1	鹿	5,5	0,3
	兔子	3,0	3,3

图 2.17　猎鹿博弈

很显然，这个博弈也有两个纳什均衡（鹿，鹿）和（兔子，兔子），而且前一个纳什均衡也是本博弈的一个帕累托优势均衡。但我们也容易看出，由于在另一人选择抓兔子的情况下，选择抓鹿的人会一无所获，而选择抓兔子的收益则是有保障的，因此选择抓鹿有很大的风险，并不一定是最好的选择，如从其中一人的立场上，假设另一人选择抓鹿和抓兔子的概率都是 1/2，那么此时他抓兔子能够得到确定性的收益 3 单位，而选择抓鹿的期望收益为 2.5 单位，前者显然优于后者。因此，（兔子，兔子）是这个猎鹿博弈的一个风险优势均衡，精明的猎人往往会选择抓兔子而不是抓鹿。

如果对风险优势均衡进一步分析，我们还会发现，参与人对风险优势均衡的选择倾向有一种自我强化的机制。当部分或所有参与人选择风险优势均衡的可能性增强的时候，任意参与人选择帕累托优势均衡的期望收益都会进一步变小，这就使各参与人更倾向于选择风险优势均衡，而这又进一步使选择帕累托优势均衡战略的收益更小，从而形成一种选择风险优势均衡的正反馈机制，使其出现的机会越来越大。事实上，正是因为存在上述反馈机制，往往会使得开始时并不是很大的各个参与人采用风险优势均衡战略的概率，甚至只是对其他参与人可能会采用风险优势均衡战略的担心，演变为实现相对低效率的风险优势均衡的现实。而且上述反馈机制会随着信任的难度而加强。例如当合作猎鹿需要 10 人同心协力才能成功，只要其中一人不合作就必然失败时，人们就很难自觉选择合作，因为相信其他 9 人会同时选择合作，比相信其他一人会选择合作要难得多，此时选择合作的风险非常大。

风险优势均衡是人们经济决策和行为的重要规律之一，如果我们忽视这种均衡或行为规律的存在，忽略人们选择风险优势均衡的可能性，就可能无法对许多决策问题进行准确的分析判断，无法对许多经济现象作出合理的解释。

2.5.3 聚点均衡

其实，多重纳什均衡给我们带来的主要尴尬之处，还在于不存在有差别的帕累托优势均衡，例如如下的“性别之争”博弈，也称为“情侣博弈”。

该博弈讲的是一对处在热恋中的男女，有些业余活动要安排，可以选择去看足球比赛，或者看芭蕾舞演出。男的偏好足球，女的则更喜欢芭蕾，但他们都宁愿在一起，不愿分开。图 2.18 给出该博弈的支付矩阵。

		女	
		足球	芭蕾
男	足球	2,1	0,0
	芭蕾	0,0	1,2

图 2.18 情侣博弈

不难得到这个博弈有 3 个纳什均衡，其中两个纯战略纳什均衡：（足球，足球）、（芭蕾，芭蕾），和一个混合战略纳什均衡：[（2/3, 1/3），（1/3, 2/3）]，即男的以 2/3 的概率选择足球赛，以 1/3 的概率选择芭蕾舞；女的以 1/3 的概率选择足球赛，以 2/3 的概率选择芭蕾舞。在这 3 个纳什均衡中，除了混合战略纳什均衡明显较差以外，其他两个纯战略纳什均衡之间不存在帕累托效率意义上的优劣关系，一个对男的有利，另一个对女的有利，因此无法判断这两个人究竟会怎样作出选择。

但实际上，并不是在所有无帕累托优劣关系的多重纳什均衡博弈中，人们的选择都没有规律性。事实上，在现实生活中，博弈人可能使用某些被标准博弈模型抽象掉的信息来达到一个所谓的“聚点”（Focal Point），从而帮助进行选择。

谢林（C. Schelling）于 1960 年提出的“聚点”理论指出，在某些日常生活中，人们在作选择时，往往通过利用由战略形式提供的信息来协调而最后选择某些特殊的均衡，从而使得某一均衡发生的概率大于另一均衡。例如，根据人们对类似“性别之争”博弈，有两个纯战略纳什均衡的博弈所进行的实验，发现大多数博弈人通常似乎知道在这样的博弈中该怎么选择，而且博弈人之间经常能够相互理解对方的行为，也发现博弈人往往会利用博弈规则以外的特定信息，如博弈人共同的文化背景中的习惯或规范，共同的知识，历史经验，具有特定意义事物的特征，某些特殊的数量、位置关系等来进行选择。

例如让两个人同时报一个时间，如果两人所报时间相同，每人得到一定的奖励，如果所报时间不同，则不能获得奖励，这时候两个人对所报时间的选择就是一个博弈。很显然，这个博弈有无穷多个纳什均衡，双方选择任何相同的时间都是该博弈的纳什均衡，而且这些均衡之间完全不存在帕累托效率意义上的优劣关系。但是我们不难发现，该博弈的两个参与人选择类似“中午 12 点”“0 点”的可能性比较大，双方同时选择这种时间的机会也较大，而选择类似“上午 10 点 01 分”“下午 3 点 46 分”等时间的可能性就很小，更不大可能同时成为双方的选择。理由是前两个时间既是整点，而且又都有特殊意义——第一个代表上下午的分界，第二个则是一天的开始，因此双方同时想到的希望较大。而后面两个时间则没有什么特殊的意义，即使某个博弈人想选择这样的时间，也不敢指望对方会作同样的选择，而这就足以使该博弈人放弃这类打算了。因此，在上述博弈中两博弈人必定都会选择类似“中午 12 点”和“0 点”等时间，虽然不能保证双方的选择一致，但至少大大提高了双方选择一致的概率。

我们称“中午 12 点”和“0 点”这样的战略为上述博弈的“聚点”或谢林点（Schelling Point）。在多重纳什均衡的博弈中，双方同时选择一个聚点构成的纳什均衡称为“聚点均衡”。当然聚点均衡首先是纳什均衡，是多重纳什均衡中比较容易被选择的纳什均衡。

聚点均衡的另一个经典例子是“城市博弈”，其简化版本可以这样描述：要求两博弈人各自独立将上海、南京、长春、哈尔滨 4 个城市分为每组 2 个城市的 2 组，若两人分法相同，则各得一定的奖励，否则没有奖励。显然这个博弈中也有多个纳什均衡，包括分别将上海和南京分为一组，将上海和长春分为一组，将上海和哈尔滨分为一组，然后将余下的两个城市分为一组的 3 种分法。如果是两个中国人参加这个博弈，通常两人会将上海和南京分为一组，长春和哈尔滨分为一组。理由很简单，因为上海和南京是相对于长春和哈尔滨的南方城市，这种以地理位置给城市分类的方法是具有基本地理常识的人容易想到的，因此它是一个聚点。如果有一个博弈人仅仅因为自己的父母分别来自哈尔滨和上海，就将这两个城市分为一组，那么恐怕不能指望获得奖励。

其实“性别之争”博弈也是适用聚点均衡的博弈问题，生日、双方的性格脾气等都可能作为聚点的根据。此外，现实中可以用聚点来分析和解释的博弈问题是很多的。例如，在中国内地的交通规则中，所有的车辆都靠右行驶，而在中国香港地区，所有的车辆都靠左行驶就是一个聚点均衡。

从我们讨论的几个聚点均衡的例子可以看出，聚点均衡确实反映了人们在多重纳什均衡选择中的某些规律性，但它们涉及的方面众多，因此虽然对每个具体的博弈问题可能能够找出聚点，但对一般的博弈却很难总结普遍规律，只能具体问题具体分析。

2.5.4 相关均衡

纳什均衡假定每个参与人独立地行动。然而在现实中，当人们在多重均衡选择遇到困难时，常会通过收集更多的信息，形成特定的机制和规则，依据某人或某些共同观测到的信息选择行动，设计某种形式的均衡选择机制，以解决多重纳什均衡选择问题，使所有参与人受益，这与各参与人的决策是相关的。如两家房地产公司进行市场竞争，假定市场出现某种信号，例如国家对房地产市场进行宏观调控，在双方观察到这个信号之后所进行的战略选择就是相关的。“相关均衡”就是这样的一种均衡选择机制。

为了说明相关均衡的概念，我们考虑下面由 2005 年诺贝尔经济学奖获得者奥曼（Aummann）曾经提出的博弈例子。设想一个由图 2.19 中支付矩阵表示的博弈。

参与人1 \ 参与人2	*L*	*R*
U	5,1	0,0
D	4,4	1,5

图 2.19　奥曼相关均衡博弈

该博弈有 3 个纳什均衡：两个纯战略纳什均衡（*U*, *L*）和（*D*, *R*），另外一个混合战略纳什均衡[(1/2, 1/2)，(1/2, 1/2)]，即两参与人都以 1/2 的概率在自己的两个纯战略中随机选择，他们的收益分别为（5, 1），（1, 5），（2.5, 2.5）。虽然该博弈的两个纯战略纳什均衡都能使两参与人各得到 0.5×5+0.5×1=3 个单位的收益，但在这两个纳什均衡下双方的收益相差很大，因此很难在两参与人之间形成自然的妥协，聚点均衡的概念不适用。如果采用混合战略纳什均衡，因为有 1/4 的可能性遇到最不理想的(*U*, *R*)，因此双方的期望收益都只有 $\frac{1}{2}\left(\frac{1}{2}\times 5+\frac{1}{2}\times 0+\frac{1}{2}\times 4+\frac{1}{2}\times 1\right)=2.5$ 单位，显然不理想。

为了避免出现(*U*, *R*)，使结果符合双方的利益，因此双方有可能通过协商约定采用如下的行动规则：如果明天是晴天，参与人 1 选择 *U*，参与人 2 选择 *L*；如果明天是阴天，参与人 1 选择 *D*，参与人 2 选择 *R*。按照这样的规则选择，两个参与人的选择就相关了，而且两个纯战略纳什均衡(*U*, *L*)和(*D*, *R*)各有 1/2 出现的可能，且可以保证排除采用混合战略可能出现的(*U*, *R*)，双方的期望收益都是 3，好于双方各自采用混合战略的期望收益，也解决了双方在两个纯战略纳什均衡选择方面的僵局。同样的相关选择也可以用到“性别之争”博弈中双方可能形成的约定：“如果天气好一起去看足球赛，天气不好则一起去看芭蕾舞”。

进一步拓展上述思路，在该博弈中参与人在收到不同但又相关信号情况下还可能实现更好的期望收益。该博弈有一个总收益更高的策略组合（*D*, *L*），由于它不是纳什均衡，因此除了混合战略纳什均衡中包含采用它的可能性外，在一次博弈中无法实现它。如果我们设计出一种能够包含进这个战略组合，同时又能排除（*U*, *R*）的方法，就可以实现参与人收益的改进，这种方法的关键是发出下列“相关信号”（Correlated Signals）以实现博弈收益的改进：（1）该机制以相同的可能性（各 1/3）发出 A、B、C3 种信号；（2）参与人 1 只能看到该信号是否为 A，参与人 2 只能看到该信号是否为 C；（3）参与人 1 看到 A 采用 *U*，否则采用 *D*；参与人 2 看到 C 采用 *R*，否则采用 *L*。

不难发现该机制有下列重要性质：（1）保证 *U* 和 *R* 不会同时出现，从而排除掉了（*U*, *R*）；（2）保证（*U*, *L*）、（*U*, *D*）和（*D*, *R*）各以 1/3 的概率出现，从而两参与人的期望收益达到 3+1/3；（3）上述战略组合是一个纳什均衡；（4）上述相关机制并不影响双方各种战略组合下的收益。因此并不影响原来的均衡。就是说，如果一个参与人忽视了信号，另一个参与人也可以忽视信号，并不影响各参与人原来可能实现的收益。我们称双方根据上述相关机制选择战略构成的纳什均衡为“相关均衡”。

2.6 应用举例——扩展讨论

监督博弈是猜谜游戏博弈的变种，它概括了诸如税收检查、质量检查、惩治犯罪、雇主监督雇员等这样一类情况。这里，我们以税收检查为例。这个博弈的参与人包括税收机关和纳税人。税收机关的纯战略选择是检查或不检查，纳税人的纯战略选择是逃税或不逃税，图 2.20 概括了对应不同纯战略组合的支付矩阵。这里，a 是应纳税款，C 是检查成本，F 是罚款。我们假定 $C<a+F$。在这个假设下，不存在纯战略纳什均衡，让我们来求解混合战略纳什均衡。

		纳税人	
		逃税	不逃税
税收机关	检查	$a-C+F,-a-F$	$a-C,-a$
	不检查	0,0	$a,-a$

图 2.20　监督博弈

我们用 θ 代表税收机关检查的概率，γ 代表纳税人逃税的概率。给定 γ，税收机关选择检查（θ=1）和不检查（θ=0）的期望收益分别为：

$$\pi_G(1,\gamma)=(a-C+F)\times\gamma+(a-C)\times(1-\gamma))=\gamma F+a-C$$

$$\pi_G(0,\gamma)=0\times\gamma+a\times(1-\gamma)=a(1-\gamma)$$

解 $\pi_G(1,\gamma)=\pi_G(0,\gamma)$，得：$\gamma^*=C/(a+F)$。即：如果纳税人逃税的概率小于 $C/(a+F)$，税收机关的最优选择是不检查；如果纳税人逃税的概率大于 $C/(a+F)$，税收机关的最优选择是检查；如果纳税人逃税的概率等于 $C/(a+F)$，税收机关随机地选择检查或不检查。

给定 θ，纳税人选择逃税和不逃税的期望收益分别为：

$$\pi_P(\theta,1)=-(a+F)\times\theta+0\times(1-\theta)=-(a+F)\theta$$

$$\pi_P(\theta,0)=-a\times\theta+(-a)\times(1-\theta)=-a$$

解 $\pi_P(\theta,1)=\pi_P(\theta,0)$，得：$\theta^*=a/(a+F)$。即：如果税收机关检查的概率小于 $a/(a+F)$，纳税人的最优选择是逃税；如果税收机关检查的概率大于 $a/(a+F)$，纳税人的最优选择是不逃税；如果税收机关检查的概率等于 $a/(a+F)$，纳税人随机地选择逃税或不逃税。

因此，混合战略纳什均衡是：$\theta^*=a/(a+F)$，$\gamma^*=C/(a+F)$，即税收机关以 $a/(a+F)$的概率检查，纳税人以 $C/(a+F)$的概率选择逃税。这个均衡的另一个可能的（或许更为合理的）解释是，经济活动中有许多个纳税人，其中有 $C/(a+F)$比例的纳税人选择逃税，有$(1-C/(a+F))$比例的纳税人选择不逃税，税收机关随机地检查 $a/(a+F)$比例的纳税人的纳税情况。

监督博弈的纳什均衡与应纳税款 a、对逃税的惩罚 F，以及检查成本 C 有关。对逃税的惩罚越重，应纳税款越多，纳税人逃税的概率就越小；检查成本越高，纳税人逃税的概率就越大。为什么应纳税款越多，纳税人逃税的概率反而越小呢？这是因为，应纳税款越多，税收机关检查的概率越高，逃税被抓住的可能性越大，因而纳税人反而不敢逃税了。这一点或许可以解释为什么逃税现象在小企业中比在大企业中更为普遍，在低收入阶层比在高收入阶层更普遍。当然，这个结论与我们关于逃税技术和检查成本的假设有关。我们假定一旦税收机关检查，逃税就会被发现。如果不是这样，例如说，如果高收入者有更好的办法隐瞒收入从而逃税行为更难被发现，这个结论就不一定成立了。其次，如果检查成本与应纳税款有关，例如说，应纳税款越多，检查成本越高，那么，上述结论也就难以成立了。此外，应纳税款较多的纳税人可能更有积极性贿赂税务官员，在这种情况下，上述结论也难以成立。将所有这些情况考虑进去，逃税概率与应纳税款的关系可能是非单调的，例如说，最遵纪守法的是中上等收入阶层。但有一点可以肯定，通过提高对逃税者的惩罚，纳税人逃税的积极性就会下降，税收机关检查的必要性也就降低。

讨论

【提示问题】

1. 如何理解混合战略，在混合战略下，关于博弈的战略式表述形式上有怎样的变化?

2. 求解混合战略纳什均衡的两种方法在本质上有异同吗?

3. 结合你们小组的问题，讨论如何构建你们的一个基本博弈模型并进行求解分析。

【教师注意事项及问题提示】

1. 根据本章引导案例，通过引导学生求解其各种定义过的均衡，引出博弈均衡的不同定义的意义所在。

2. 通过引导学生讨论本章典型应用案例的纳什均衡解的求解，进而让学生掌握如何根据所遇到的实际问题，变通应用纳什均衡的求解方法。

3. 引导学生构建一个博弈模型，该模型没有纯战略纳什均衡，并引出后续关于混合战略纳什均衡解的思考。

课后习题

1.（投票博弈）假定有3个参与人1，2和3要在3个项目A，B和C中投票选择一个，3个参与人同时投票，不允许弃权，因此，战略空间为$S_i=\{A, B, C\}$。得到最多选票的项目被选中，如果没有任何项目得到多数票，则项目A被选中。参与人的支付函数如下：

$$u_1(A)=u_2(B)=u_3(C)=2 \quad u_1(B)=u_2(C)=u_3(A)=1 \quad u_1(C)=u_2(A)=u_3(B)=0$$

试求出这个博弈的所有的纳什均衡。

2.（库诺特博弈）假定有n个库诺特寡头企业，每个企业具有相同的不变单位成本c，市场逆需求函数$p=a-Q$，其中p是市场价格，$Q=\sum_j q_j$是总供给量，a是大于0的常数，企业i的战略是选择产量q_i最大化利润$\pi_i=q_i(a-Q-c)$，给定其他企业的产量q_{-i}，求库诺特—纳什均衡，均衡产量和价格如何随n的变化而变化？为什么？

3.（博特兰德博弈）假定两个寡头企业之间进行价格竞争（而不是产量竞争），两个企业生产的产品是可以完全替代的，并且单位生产成本相同且不变为c，企业1的价格为p_1，企业2的价格为p_2。如果$p_1<p_2$，企业1的市场需求函数是$q_1=a-p_1$，企业2的市场需求函数是0；

如果 $p_1>p_2$，企业 1 的市场需求函数是 0，企业 2 的市场需求函数是 $q_2=a-p_2$；如果 $p_1=p_2=p$，市场需求在两个企业之间平分，即 $q_i=(a-p)/2$，那么什么是纳什均衡价格？

4. 有如图 2.21 所示的博弈支付矩阵：

A \ B	*L*	*M*	*R*
U	3,2	3,1	2,3
C	4,2	1,2	2,1
D	1,3	3,3	1,1

图 2.21　支付矩阵

求出其中的纯战略纳什均衡，设法求出一个混合战略纳什均衡。

5. 一群赌徒围成一圈赌博，每个人将自己的钱放在身边的地上（每个人都知道自己有多少钱），突然一阵风吹来将所有的钱混在了一起，使得他们无法分辨哪些钱属于自己的，他们为此而发生争执，最后请来一位律师。律师宣布了这样的规则：每个人将自己的钱数写在纸条上，然后将纸条交给律师；如果所有人要求的加总不大于钱的总数，每个人得到自己要求的部分（如果有剩余，剩余部分归律师）；如果所有人要求的加总大于钱的总数，所有的钱都归律师所有。写出这个博弈中每个参与人的战略空间和支付函数，并给出纳什均衡。纳什均衡是唯一的吗？

知识扩展

约翰·福布斯·纳什（John Forbes Nash, Jr.，1928—）

1．人物简介

约翰·纳什出生于美国西弗吉尼亚州（West Virginia）。1950 年，纳什获得美国普林斯顿高等研究院的博士学位，他那篇仅仅 27 页的博士论文中有一个重要发现，这就是后来被称为“纳什均衡”的博弈理论。纳什是现代非合作理论研究的奠基者，1994 年，他和其他两位博弈论学家约翰·C·海萨尼和莱因哈德·泽尔腾共同获得了诺贝尔经济学奖。

2．学术贡献

1944 年，纳什与奥斯卡·摩根斯特恩（Oskar Morgenstern）合著的巨作《博弈论与经济行为》出版，标志着现代系统博弈理论的初步形成。

纳什的主要学术贡献体现在 1950 年和 1951 年的两篇论文之中（包括一篇博士论文）。1950 年他才把自己的研究成果写成题为“非合作博弈”的长篇博士论文，1950 年 11 月刊登在美国全国科学院每月公报上，立即引起轰动。约翰·纳什在其博士论文“非合作博弈”（1950 年）中首先给出并区分了合作与非合作博弈。他对非合作的重要贡献就在于他把两人零和博弈的解概念一般化，也就是在注意多个参与人和偏好任意的情形下，给出一个一般性的解概念。这种解概念后来被称为纳什均衡（Nash equilibrium）。在一个纳什均衡点中，所有参与人的期望都得以实现，而且他们的选择是最优的；如果其他参与人不改变策略，任何一个参与人都不能通过改变自己的策略来得到更大的效用或收益。但纳什均衡存在的问题是：第一，纳什均衡是基于一个不变的环境，它忽视了在此间某些参与人发生战略变换的可能性；第二，纳什均衡基于完全信息假设，忽视了在现实中参与人往往在不确定性中进行决策。

其主要论文著作如下：

[1] Nash J F. Equilibrium points in n-person games[J]. Proceedings of the national academy of sciences, 1950, 36(1): 48-49.

[2] Nash J F. The bargaining problem[J]. Econometrica, 1950, 18(2): 155-162.

[3] Nash J F. Non-Cooperative Games[J]. Annals of mathematics, 1951, 54(2): 286-295.

[4] Nash J F. Two-person cooperative games[J]. Econometrica, 1953, 21(1): 128-140.

第3章　完全信息动态博弈

上一章我们讨论了参与人“同时”行动的完全信息静态博弈。而通过观察我们却发现，现实社会经济活动的决策行动大多数是有先后顺序的，而且后行动者能够看到先行动者的决策内容，在先行动者的决策结果之后再定夺自己的策略。这样的经济行为比比皆是，如商业活动中的讨价还价、拍卖活动中的轮流竞价、资本市场上的收购兼并和反收购兼并都是如此。依次选择与一次性同时选择有很大的差异，因此这种决策问题构成的博弈从时间序列上也有别于静态博弈，我们称之为“动态博弈”（Dynamic Games）。例如下象棋通常需要两个参与人，我们定义为红方和黑方，红方先走，黑方后走，就是一个典型的完全信息动态博弈。本章将逐一介绍有关的概念与分析方法。

【学习目标】

掌握完全信息动态博弈模型的构建技巧，熟练使用逆向归纳法求解动态博弈模型的子博弈精练纳什均衡，同时了解重复博弈的建模思想及其博弈均衡的求解方法。为后面讨论更复杂的博弈建立基础。

通过本章的学习，应掌握以下问题：

- 掌握完全信息动态博弈的扩展式表述；
- 理解扩展式博弈中的纳什均衡——子博弈精炼纳什均衡的概念，并掌握子博弈精炼纳什均衡的求解方法；
- 理解并掌握完全信息动态博弈的经典模型，以及这些经典模型在经济管理领域中的应用；
- 掌握一类特殊的动态博弈——重复博弈。

【能力目标】

- 帮助学生形成对完全信息动态博弈模型特点的认识；
- 注重培养学生运用完全信息动态博弈模型分析与解决实际经济管理问题的能力。

【引导案例：海盗分金币】

5个海盗抢到了100枚金币，他们决定对100枚金币进行分配。他们通过表决制订的分配规则是：（1）抽签确定分配的顺序；（2）由抽到1号签的海盗先提出分配方案，然后5人（包括提出方案的1号）进行表决，当且仅当半数和超过半数的人同意时，按照提案人的提案进行分配，否则提案人将被扔入大海喂鲨鱼；（3）如果1号被扔到大海后，再由2号提出分配方案，然后剩余4人进行表决，当且仅当超过半数的人同意时，按照提案人的方案进行分配，否则提案人也将被扔入大海喂鲨鱼；（4）依次类推。

我们假定每个海盗都是个体理性的（即只追求自身利益最大化，没有江湖道义、道德规范等的考虑），并且他们都能够进行推理，从而做出正确的策略选择。问：抽到1号的海盗应提出怎样的分配方案才能够既不使自己被扔到大海里喂鲨鱼，又能使自己得到最多的金币？

动态博弈由于添加了时间因素，因而更加贴近现实。根据参与人是否相互了解收益情况，可分为“完全信息动态博弈”和“不完全信息动态博弈”，根据所有参与人是否都对自己选择前的博弈过程完全了解，可分为“完美信息动态博弈”和“不完美信息动态博弈”。

在本章中，我们首先对博弈的扩展式表达给出完整的定义，为动态博弈的分析奠定基础；其次，我们从扩展式表述博弈的纳什均衡分析逐步深入子博弈精炼纳什均衡，为动态博弈的分析提供可行的方法；接下来介绍完全信息动态博弈经典模型；最后，讨论重复博弈及无名氏定理。

3.1 博弈的扩展式表述

在静态博弈中，所有参与人同时行动（或行动虽有先后，但没有人在自己行动之前观测到别人的行动）；在动态博弈中，参与人的行动有先后顺序，且后行动者在自己行动之前能观测到先行动者的行动。正如博弈论专家习惯于用战略式表述描述和分析静态博弈一样，他们也习惯于用扩展式表述（extensive form representation）来描述和分析动态博弈。回顾一下，博弈的战略式表述包括 3 个要素：（1）参与人集合；（2）每个参与人的战略集合；（3）由战略组合决定的每个参与人的支付。博弈的扩展式表述所“扩展”的主要是参与人的战略空间。战略式表述简单地给出参与人有些什么战略可以选择，而扩展式表述要给出每个战略的动态描述：谁在什么时候行动，每次行动时有些什么具体行动可供选择，以及知道些什么。简单地说，在扩展式表述中，战略对应于参与人的相机行动规则（contingent action plan），即什么情况下选择什么行动，而不是简单的、与环境无关的行动选择。

具体来讲，博弈的扩展式表述包括以下要素。

（1）参与人集合：i=1, …, n，此外，我们将用 N 代表虚拟参与人“自然”；

（2）参与人的行动顺序（the order of moves）：谁在什么时候行动；

（3）参与人的行动空间（action set）：在每次行动时，参与人有些什么选择；

（4）参与人的信息集（information set）：每次行动时，参与人知道些什么；

（5）参与人的支付函数（payoff）：在行动结束之后，每个参与人得到些什么（支付是所有行动的函数）；

（6）外生事件（即自然的选择）的概率分布。

如同两人有限战略博弈的战略式表述可以用博弈矩阵来表示一样，n 人有限战略博弈的扩展式表述可以用博弈树来表示。为了说明这一点，我们考虑房地产开发博弈的例子。

【例 3.1　房地产开发动态博弈 Ⅰ】在这里，我们假定该博弈的行动顺序如下：（1）开发商 A 首先行动，选择开发或不开发；（2）在 A 决策后，自然选择市场需求的大小；（3）开发商 B 在观测到 A 的决策和市场需求后，决定开发或不开发。

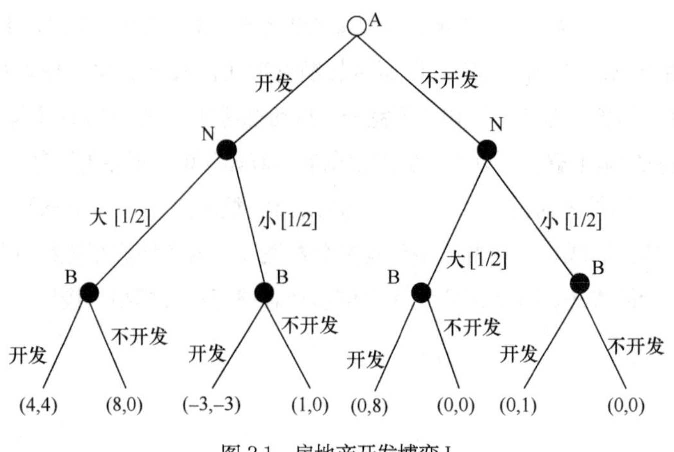

图 3.1 房地产开发博弈 I

图 3.1 是上述房地产开发博弈的博弈树。博弈从空心圆圈开始，空心圆圈旁边写着 A 表示开发商 A 在此点决策。A 有两个行动可以选择：开发或不开发，分别用标有“开发”和“不开发”的两个枝表示。A 选择开发（或不开发）后博弈进入标有 N 的结点（实心圆），表示不受参与人控制的自然开始行动。自然以 1/2 的概率选择“大”，以 1/2 的概率选择“小”，分别用标有“大”和“小”的枝表示。在自然选择之后，博弈进入标有 B 的结点（实心圆），表示开发商 B 开始行动。B 的行动分别用标有“开发”和“不开发”的枝表示。在 B 选择之后，博弈结束。对应于不同的行动路径（path），我们得到不同的支付向量，其中每个向量的第一个数字是 A 的支付，第二个数字是 B 的支付（这里，为了书写的方便，所有数字都以千为单位）。（注意，习惯上，支付向量的顺序与博弈树上行动顺序是对应的。）

博弈树给出了有限博弈的几乎所有信息。结合上面的例子，我们给出博弈树的概念。博弈树的基本建筑材料包括结（node）、枝（branch）和信息集（information set）。

（1）结：包括决策结（decision nodes）和终点结（terminal nodes）两类；决策结是参与人采取行动的始点，终点结是博弈行动路径的终点。在上例中，决策结包括空心圆和所有 6 个实心圆，终点结包括对应 8 个支付向量的点。

一般地，用 X 表示所有结的集合，$x\in X$ 表示某个特定的结。定义 $P(x)$为在 x 之前的所有结的集合，简称为 x 的前列集（the set of predecessors）；定义 $T(x)$为 x 之后的所有结的集合，简称为 x 的后续集（the set of successors）。如果 $P(x)=\phi$，x 称为初始结（initinal node，即前列集为空集）；如果 $T(x)=\phi$，x 称为终点结（terminal node，即后续集为空集）。除终点结之外的所有结都是决策结，在图 3.1 中，A 的决策结（空心圆）是博弈的初始结；B 的决策结（4 个实心圆）之后的结为终点结。在图示中，一般用空心圆代表初始结，实心圆代表其他决策结。除初始结之外，对于所有的 $x\in X$，如果存在一个 $x'\in P(X)$，使得对于所有的 x 之前的结点 x''，若 $x''\neq x'$，意味着 x''在 x'之前，那么 x'称为 x 的直接前列结（immediate predecessor）。如果 x'是 x 的直接前列结，那么 x 称为 x''的直接后续结（immediate sucecessor）。一般来说，如图 3.1 所示，除终点结没有直接后续结外，一个结有多个直接后续结（依赖于可选择的行动的数量）。

（2）枝：在博弈树上，枝是从一个决策结到它的直接后续结的连线（有时候用箭头表示），每一个枝代表参与人的一个行动选择。例如在图 3.1 中，开发商 A 有两个选择，分别用标有“开发”和“不开发”的两个枝来表示。

（3）信息集：博弈树上的所有决策结分割成不同的信息集。每一个信息集是决策结集合的一个子集，该子集包括所有满足下列条件的决策结：①每一个决策结都是同一参与人的决策结；②该参与人知道博弈进入该集合的某个决策结，但不知道自己究竟处于哪一个决策结。引入信息集的目的是描述下列情况：当一个参与人要做出决策时，他可能并不知道“之前”发生的所有事情（这里我们将之前放在引号内，因为博弈树中的决策结的排列并不一定与行动的时间顺序相一致）。

一般地，我们用 H 代表信息集的集合，$h \in H$ 代表一个特定的信息集。特别地，我们将用 $h(x)$表示包含决策结 x 的信息集。对 $h(x)$可以作如下理解：$h(x)$是一个信息集意味着在 x 点决策的参与人 i 不确定他是否处在 x 或其他的 $x'' \in h(x)$。这一点意味着一个决策结属于一个并且只属于一个信息集。此外，用 $A(h)$表示给定信息集 h 下的行动集合。

为了给出信息集的直观解释，让我们考虑房地产开发博弈的几种可能的情况。在图 3.1 中，我们假定开发商 B 是在知道 A 的选择和自然的选择之后决策的，此时，博弈树的 7 个决策结分割成 7 个信息集，其中一个（初始结）属于 A，两个属于 N，四个属于 B；每个信息集只包含一个决策结，意味着所有参与人在决策时准确地知道自己处于哪一个决策结。现在让我们对上述假设作一个小小的改动，考察如下改动之后的例子。

【例 3.2　房地产开发动态博弈Ⅱ】假定行动顺序如前例 3.1，但 B 在决策时并不确切地知道自然的选择。此时，B 的信息集由原来的四个变成两个，每个信息集包含两个决策结。两个信息集分别对应着 B 必须作出的两个不同的决策：如果 A 开发，自己是否开发；如果 A 不开发，自己是否开发。在图 3.2 中，我们用虚线将属于同一信息集的两个决策结连接起来（有些作者喜欢把属于同一信息集的决策结用虚线圈起来）。注意，尽管图 3.1 和图 3.2 非常相似，但二者之间有一个非常重要的不同，这就是 B 的信息集不同。

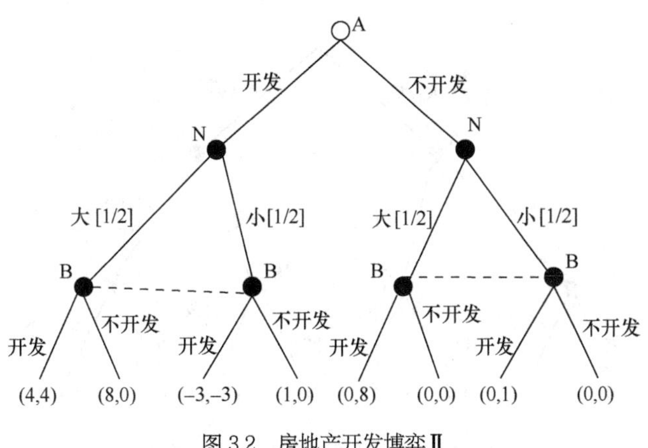

图 3.2　房地产开发博弈Ⅱ

【例 3.3　房地产开发动态博弈Ⅲ】房地产开发博弈的另一种可能的情况是，B 知道自然的选择，但不知道 A 的选择（如 B 和 A 同时决策）。此时，B 也有两个信息集，每个信息集包含两个决策结；两个信息集分别对应着两种不同情况下的决策：需求大是否开发和需求小是否开发，如图 3.3 所示。

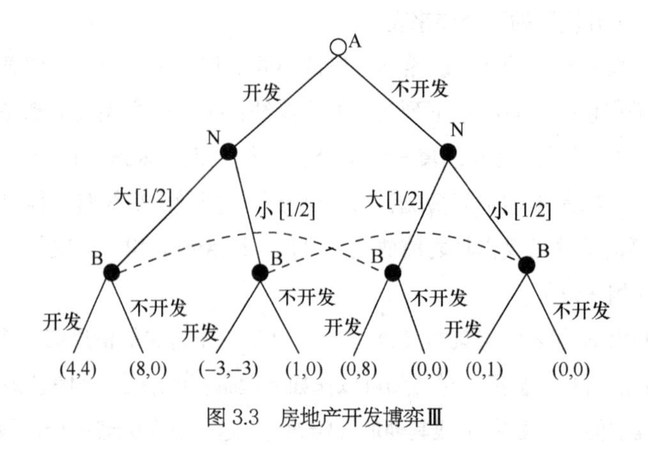

图 3.3　房地产开发博弈Ⅲ

一个信息集可能包含多个决策结，也可能只包含一个决策结。只包含一个决策结的信息集称为单结（singleton）信息集。如果博弈树的所有信息集都是单结的，该博弈称为完美信息博弈（game of perfect information）。完美信息博弈意味着博弈中没有任何两个参与人同时行动，并且所有后行动者能确切地知道前行动者选择了什么行动，所有参与人观测到自然的行动。在博弈树上，完美信息意味着没有任何两个决策结之间是用虚线连起来的。不过，有一个涉及虚拟参与人“自然”的问题需要特别说明。在博弈论中，自然的信息集总是假定为单结的。因为自然是随机行动的，自然在参与人决策之后行动等价于自然在参与人决策之前行动但参与人不能观测到自然的行动。由于这个原因，博弈树上是否出现连接不同决策结的虚线取决于我们画决策结的顺序。例如说，图 3.1 看起来像一个完美信息博弈，但如果我们将自然的决策结作为初始结，A 在不知道自然的选择时决策，我们得到的就是一个不完美信息博弈，如图 3.4 所示（这里，A 的一个信息集包含两个决策结，分别对应自然的选择“大”和“小”）。

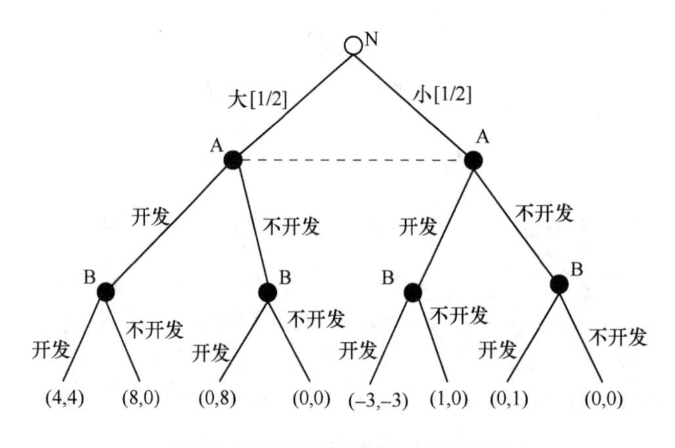

图 3.4　房地产开发博弈 I：另一种表述

上述例子也说明，不同的博弈树可能代表相同的博弈。不过，这里有一个基本的规则必须遵守，这就是，一个参与人在决策之前知道的事情（可能是其他参与人的行动或自然的行动）必须出现在该参与人的决策结之前。例如说，如果 B 在决策时知道 A 的选择，那么 A

的决策结必须是 B 的决策结的前列结。图 3.4 和图 3.1 代表相同的博弈，图 3.1 中决策结的顺序是 A→N→B，图 3.4 中决策结的顺序是 N→A→B；但我们不能用 A→B→N 或 B→A→N 代表相同的博弈，因为 B 在决策时知道 N 和 A 的选择。此外，应注意的是，信息集必须准确地表达出来（同一个参与人在代表同一博弈的不同博弈树中的信息集的数量必须相同，自然除外）。作为一个练习，读者可以检验图 3.5 和图 3.6 代表与图 3.3 相同的博弈，在这个博弈中，B 知道 N 的选择但不知道 A 的选择，A 既不知道 N 的选择也不知道 B 的选择，因此，在所有 3 个博弈树中，B 有两个信息集，A 有一个信息集（在图 3.6 中，A 的信息集包含 4 个决策结，意味着他在决策时不知道自己处于 4 个结中的哪一个）。注意，终点结的支付向量要作适当调整；特别地，在图 3.6 中，向量的第一个数字是 B 的支付，第二个数字是 A 的支付。

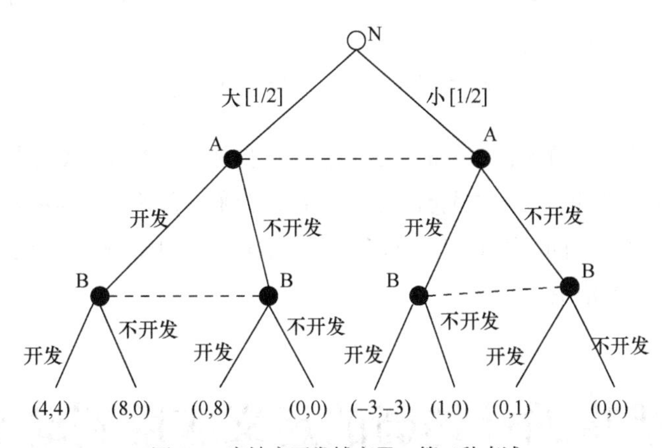

图 3.5　房地产开发博弈Ⅲ：第二种表述

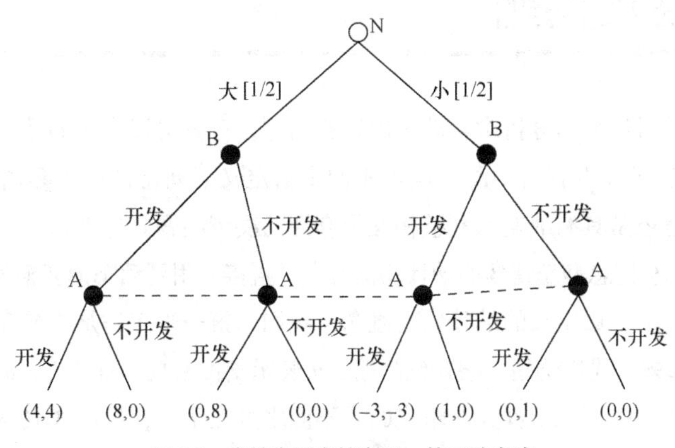

图 3.6　房地产开发博弈Ⅲ：第三种表述

上述分析也说明，有了信息集的概念，扩展式表述也可以用于表述静态博弈（即参与人同时行动的博弈）。这里，因为所有参与人同时行动，博弈树可以从任何一个参与人的决策结开始；因为没有参与人在决策时知道其他参与人的选择，每个参与人都只有一个信息集。考虑囚徒困境博弈，图 3.7（a）和图 3.7（b）分别是这个博弈的两个不同的扩展式表述。注意，在图（a）中，囚徒 A 的决策结标在囚徒 B 的两个决策结之前，而在图（b）中，囚徒 B

的决策结标在 A 的两个决策结之前；但在每一种情况下，我们使用一个信息集来表明下述事实："第二个"参与人在决策时不知道"第一个"参与人选择了什么。另外应注意的是，习惯上，终点结的支付向量的第一个数字总是"第一个"参与人的支付，第二个数字总是"第二个"参与人的支付。

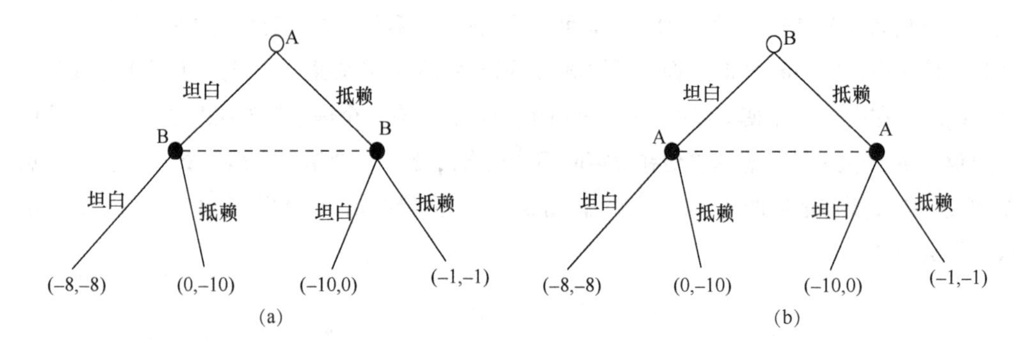

图 3.7 囚徒困境博弈的扩展式表述

当博弈涉及外生的不确定性事件时，我们假定"自然"以某种概率选择某个特定事件。在博弈树上，我们一般用方括号内的数字代表概率。我们一般假定，所有参与人对自然的选择具有相同的先验概率，即所谓的"海萨尼公理"（Harsanyi doctrine）。有关这个问题的详细讨论，我们将在下一章给出。

3.2 直接将纳什均衡的定义应用到动态博弈所产生的问题

现在我们开始讨论如何分析求解动态博弈的问题，首先可以肯定的是，虽然动态博弈中的战略概念与静态博弈中有所不同，但当我们重新定义了动态博弈中参与人战略的概念以后，动态博弈仍然还是具有战略和利益相互依存性的决策问题。那么，一个自然的问题是：我们是否可以将完全信息静态博弈的纳什均衡的定义直接应用到动态博弈模型当中呢？

为了仍然使用上一章定义的纳什均衡概念，我们的第一步工作是将博弈的扩展式表述和战略式表述联系起来。我们仍用 s_i 表示纯战略，u_i 表示支付函数。就是说，同样的纯战略既可以解释为扩展式的，也可以解释为战略式的。不同之处在于，在扩展式表述博弈中，参与人是相机行事，即"等待"博弈到达自己的信息集（包含一个或多个决策结）后再决定如何行动；在战略式表述博弈中，参与人似乎是在博弈开始之前就制定出了一个完全的相机行动计划，即"如果……发生，我将选择……"。

为了说明如何用扩展式表述构造战略式表述，再次考虑房地产开发博弈的例子。假定在博弈开始之前自然就选择了"低需求"，并且已成为参与人的共同信息；再假定开发商 A 先决策，开发商 B 在观测到 A 的选择后决策。那么，博弈的扩展式表述如图 3.8 所示。

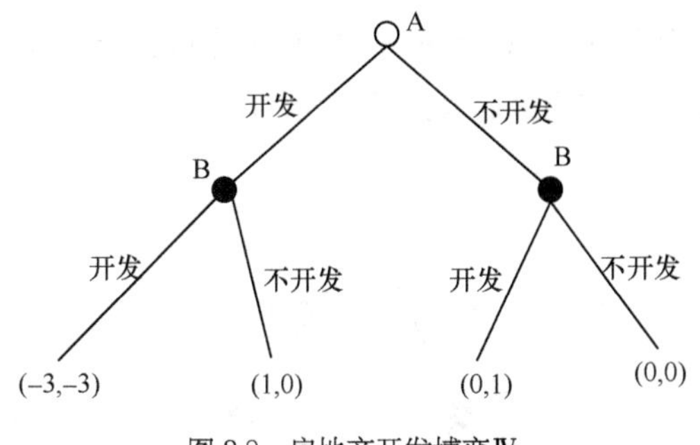

图 3.8 房地产开发博弈Ⅳ

这是一个完美信息博弈（每个人的信息集都是单结的）。为了构造出这个博弈的战略式表述，首先注意到，A 只有一个信息集，以及两个可选择的行动，因而 A 的行动空间也即战略空间：S_A=（开发，不开发）。但 B 有两个信息集，每个信息集上有两个可选择的行动，因而 B 有 4 个纯战略，分别为：（1）不论 A 开发还是不开发，我开发；（2）A 开发我开发，A 不开发我不开发；（3）A 开发我不开发，A 不开发我开发；（4）不论 A 开发还是不开发，我不开发。如果我们将 B 的信息集从左到右排列，上述 4 个纯战略可以简写成：{开发，开发}，{开发，不开发}，{不开发，开发}和{不开发，不开发}，图 3.9 是这个博弈的战略式表述。

		开发商B			
		{开发，开发}	{开发，不开发}	{不开发，开发}	{不开发，不开发}
开发商A	开发	–3,–3	–3,–3	1,0	1,0
	不开发	0,1	0,0	0,1	0,0

图 3.9 房地产开发博弈：战略式表述

从战略式表述中，利用划线法容易发现这个博弈有 3 个纯战略纳什均衡，分别为(开发，{不开发，开发})、（开发，{不开发，不开发}）和（不开发，{开发，开发}）。在每一个均衡中，给定对方的战略，自己的战略是最优的。前两个均衡的结果是（开发，不开发），即 A 开发，B 不开发；第 3 个均衡的结果是（不开发，开发），即 A 不开发，B 开发。注意，这里均衡与均衡结果是不同的（不同的均衡可能对应相同的均衡结果）。

我们将图 3.8 复制为图 3.10。这个博弈是一个完美信息博弈，开发商 A 先行动，开发商 B 在知道 A 的选择后再行动。我们知道，这个博弈有 3 个纳什均衡，分别为（不开发，{开发，开发}）、（开发，{不开发，开发}）和（开发，{不开发，不开发}）。那么，这 3 个纳什均衡在动态、博弈中哪一个是合理的，哪一个是不合理的呢？

首先考虑战略组合（不开发，{开发，开发}）。这个战略组合之所以构成一个纳什均衡，是因为 B 威胁不论 A 选择开发还是不开发，自己将选择开发，A 相信了 B 的这个威胁，不开发是 A 的最优选择。类似地，B 假定 A 将选择不开发；给定这个假设，{开发，开发}是 B 的最优战略。但是，A 为什么要相信 B 的威胁呢？毕竟，如果 A 真的选择开发，B 的信息集是 $h(x)$，此时，B 选择开发得到-3 的支付，选择不开发得到 0 的支付，显然，B 的最优选择是不开发。如果 A 知道 B 是理性的，A 将选择开发，逼使 B 选择不开发，自己得到 1 的支付，而不是选择不开发，让 B 开发，自己得到 0 的支付。用博弈论的语言来说，纳什均衡（不开发，{开发，开发}）是不可置信的（incredible），因为它依赖于 B 的一个不可置信的威胁战略；B 的战略是不可置信的，因为给定 A 选择开发，B 不会实施这个威胁。

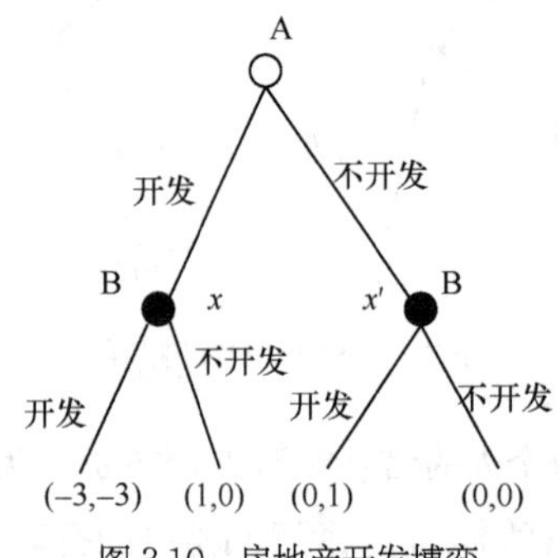

图 3.10　房地产开发博弈

再来看另一个纳什均衡（开发，{不开发，不开发}）。尽管这个结果（A 开发，B 不开发）似乎是合理的，但均衡战略本身是不合理的。如果 A 选择开发，B 的信息集是 $h(x)$，最优选择是不开发。但是，如果 A 选择不开发，B 的信息集是 $h(x')$，最优选择是开发而不是不开发。因此，{不开发，不开发}不是 B 的合理战略，或者说，不是一个可置信的战略。

容易看出，只有（开发，{不开发，开发}）是一个合理的均衡，因为构成这个均衡的每个参与人的战略都是合理的。如果 A 选择开发，B 的最优选择是不开发；如果 A 选择不开发，B 的最优选择是开发。A 预测到自己的选择对 B 选择的影响，开发是 A 的最优选择。均衡结果是：A 选择开发，B 选择不开发；A 的支付为 1，B 的支付为 0。事实上，（开发，{不开发，开发}）是这个博弈的唯一合理的纳什均衡。

基于以上分析，我们不难发现，由于参与人“相机选择”的存在，完全信息静态博弈模型的纳什均衡在动态博弈中具有一种内在不稳定性，并不是真正稳定的。而纳什均衡在动态博弈中缺乏稳定性的根源，正是在于它不能排除参与人策略中所包含的不可置信的行为设定，不能解决动态博弈中相机选择引起的可信性问题。纳什均衡概念的这种缺陷，使得它在分析动态博弈时往往不能作出可靠的判断和预测，作用和价值受到很大限制，也使得我们必须考虑引进更有效的分析动态博弈的概念和方法。实际上，上面的分析已经提醒我们，动态博弈的有效分析概念，除了要符合纳什均衡的基本要求以外，还必须满足另一个关键的要求，那就是它（或者它们）必须能够排除参与人策略中不可置信的行为设定，也就是各种不可置信的威胁和承诺。只有满足这样要求的均衡概念在动态博弈分析中才有真正的稳定性，才能对动态博弈作出有效的分析和预测。

【提示问题】

1. 如何理解完全信息动态博弈的概念，在动态博弈情形下，关于博弈参与人的“行动”与“战略”有何区别？

2. 是否可以直接将完全信息静态博弈模型的纳什均衡概念应用到完全信息动态博弈模型，其理由是什么？

3. 结合你们小组选择的问题，讨论如何构建你们的另一个基本博弈模型即完全信息动态博弈模型。

【教师注意事项及问题提示】

1. 根据本章引导案例，通过引导学生构建完全信息动态博弈模型，引出动态博弈模型所应包含的新要素及其意义所在。

2. 注意引导学生讨论动态博弈情形由于参与人的“相机行为”所带来的影响。

3. 引导学生构建一个动态博弈模型，该模型在等价的“完全信息静态博弈”意义上可能有多个纯战略纳什均衡，但其中有的纳什均衡不符合参与人的“相机行为”，从而引出后续关于子博弈精练纳什均衡该如何重新定义的思考。

3.3 子博弈精炼纳什均衡

3.3.1 引言

通过前面的分析已经看到，战略式表述可以用来表述任何复杂的扩展式博弈，从而，纳什均衡的概念适用于所有博弈，而不仅仅是参与人同时行动的静态博弈。但是，如果博弈分析的目的是预测博弈中参与人的行为，纳什均衡给出的可能并不是一个非常合理的预测。另外一方面，我们在第二章已经指出，一个博弈可能有多个（甚至无穷多个）纳什均衡，究竟哪一个均衡更为合理，博弈论没有一般的结论，但是，均衡的多重性并不是纳什均衡存在的最严重的问题。最严重的问题是，纳什均衡假定每一个参与人在选择自己的最优战略时假定所有其他参与人的战略选择是给定的，就是说，参与人并不考虑自己的选择对其他人选择的影响。由于这个原因，纳什均衡很难说是动态博弈的一个合理解，因为在动态博弈中，参与人的行动有先有后，后行动者的选择空间依赖于先行动者的选择，先行动者在选择自己的战略时不可能不考虑自己的选择对后行动者选择的影响。纳什均衡的这个缺陷促使博弈论专家从 20 世纪 60 年代开始就不断寻求改进（perfecting）和精炼（refining）纳什均衡概念，以得到更为合理的博弈解。本节将要讨论的泽尔腾（Selten）的“子博弈精炼纳什均衡”是纳什均衡概念的第一个最重要的改进，它的目的是把动态博弈中的“合理纳什均衡”与“不合理纳什均衡”分开。正如纳什均衡是完全信息静态博弈均衡解的基本概念一样，子博弈精炼纳什均衡是完全信息动态博弈均衡解的基本概念。

3.3.2 子博弈精炼纳什均衡

泽尔腾（Selten）引入“子博弈精炼纳什均衡”（subgame perfect Nash equilibrium）概念的目的是将那些包含不可置信威胁战略的纳什均衡从均衡中剔除，从而给出动态博弈结果的一个合理预测。简单地说，子博弈精炼纳什均衡要求均衡战略的行为规则在每一个信息集上都是最优的。

为了给出子博弈精炼纳什均衡概念的正式定义，我们需要首先定义“子博弈”的概念。

粗略地说，子博弈是原博弈的一部分，它本身可以作为一个独立的博弈进行分析。正式地，我们有下述定义：

定义 3.1 一个扩展式表述博弈的子博弈 G 由一个决策结 x 和所有该决策结的后续结 $T(x)$（包括终点结）组成，它满足如下条件：

（1）x 是一个单结信息集，即 $h(x)=\{x\}$；

（2）对于所有的 $x_1 \in T(x)$，如果 $x'' \in h(x_1)$，那么 $x'' \in T(x)$。

现在对上述定义中的两个条件作些解释。条件（1）说的是一个子博弈必须从一个单结信息集开始。这一点意味着当且仅当决策者在原博弈中确切地知道博弈进入一个特定的决策结时，该决策结才能作为一个子博弈的初始结；如果一个信息集包含两个以上（包括两个）决策结，没有任何一个决策结可以作为子博弈的初始结。显然，一个完美信息博弈的每一个决策结都开始一个子博弈（即每一个决策结和它的后续结构成一个子博弈）。例如说，图 3.11 中，决策结 x 和它的后续结构成一个子博弈；决策结 x'和它的后续结也可以构成一个子博弈。但是，在图 3.12 中，x 和 x'都不能作为子博弈的初始结。

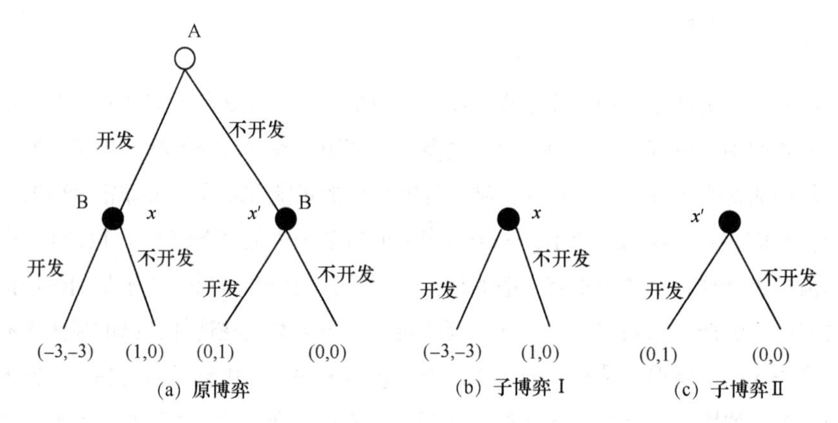

图 3.11 房地产开发博弈

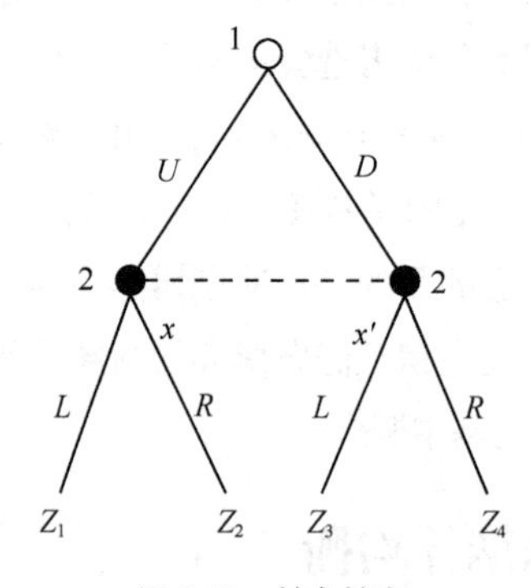

图 3.12 抽象博弈

条件（2）说的是，子博弈的信息集和支付向量都直接继承自原博弈，就是说，当且仅当 x 和 x'在原博弈中属于同一信息集时，它们在子博弈中才属于同一信息集；子博弈的支付函数只是原博弈支付函数留存在子博弈上的一部分。特别地，条件（2）和（1）意味着子博弈不能切割原博弈的信息集。为了说明这一点，考虑图 3.13 所示的博弈。在这个博弈中，参与人

2 的两个信息集都是单结的，但由于参与人 3 的一个信息集包含 3 个决策结（另一个信息集是单结的），参与人 2 的信息集不能开始一个子博弈，否则，参与人 3 的信息集将被切割。

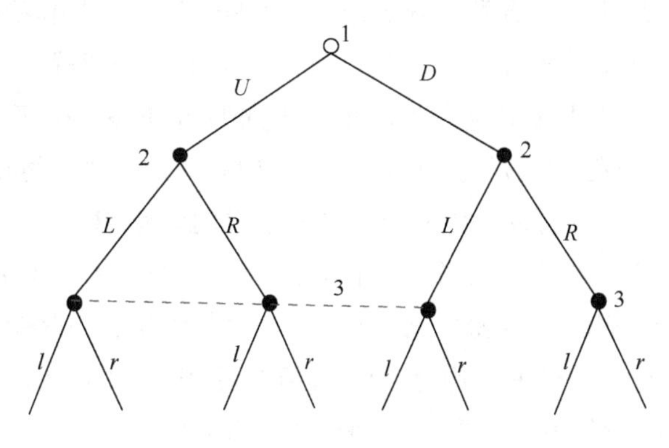

图 3.13　抽象博弈

要求子博弈满足上述两个条件的目的是保证子博弈对应于原博弈中可能出现的情况。如果不满足这两个条件，参与人在原博弈中不知道的信息在子博弈中就变成知道的信息，从子博弈中得出的结论对原博弈就没有意义。例如说，在图 3.13 中，如果从参与人 2 左边的信息集开始一个子博弈，参与人 3 的信息集就由原来的 3 个决策结变成两个决策结，他在子博弈中的选择就不同于在原博弈中的选择。有了上述两个条件，当原博弈进入某个子博弈时，支付函数有着很好的定义，我们可以检查一个特定的纳什均衡是否在子博弈上也构成一个纳什均衡，从而检查这个纳什均衡是否是一个合理的结果。

习惯上，任何博弈本身称为自身的一个子博弈。这样，图 3.11 有 3 个子博弈（除原博弈外另外有两个子博弈），图 3.12 除原博弈外没有其他子博弈。

有了子博弈的概念，我们引进适合动态博弈的新的均衡概念，它必须满足：（1）是纳什均衡，从而具有战略稳定性；（2）不能包含任何的不会信守的许诺或威胁。这样的动态博弈的战略组合称为“子博弈精炼纳什均衡”。

定义 3.2　扩展式表述博弈的战略组合 $s^*=(s_1^*, \ldots, s_i^*, \ldots, s_n^*)$是一个子博弈精炼纳什均衡，如果：（1）它是原博弈的纳什均衡；（2）它在每一个子博弈上给出纳什均衡。

“子博弈精炼纳什均衡”是分析动态博弈的关键概念。而逆向归纳法正是寻找动态博弈的子博弈精炼纳什均衡的基本方法。子博弈精炼纳什均衡能够排除均衡战略中不可信的威胁，这意味着每阶段各参与人的选择都是按最大利益原则决策的，因此在每个子博弈中都只能采用纳什均衡的战略或行为选择。

现在以图 3.11 所示的房地产开发博弈为例，说明子博弈精炼纳什均衡的概念。这个博弈有 3 个子博弈，除原博弈外，子博弈Ⅰ和子博弈Ⅱ实际上是两个单人博弈（即在每个博弈中，只有开发商 B 在决策）。我们已经知道，这个博弈有 3 个纳什均衡，分别是：（不开发，{开发，开发}）、（开发，{不开发，开发}）和（开发，{不开发，不开发}）。现在我们来看这 3 个纳什均衡是否满足子博弈精炼纳什均衡的要求。在子博弈Ⅰ中，B 的最优选择是不开发；在子博弈Ⅱ中，B 的最优选择是开发。纳什均衡（不开发，{开发，开发}）中 B 的均衡战略{开发，开发}在子博弈Ⅱ上构成纳什均衡，但在子博弈Ⅰ上不构成纳什均衡，因此，（不开发，{开发，开发}）不是一个子博弈精炼纳什均衡；类似地，纳什均衡（开发，{不开发，不开发}）中 B 的均衡战略{不开发，不开发}在子博弈Ⅰ上构成纳什均衡，但在子博弈Ⅱ上不构成纳什均衡，因此，（开发，{不开发，不开发}）也不是一个子博弈精炼纳什均衡。与上述两个纳什均衡不同，纳什均衡（开发，{不开发，开发}）中 B 的均衡战略{不开发，开发}无论在子博弈Ⅰ上还是在子博弈Ⅱ上都构成纳什均衡（即如果 A 开发，B 不开发；如果 A 不开发，B 开发），因此，（开发，{不开发，开发}）是这个博弈的唯一的子博弈精炼纳什均衡。我们有理由相信“A 开发，B 不开发”是这个博弈唯一合理的均衡结果。

对如图 3.14（a）所示的博弈，这个博弈有两个子博弈（参与人 2 的决策结开始一个子博弈），纳什均衡（U, R）不是精炼均衡，因为在从 2 的决策结开始的子博弈上，R 不是一个均衡，而纳什均衡（D, L）是一个精炼均衡：当 1 选择 D 博弈进入 2 的决策结时，2 选择 L 得到 1 单位的支付，选择 R 得到 0 单位的支付，因此，2 将选择 L。

3.3.3 用逆向归纳法求解子博弈精炼纳什均衡

【逆向归纳法思维：生活中的例子】

有一位青年人问一位老爷爷：“请问您高寿几何。”老爷爷笑呵呵地说：“我这个人喜欢动脑筋，让我出道题考考你吧！把我年龄加上 12，再除以 4，然后减去 15，再乘以 10，恰好是 100 岁，你说我多大了。”

不知为什么，这位青年被难住了，想了好一会都没有说出答案。

这时，从围观的人群中传来一个小男孩大声的回答：“用 100 除以 10，再加 15 乘 4，最后减去 12，就是 88 岁！”

老爷爷听了他的话，哈哈大笑说道：“不错，我正是 88 岁。”

这个小孩用的就是逆向归纳法思维：倒推法，这也是博弈求解的一种重要方法。其实，每个人在自己的小学时代都曾用过这种方法来解数学题，只是成年以后反倒很少将这种思维方法抽象出来，作为自己分析和解决问题的一种思路了。

对于有限完美信息博弈，逆向归纳法是求解子博弈精炼纳什均衡的最简便方法。因为有限完美信息博弈的每一个决策结都是一个单独的信息集，每一个决策结都开始一个子博弈。为了求解子博弈精炼纳什均衡，我们从最后一个子博弈开始。

给定博弈到达最后一个决策结，该决策结上行动的参与人有一个最优选择，这个最优选择就是该决策结开始的子博弈的纳什均衡（如果该决策结上的最优行动多于一个，那么我们允许参与人选择其中的任何一个，如果最后一个决策者有多个决策结，那么每一个决策结开始的子博弈都有一个纳什均衡）。

然后，我们倒回到倒数第二个决策结（最后决策结的直接前列结），找出倒数第二个决策者的最优选择（假定最后一个决策者的选择是最优的），这个最优选择与我们在第一步找出的最后决策者的最优选择构成从倒数第二个决策结开始的子博弈的一个纳什均衡。

如此不断直到初始结，每一步都得到对应子博弈的一个纳什均衡，并且，根据定义，这个纳什均衡一定是该子博弈的所有子博弈（可以称为“子子博弈”）的纳什均衡，在这个过程的最后一步得到的整个博弈的纳什均衡也就是这个博弈的子博弈精练纳什均衡。

我们可以对上述逆向归纳法过程作如下形式化描述。为简单起见，假定博弈有两个阶段，第一阶段参与人 1 行动，第二阶段参与人 2 行动，并且 2 在行动前能观测到 1 的选择。令 A_1 是参与人 1 的行动空间，A_2 是参与人 2 的行动空间。当博弈进入第二阶段，给定参与人 1 在第一阶段的选择 $a_1 \in A_1$，参与人 2 面临的问题是：

$$\max_{a_2 \in A_2} u_2(a_1, a_2)$$

显然参与人 2 的最优选择 a_2^*依赖于参与人 1 的选择 a_1。我们用 $a_2^*=R_2(a_1)$代表上述最优化问题的解（即 2 的反应函数）。因为参与人 1 应该预测到参与人 2 在博弈的第二阶段将按 $a_2^*=R_2(a_1)$的规则行动，参与人 1 在第一阶段面临的问题是：

$$\max_{a_1 \in A_1} u_1(a_1, R_2(a_1))$$

令上述问题的最优解为 a_1^*。那么，这个博弈的子博弈精炼纳什均衡为$(a_1^*, R_2(a_1))$，均衡结果为$(a_1^*, R_2(a_1^*))$。$(a_1^*, R_2(a_1))$是一个精炼均衡，因为 $a_2^*=R_2(a_1)$在博弈的第二阶段是最优的；除 $a_2^*=R_2(a_1)$之外，任何其他的行为规则都不满足精炼均衡的要求。

图 3.10 所示的房地产开发博弈就是这样一个两阶段完美信息博弈。用逆向归纳法求解这个博弈的精练均衡的步骤如下：在第二阶段，B 的最优行动规则是：{不开发，开发}，即，如果 A 在第一阶段选择了开发，B 在第二阶段选择不开发；如果 A 在第一阶段选择了不开发，B 在第二阶段选择开发。因为 A 在第一阶段预测到 B 在第二阶段会按这个规则行动，A 在第一阶段的最优选择是开发。用逆向归纳法得到的精炼均衡是（开发，{不开发，开发}）。

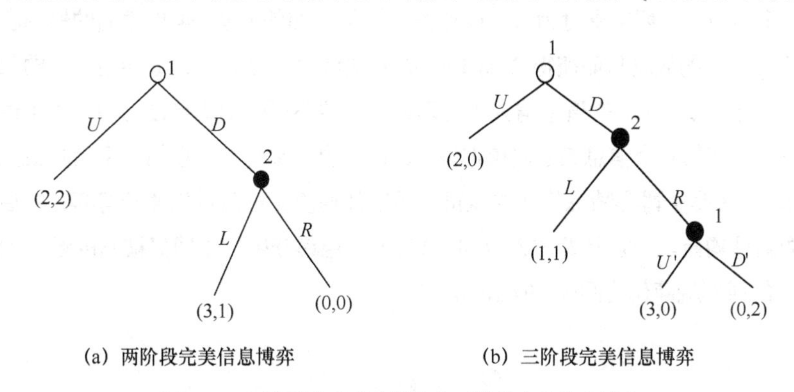

(a) 两阶段完美信息博弈　　(b) 三阶段完美信息博弈

图 3.14　两阶段完美信息博弈和三阶段完美信息博弈

如图 3.14（b）所示是一个三阶段完美信息博弈。在第三阶段（参与人 1 第二次行动），参与人 1 的是优选择是 U'（选择 D'得到 0 单位的支付，选择 U'得到 3 单位的支付）；在第二阶段，因为参与人 2 知道，如果自己选择 R，参与人 1 将在第三阶段选择 U'，因此参与人 2 在第二阶段的最优选择是 L（选择 L 得到 1 单位的支付，选择 R 得到 0 单位的支付）；在第一阶段，参与人 1 知道，如果博弈进入第二阶段，参与人 2 将选择 L，因此参与人 1 在第一阶段的最优选择是 U（选择 U 得到 2 单位的支付，选择 D 得到 1 单位的支付）。这样，均衡结果是参与人 1 在第一阶段选择 U 结束博弈，参与人 1 得到 2 个单位的支付，参与人 2 得到 0 个单位的支付。（这个博弈的子博弈精炼纳什均衡是：（{U, U'}, L），这里 U'和 L 分别是参与人 1 和参与人 2 在非均衡路径上的选择。）

上述分析表明，用逆向归纳法求解子博弈精炼纳什均衡的过程，实质是重复剔除劣战略过程在扩展式表述博弈上的扩展：从最后一个决策结开始依次剔除掉每个子博弈的劣战略，最后留存下来的战略构成精炼纳什均衡。如同重复剔除的占优均衡要求“所有参与人是理性的”是共同知识一样，用逆向归纳法求解均衡也要求“所有参与人是理性的”是共同知识。在图3.14中，即使两个参与人都是理性的，如果参与人1不认为参与人2是理性的，参与人1在第一阶段可能选择D，期待参与人2在第二阶段选择R，从而自己有机会在第三阶段选择U'得到3单位的支付，而不是一开始就选择U只得2单位的支付。或者，即使参与人2知道参与人1是理性的，但如果参与人1不认为参与人2会相信自己是理性的，参与人1可能在第一阶段选择D，期待参与人2认为自己不是理性的因而在第二阶段选择R期待自己在第三阶段选择D'。由于这个原因，如果博弈由很多阶段组成，从逆向归纳法得到的均衡可能并不非常令人信服。我们将在本节的最后一小节更详细地讨论逆向归纳法的缺陷。

根据定义，逆向归纳法只适用于完美信息博弈。但是，有些非完美信息博弈也可以运用逆向归纳法的逻辑求解。比如说，在多阶段博弈中，如果最后一个阶段所有参与人都有占优战略，我们可以用占优战略替代最后阶段的战略，然后考虑倒数第二阶段，如此等等。即使博弈的最后阶段并没有占优战略，逆向归纳法的逻辑也有助于我们找出精炼均衡。考虑图3.15，这里，参与人2的最后一个信息集上没有任何一个选择优于其他选择（事实上，最后一个子博弈是零和博弈），因此，逆向归纳法不适用。但是，如果我们接受逆向归纳法的逻辑，下列推论似乎是合理的：从参与人1的第二个信息集开始的子博弈有唯一的混合战略纳什均衡，带给每个参与人的期望支付为0，只有当参与人2相信他有1/4或更高的概率在最后的子博弈猜透参与人1的战略从而获得2而不是–2的支付时，参与人2才会在自己的第一个信息集上选择R。因为参与人2知道参与人1是理性的，他不可能期望自己比参与人1做得更好。因此，参与人2在第一个信息集上应该选择L；进一步，参与人1在第一个信息集上应该选择D。这样的推论正是子博弈精炼均衡的逻辑：用纳什均衡支付向量代替子博弈，然后考虑这个简化博弈的纳什均衡。一旦从参与人1的第二个信息集开始的子博弈被它的纳什均衡结果取代，图3.15的博弈就简化为图3.9所示的博弈。

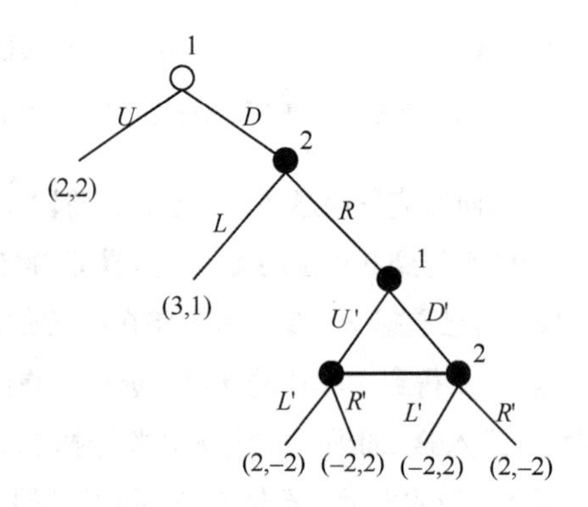

图3.15　不完全信息博弈

3.3.4　承诺行动与子博弈精炼纳什均衡

我们已经看到，有些纳什均衡之所以不是精炼均衡，是因为它们包含了不可置信的威胁战略。这一点意味着，如果参与人能在博弈之前采取某种措施改变自己的行动空间或支付函数，原来不可置信的威胁就可能变得可置信，博弈的精炼均衡就会相应改变。我们将这些为改变博弈结果而采取的措施称为“承诺行动”（commitment）。

在许多情况下，承诺行动对当事人是很有价值的，特别地，在有些情况下，一个参与人可以通过减少自己的选择机会使自己受益，原因在于保证自己不选择某些行动可以改变对手的最优选择，承诺行动的一个古典例子是战争中将军过河将桥拆掉以表示绝不撤退的决心。成语“破釜沉舟”讲的是类似的故事，这样的承诺是完全承诺（total commitment）：桥一旦被炸，撤退就没有可能（或者说撤退成本为无穷大）。如果一个承诺只是增加某个行动的成本而不是使该行动完全没有可能，我们说这样的承诺是不完全承诺。

将承诺行动纳入模型的一个方法是明确地将承诺行动作为初始阶段的“行动”包括在博弈中（从而得到一个新的博弈）。考虑我们前面讨论过多次的房地产开发博弈的例子，如果在A决策之前，B与某个客户签订一个合同，规定B在一个特定的时刻交付客户若干面积的写字楼办公室，如果B不能履约，将赔偿客户3 500万元，这个合同就是一个承诺行动。有了这个承诺行动，B的{开发，开发}就不再是一个不可置信的威胁，而是可置信的威胁，因为此时，不论A是否开发，开发是B的最优选择（如果A开发，B不开发时损失3 500万元，开发时损失3 000万元）。给定A知道B一定会选择开发，A的最优选择就是不开发，因此，子博弈精炼纳什均衡是（不开发，{开发，开发}），而不是原来的（开发，{不开发，开发}）。注意，3 500万元的赔偿承诺不仅没有使B损失什么，反而使B得利1 000万元。

3.3.5 逆向归纳法与子博弈精炼均衡存在的局限性

我们已经指出，逆向归纳法理论要求的“所有参与人是理性的”是所有参与人的共同知识。由于这个原因，尽管在简单的两阶段模型中，逆向归纳法及子博弈精炼均衡给出的解是非常直观的，但是，如果有许多个参与人或每个参与人有多次行动机会，情况可能并非如此。

考虑图3.16所示的博弈，这里，每个参与人$i(i<n)$或者选择D结束博弈，或者选择A使博弈进入下一个参与人的决策结。给定第$i-1$参与人选择A，如果参与人$i(i<n)$选择D，每个参与人得到$1/i$单位的支付，如果所有参与人都选择A，每个参与人得到2单位的支付。

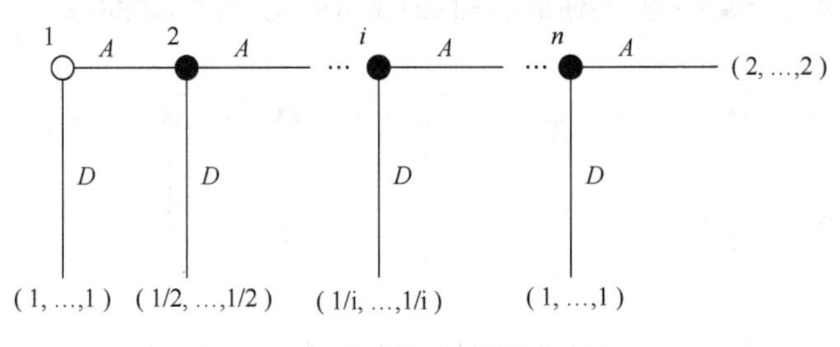

图3.16 特殊情况下的博弈示例

这是一个完美信息博弈，使用逆向归纳法，我们预测所有参与人都将选择A。如果n很小，这个预测大概是正确的，但是，如果n很大，这个预测就很值得怀疑。考虑参与人1，获得2单位的支付要求所有$n-1$个其他参与人都选择A。如果参与人1不能确信所有$n-1$个其他

参与人都将选择 A，他就得考虑是否应该选择 D 以确保1单位的安全支付。例如说，如果给定一个参与人选择 A 的概率 $p<1$（由于某种错误），所有 $n-1$ 个参与人都选择 A 的概率为 p^{n-1}，即使 p 很大，如果 n 很大的话，p^{n-1} 也会很小。另外，即使参与人 1 确信所有 $n-1$ 个其他参与人都将选择 A，他也可能怀疑参与人 2 是否相信 $n-2$ 个其他参与人都会选择 A。

与此相关的另一个问题是逆向归纳法要求支付向量是所有参与人的共同知识。即“参与人 1 知道参与人 2 知道参与人 3 知道……支付向量”。如果 $n=2$，逆向归纳法假定参与人 1 知道参与人 2 的支付；如果 $n=3$，逆向归纳法不仅要求参与人 1 和 2 知道参与人 3 的支付，而且要求参与人 1 知道参与人 2 知道参与人 3 的支付，因为只有满足这个要求，参与人 1 才能预测参与人 2 对参与人 3 的选择的预测。如果参与人 1 认为参与人 2 不可能正确地预测参与人 3 的选择，参与人 1 可能会选择 D。显然，参与人越多（从而倒推链条越长），共同知识的要求就越难满足。

图 3.17 代表的是另一种复杂情况，这个例子来自罗森塞尔（Rosenthsal）。这里，只有两个参与人，但每个参与人有 100 个决策结。根据逆向归纳法理论，每个参与人在自己的信息集上都选择 D，子博弈精炼均衡结果是参与人 1 在初始结上选择 D，博弈结束，每人得到 1 单位的支付。给定如果每个人选择 A，各得 100 单位的支付，这个均衡结果确实是很令人失望的。想象你是参与人 2，你知道参与人 1 是理性的，你也知道他知道你是理性的，因此你确信参与人 1 会在一开始就选择 D。但是，假如与你的预测相反，参与人 1 选择了 A，你应该如何选择呢？逆向归纳法意味着你应该选择 D，因为如果参与人 1 得到下一个机会的话，他将选择 D；但是逆向归纳法也意味着参与人一开始就会选择 D。因此，当你碰到预料之外的情况发生时，你的最优选择应该依赖于你如何预测参与人未来的行为，特别是，你如何修正你对参与人 1 理性程度的评价或你认为他对你的理性程度的评价。参与人 1 一开始就选择 A 可能是因为他自己是非理性的，也可能是因为他认为你是非理性的。如果参与人 1 不是理性的，或者如果他不认为你是理性的，或者如果他不确信你认为他是理性的，那么，你或许应该选择 A，然后看看你们究竟可以走多远。现在再设想你处于参与人 1 的位置，你如何考虑你选择 A 对参与人 2 的影响呢？你会不会故意选择 A 以诱使参与人 2 认为你是非理性的因而也选择 A，期待这个“将错就错”过程一直下去以得到 100 个单位的支付呢？如果是这样，参与人 2 为什么要从你选择了 A 这个事实就推断你是非理性的或你不认为他是理性的呢？

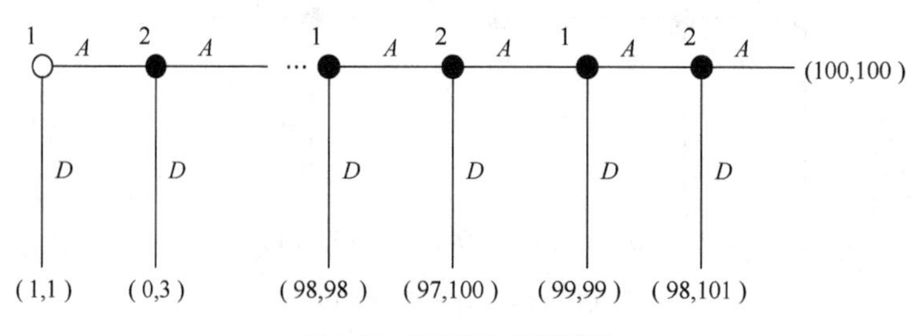

图 3.17　罗森塞尔蜈蚣博弈

逆向归纳法理论没有为当某些未曾预料到的事情出现时参与人如何形成他们的预期提供解释。这使得逆向归纳法的逻辑受到怀疑。弗登伯格、克瑞普斯和莱文（Fudenberg，Kreps &

Levine）将偏离行为解释为是由于有关“支付函数”信息的不确定性造成的，就是说，实际的支付函数不同于原来认为的支付函数，从而参与人在观测到未曾预料到的行为时应该修正有关支付函数的信息。因为任何观测到的行为都可以用博弈对手的某种特定支付函数来解释，上述解释把偏离行为出现之后如何预测博弈结果的问题归结为选择哪一个支付函数的问题，从而回避了当零概率事件出现时如何形成新的信念的困难。弗登伯格和克瑞普斯（Fudenberg & Kreps，1988）将这一论点进一步上升到方法论原则，他们认为，任何一种有关博弈行为的理论都应该是完备的（complete），这里，“完备性”指的是，理论应该对任何可能的行为选择赋予严格正的概率（即没有任何事件是不可能的），从而当某事件出现时，参与人对随后的博弈行为的条件预测总是很好定义的。

泽尔腾（Selten）从捍卫逆向归纳法理论的角度出发，将偏离行为解释为参与人在博弈过程中犯的错误，或者说，是均衡的“颤抖”（trembles）。他认为，扩展式表述博弈隐含了参与人犯错误的可能；如果参与人在每个信息集上犯错误的概率是独立的（因而参与人不会犯系统性错误），那么，不论过去的行为与逆向归纳法预测的如何不同，参与人应该继续使用逆向归纳法预测从现在开始的子博弈中的行为。一个相关的问题是，参与人自己会如何看待偏离行为？在图 3.17 中，当参与人 1 一开始就选择了 A，参与人 2 应该将其解释为参与人 1 犯了一个错误还是参与人1下一步也将选择 A 的信号呢？关于这个问题，我们将在第五章讨论。

因为子博弈精炼纳什均衡是逆向归纳法理论的扩展，上面有关逆向归纳法理论的批评自然也适用于子博弈精炼纳什均衡。

3.4 应用举例——经典模型

3.4.1 Stackelberg 寡头竞争模型

Stackelberg 模型是一种动态的寡头市场博弈模型。该模型假设寡头市场上的两个厂商中，一方较强一方较弱。较强的一方（称为 leader）领先行动，而较弱的一方（称为 follower）则跟在较强的一方之后行动。

由于该模型中两厂商的选择是有先后的，且后一厂商可以观察到前一厂商的选择，因此这是一个动态博弈。但是，因为两参与人的决策内容是产量水平，而可能的产量水平有无限多个，因此这是一个双方都有无限多种可能选择的无限战略博弈。Stackelberg 模型与库诺特模型相比，唯一的不同是前者有一个选择的次序问题，其他如参与人、战略空间和收益函数等都是完全相同的。

价格函数：$P=P(Q)=a-Q$；产品完全相同（没有固定成本，边际成本相等 $c_1=c_2=c$）；

总产量：（连续产量）$Q=q_1+q_2$；总成本分别为：cq_1 和 cq_2。

收益函数为其利润：

$$u_1(q_1, q_2)=q_1P(Q)-c_1q_1=q_1[a-(q_1+q_2)]-cq_1=q_1[a-(q_1+q_2)-c]$$

$$u_2(q_1, q_2)=q_2P(Q)-c_2q_2=q_2[a-(q_1+q_2)]-cq_2=q_2[a-(q_1+q_2)-c]$$

根据逆推归纳法的思路，我们首先要分析第二阶段厂商 2 的决策，为此，我们先假设厂商 1 的选择为 q_1 是已经确定的。这实际上就是在给定 q_1 的情况下求使 u_2 实现最大值的 q_2，它必须满足：

$$a-q_1-c-2q_2=0 \Rightarrow q_2=R(q_1)=1/2(a-q_1-c)$$

实际上它就是厂商 2 对厂商 1 的战略的一个反应函数。厂商 1 知道厂商 2 的这种决策思路，因此他在选择 q_1 的时候就知道 q_2^* 是根据 $R(q_1)$ 确定的，因此可将 $q_2=R(q_1)$ 代入他自己的收益函数，然后再求其最大值。

$$u_1(q_1, R(q_1))=q_1[a-q_1-R(q_1)-c]=q_1(a-q_1-c)/2$$

上式对 q_1 求导数并令其为 0，可得 $q_1^*=(a-c)/2$，此时将 q_1^* 带入 $q_2=R(q_1)$，得 $q_2^*=(a-c)/4$，双方的收益分别为 $(a-c)^2/8$ 和 $(a-c)^2/16$。

与两寡头同时选择的库诺特模型的结果相比，Stackelberg 模型的结果有很大的不同。它的产量大于库诺特模型，价格低于库诺特模型，总利润（两厂商收益之和）小于库诺特模型。但是，厂商 1 的收益却大于库诺特模型中厂商 1 的收益，更大于厂商 2 的收益。这是因为该模型中两厂商所处地位不同，厂商 1 具有先行动的主动，且他又把握住了理性的厂商 2 总归会根据自己的选择而合理抉择的心理，选择较大的产量得到了好处。

结论：本博弈也揭示了这样一个事实，即在信息不对称的博弈中，信息较多的参与人（如本博弈中的厂商 2，他在决策之前可以先知道厂商 1 的实际选择，因此他拥有较多的信息）不一定能得到较多的收益。这一点也正是多人博弈与单人博弈的不同之处。

3.4.2 工会与企业之间的劳资博弈

工会和企业之间的博弈是宏观经济学里研究最多的问题之一。考虑列昂惕夫（Leontief）模型，该模型讨论了一个企业和一个垄断的工会组织（即作为企业劳动力唯一供给者的工会组织）的相互关系：工会对工资水平说一不二，但企业可以自主决定就业人数（在更符合现实情况的模型中，企业和工会间就工资水平讨价还价，但企业仍自主决定就业，得到的定性结果与本模型相似）。工会的效用函数为 $U(\omega, L)$，其中 ω 为工会向企业开出的工资水平，L 为就业人数。假定 $U_\omega>0$，$U_L>0$，即工会的效用 $U(\omega, L)$ 是工资 ω 和就业人数 L 的增函数。企业的利润函数为 $\pi(\omega, L)=R(L)-\omega L$，其中 $R(L)$ 为企业雇佣 L 名工人可以取得的收益，假定 $R(L)$ 是严格递增的凹函数，即 $R'>0$，$R''<0$。

博弈的顺序为：（1）工会给出需要的工资水平 ω；（2）企业观测到（并接受）ω，随后选择雇佣人数 L；（3）收益分别为 $U(\omega, L)$ 和 $\pi(\omega, L)$。即使没有假定 $U(\omega, L)$ 和 $R(L)$ 的具体表达式，从而无法明确解出该博弈的均衡解，但我们仍可以就解的主要特征进行讨论。

首先，对工会在第一阶段任意一个工资水平 ω，我们能够分析在第二阶段企业的最优反应 $L^*(\omega)$ 的特征。给定 ω，企业选择 $L^*(\omega)$ 最大化利润函数：

$$\max_{L\geqslant 0} \pi(\omega, L)=\max_{L\geqslant 0} R(L)-\omega L$$

最优化的一阶条件是：

$$R'(L)-\omega=0$$

因此对具体的问题，只要从 $R'(L)-\omega=0$ 中解出 L，就是在给定工会选择工资水平 ω 时企业的最优雇佣数量。为保证上述一阶条件有解，假定 $R'(0)=\infty$，$R'(\infty)=0$。

$R'(L)-\omega=0$ 的经济意义是企业增加雇佣人数时的边际收益，也就是企业雇佣的最后一个单位劳动力所能增加的收益，恰好等于一单位劳动的边际成本，即支付给工人的工资水平。在收益函数 $R(L)$的图形上反映出来，就是企业取得最大利润的雇佣数 $L^*(\omega)$对应的 $R(L)$曲线上点处的切线斜率一定等于工资率，如图 3.18 所示。

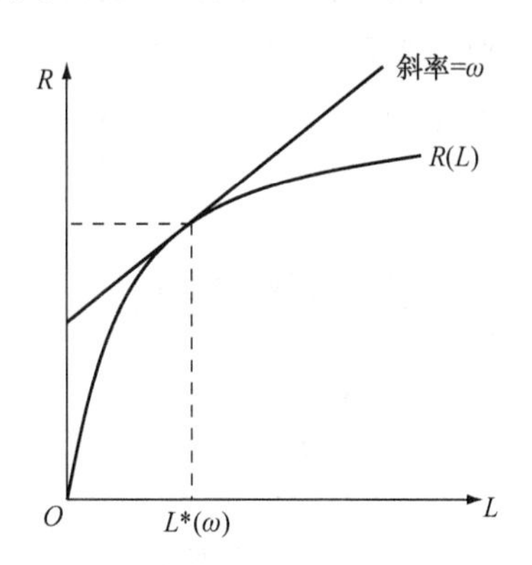

图 3.18 企业边际收益和边际成本示意图

图 3.19 把 $L^*(\omega)$表示为 ω 的函数，并表示出它和企业每条等利润线相交于最高点。若令 L 保持不变，ω 降低时企业的利润就会提高，于是较低的等利润曲线代表了较高的利润水平。图 3.20 描述了工会的无差异曲线，若令 L 不变，当 ω 提高时工会的福利就会增加，于是较高的无差异曲线代表了工会较高的效用水平。

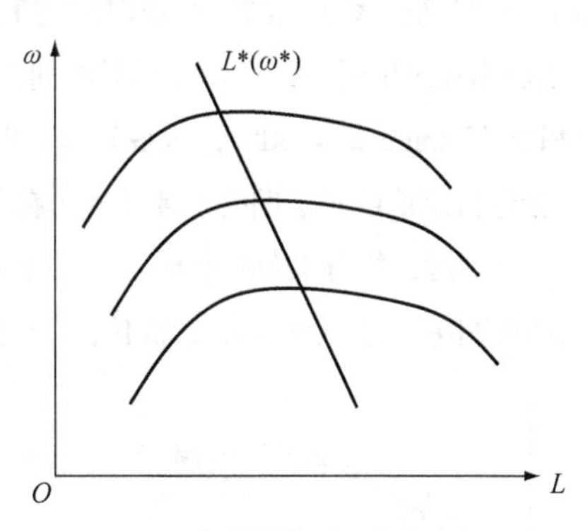

图 3.19 企业的等利润曲线示意图

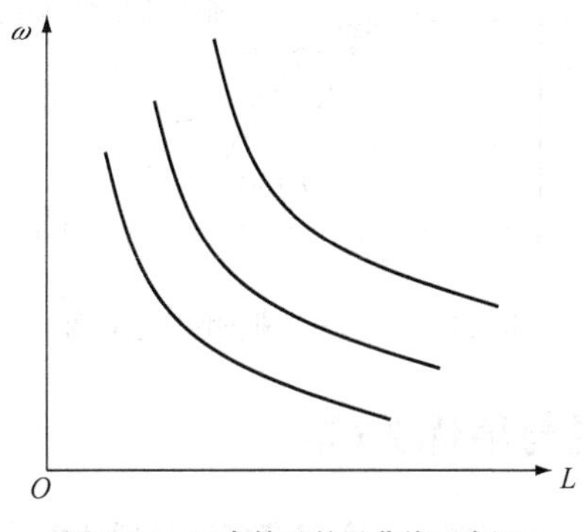

图 3.20 工会的无差异曲线示意图

下面我们分析工会在第一阶段的选择。因为工会预期企业将根据上述一阶条件进行决策，因此，工会在第一阶段的问题可以表示为：

$$\max_{\omega \geqslant 0} U(\omega, L^*(\omega))$$

表现在图 3.20 所示的无差异曲线上就是，工会希望选择一个工资水平 ω，由此得到的结果$(\omega, L^*(\omega))$处于可能达到的最高的无差异曲线上。这一最优化问题的解为 ω^*，这样一个工资要求将使得工会通过$(\omega^*, L^*(\omega^*))$的无差异曲线与 $L^*(\omega)$相切于该点，从而，子博弈精炼纳什均衡结果是$(\omega^*, L^*(\omega^*))$，如图 3.21 所示。

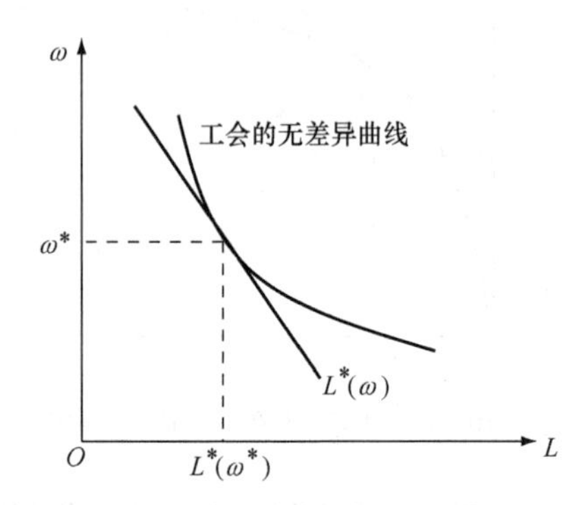

图 3.21　工会的无差异曲线与 $L^*(\omega)$相切点示意图

尽管$(\omega^*, L^*(\omega^*))$是一个子博弈精炼纳什均衡结果，但如果对它的效率进行分析，我们将发现它是低效率的，不是帕累托最优点，如图 3.22 所示。显然，如果 ω 和 L 处于阴影部分以内，企业和工会的效用水平都会提高。这种低效率对实践中企业对雇佣工人数量保持绝对控制权提出了质疑。（允许工人和企业就工资相互讨价还价，但企业仍对雇佣工人数量绝对控制，也会得到相似的低效率。）埃斯皮诺萨和里（Espinosa & Rhee, 1989）基于如下事实为这一质疑提供了一个解释：企业和工会之间经常会进行定期或不定期的重复谈判（在美国经常是三年一次），在这样的重复博弈中，可能会存在一个均衡，使得工会的选择 ω 和企业的选择 L 都在图 3.22 所示的阴影部分以内，即使在每一次性谈判中，这样的 ω 和 L 都不是子博弈精炼纳什均衡。

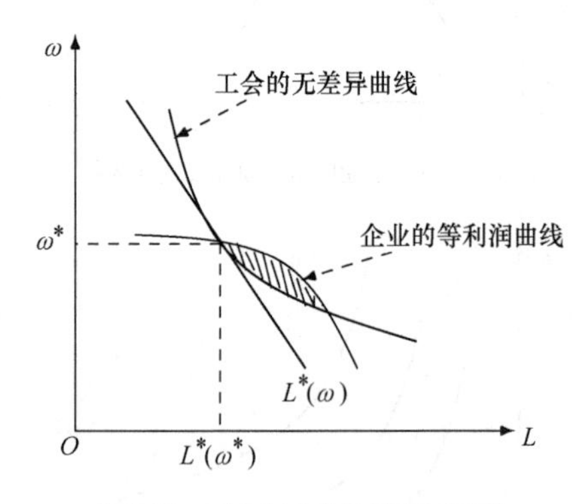

图 3.22　工会与企业的博弈示意图

3.4.3　国际贸易与最优关税

现在讨论一个最优关税选择问题，这个博弈模型是博弈理论在国际贸易领域中的经典应用。模型中有两个相似的国家，分别称为国家 1 和国家 2，这两个国家在本博弈中作为参与人决定本国进口商品的关税税率。

假设两国各有一个企业（可看作是国内所有企业的集合体）生产同一种既内销又出口的商品，我们称它们为企业 1 和企业 2。可以把模型中的两个国家理解成两个相互隔离的市场，两国的消费者在各自的国内市场上既可以购买国货，也可以购买进口货，国货和进口货之间是可以完全替代的。

用 Q_i 表示国家 i 市场上的商品总供给量，则商品的市场出清价格 P_i 为 Q_i 的函数，不失一般性，假设该函数为 $P_i(Q_i)=a-Q_i$，$i=1, 2$。设企业 i 生产 h_i 供内销和 e_i 供出口，因此 $Q_i=h_i+e_j$，$i, j=1, 2, i\neq j$。再假设两企业的边际生产成本同为常数 c，且都无固定成本，则企业 i 的生产总成本为 $c(h_i+e_i)$。当企业出口时，因为进口国征收的关税也是它的成本，如果国家 j 的关税税率为 t_j，则企业 i 的出口成本为 $ce_i+t_je_i$，国内销售成本为 ch_i。

博弈的先后顺序如下：首先由两国政府同时制订关税率 t_1 和 t_2；然后企业 1 和企业 2 根据 t_1 和 t_2 同时决定各自的内销和出口产量 h_1、e_1 和 h_2、e_2，这是一个两阶段动态博弈。

在这个博弈中，企业作为参与人的收益是他们所关心的利润：

$$\begin{aligned}\pi_i&=\pi_i(t_i, t_j, h_i, h_j, e_i, e_j)=P_ih_i+P_je_i-c(h_i+e_i)-t_je_i\\&=[a-(h_i+e_j)]h_i+[a-(h_j+e_i)]e_i-c(h_i+e_i)-t_je_i\end{aligned} \tag{3.1}$$

国家作为参与人的收益则是它们所关心的社会总福利，包括消费者剩余、本国企业的利润和国家的关税收入三部分：

$$w_i=w_i(t_i, t_j, h_i, h_j, e_i, e_j)=(h_i+e_j)^2/2+\pi_i+t_ie_j \tag{3.2}$$

其中 $i=1, 2$；$(h_i+e_j)^2/2$ 是国家 i 国内居民作为消费者的消费者剩余，根据消费者剩余的定义，如果消费者用价格 P 购买了一件他愿意出价为 V 的商品，则他得到了$(V-P)$的剩余。给定反需求函数 $P_i=P_i(Q_i)=a-Q_i$，$i=1, 2$，如果市场 i 的销售总产量为 $Q_i=h_i+e_j$，$i, j=1, 2, i\neq j$，则总的消费者剩余为 $Q_i^2/2$，是根据商品的市场出清价格对应的需求函数导出来的。

使用逆向归纳法来分析这个博弈，先从第二阶段企业的选择开始。假设两国已选择关税率分别为 t_1 和 t_2，则如果$(h_1^*, e_1^*, h_2^*, e_2^*)$是在设定 t_1 和 t_2 情况下两企业之间的一个纳什均衡，那么(h_i^*, e_i^*)必须是下述优化问题的解：

$$\max_{h_i, e_i\geqslant 0} \pi_i(t_i, t_j, h_i, h_j^*, e_i, e_j^*)$$

由于利润 π_i 可以分成企业在国内市场的利润和国外市场的利润两部分之和，且国内市场的利润取决于 h_i 和 e_j^*，国外市场的利润取决于 e_i 和 h_j^*，因此上述优化问题就可以分解为下列两个优化问题：

$$\max_{h_i\geqslant 0} \{h_i[a-(h_i+e_j^*)-c]\} \tag{3.3}$$

$$\max_{e_i\geqslant 0} \{e_i[a-(e_i+h_j^*)-c]-t_je_i\} \tag{3.4}$$

假设 $e_j^*\leqslant a-c$，从式(3.1)解得

$$h_i^*=(a-e_j^*-c)/2 \tag{3.5}$$

假设 $h_j^* \leqslant a-c-t_j$，从式(3.2)解得

$$e_i^*=(a-h_j^*-c-t_j)/2 \tag{3.6}$$

由于式(3.5)和式(3.6)对 $i, j=1, 2$ 均成立，得到 4 个方程的联立方程组，解得：

$$h_i^*=(a-c+t_i)/3, \qquad e_i^*=(a-c-2t_j)/3 \tag{3.7}$$

其中 $i, j=1, 2$。这就是在设定 t_1 和 t_2 的情况下，两个企业在第二阶段静态博弈的纳什均衡。

在分析第一阶段之前，先对上述结果做一些简要讨论。如果没有关税，也就是令 t_1 和 t_2 都等于 0，那么本博弈就相当于是国内国外两个市场的库诺特模型，两企业在两市场的均衡产量确实都为$(a-c)/3$，与库诺特模型的均衡产量完全一样。关税的存在使得两企业在两个市场上的边际成本都发生了变化。在 i 国市场，企业 i 的边际成本为 c 而企业 j 的边际成本为 $c+t_i$。因为企业 j 的边际成本高于库诺特模型的边际成本，因此它必然会少生产一些，而企业 j 少生产就会使商品的市场出清价格有上升的趋势，从而使企业 i 可以多生产一些。因此，h_i^*是 t_i 的增函数，而 e_j^*则是 t_i 的减函数。也就是说，一国的关税具有保护本国企业，提高本国企业国内市场占有率，打击外国企业的作用，这也是世界各国普遍设置关税，倾向于提高本国关税的主要原因。

现在回到第一阶段两个国家之间的博弈，即两个国家同时选择 t_1 和 t_2。因为国家 1 和国家 2 都清楚两国企业的决策思路和方式，即知道当两国政府确定 t_1 和 t_2 以后，两国的企业会根据式(3.5)决定均衡产量$(h_1^*, e_1^*, h_2^*, e_2^*)$，因此两国的收益为 $w_i=w_i(t_1, t_2, h_1^*, e_1^*, h_2^*, e_2^*)$，其中 h_1^*、e_1^*、h_2^*、e_2^*都是 t_1 和 t_2 的函数。为了方便起见，我们简单地用 $w_i=w_i(t_1, t_2)$ $(i=1, 2)$来表示上述两国的收益。

对国家 i 来说，它现在是要选择 t_i^*，满足：

$$\max_{t_i \geqslant 0} w_i(t_i, t_j^*)$$

将式(3.5)决定的均衡产量$(h_1^*, e_1^*, h_2^*, e_2^*)$带入国家 i 的收益函数，可得：

$$w_i(t_i, t_j^*)=[2(a-c)-t_i]^2/18+(a-c+t_i)^2/9+(a-c-2t_j^*)^2/9+t_i(a-c-2t_j^*)^2/3$$

国家 i 要选择 t_i^*，满足上式达到最大，令导数为零时，解得 $t_i^*=(a-c)/3$ 对 $i=1$，2 成立，两国的最佳关税都是 $t_1=t_2=(a-c)/3$。将它们带入式（3.5）得最佳内销和出口产量为

$$h_i^*=4(a-c)/9, e_i^*=(a-c)/9, i=1,2$$

这就是两企业在第二阶段的最佳内销和出口产量选择。这是一个子博弈精炼纳什均衡解。

3.4.4 轮流出价的讨价还价模型

纳什讨价还价解是一个合作博弈模型，它是由几个看起来合理的公理导出的结果，这些公理包括效用测度的无关性（invariance）、帕累托有效性（efficiency）、无关选择的独立性（independence of irrelevant alternatives）和对称性（symmetry）。在实际的讨价还价中，这些公理可能都在背后起作用，但讨价还价通常是一个不断的“出价—还价”（offer–counteroffer）过程。鲁宾斯坦（Rubinstein，1982）的轮流出价模型（lternating offers）试图模型化这样一个过程。在此模型里，两个参与人分割一块蛋糕，参与人 1 先出价（offer），参与人 2 可以接受（accept）或拒绝（reject）。如果参与人 2 接受，博弈结束，蛋糕按参与人 1 的方案分配；如果

参与人 2 拒绝，参与人 2 出价（还价），参与人 1 可以接受或拒绝；如果参与人 1 接受，博弈结束，蛋糕按参与人 2 的方案分配；如果参与人 1 拒绝，参与人 1 再出价；如此一直下去，直到一个参与人的出价被另一个参与人接受为止。因此，这是一个无限期完美信息博弈，参与人 1 在时期 1，3，5，……出价，参与人 2 在时期 2，4，6，……出价。这个博弈有无穷多个纳什均衡，但鲁宾斯坦证明，它的子博弈精炼纳什均衡是唯一的。

我们用 x 表示参与人 1 的份额，$(1-x)$表示参与人 2 的份额，x_1 和$(1-x_1)$分别是参与人 1 出价时参与人 1 和参与人 2 的份额，x_2 和$(1-x_2)$分别是参与人 2 出价时参与人 1 和参与人 2 的份额。假定参与人 1 和参与人 2 的贴现因子分别为 δ_1 和 δ_2。这样，如果博弈在时期 t 结束，t 是参与人 i 的出价阶段，参与人 1 支付的贴现值是 $\pi_1=\delta_1^{t-1}x_i$，参与人 2 支付的贴现值是 $\pi_2=\delta_2^{t-1}(1-x_i)$。

在讨论无限期博弈之前，我们先来讨论有限期博弈的情况。如果博弈的期限是有限的，我们可以使用逆向归纳法求解子博弈精炼纳什均衡。首先假定博弈只进行两个时期，在 $T=2$ 时，参与人 2 出价，如果他提出 $x_2=0$，参与人 1 会接受，因为参与人 1 不再有出价的机会（一般地，如果参与人在接受和拒绝之间无差异时，我们假定他选择接受）。因为参与人 2 在 $T=2$ 时得到 1 单位等价于在 $t=1$ 时的 δ_2 单位，如果参与人 1 在 $t=1$ 时出价 $1-x_1\geqslant\delta_2$，参与人 2 会接受；因为参与人 1 没有必要给参与人 2 多于他会接受的最低份额，子博弈精炼均衡结果是参与人 1 得到 $x=x_1=1-\delta_2$，参与人 2 得到 $1-x=\delta_2$。现在假定 $T=3$，在最后阶段，参与人 1 出价，他可以得到的最大份额是 $x_1=1$。因为参与人 1 在 $T=3$ 时 1 单位等价于 $t=2$ 时的 δ_1 单位，如果参与人 2 在 $t=2$ 时出价 $x_2=\delta_1$，参与人 1 将会接受；因为参与人 2 在 $t=2$ 时的$(1-\delta_1)$单位等价于 $t=1$ 时的 $\delta_2(1-\delta_1)$单位，如果参与人 1 在 $t=1$ 时出价 $1-x_1=\delta_2(1-\delta_1)$，参与人 2 将会接受。因此，子博弈精炼均衡结果是 $x=1-\delta_2(1-\delta_1)$。假定 $T=4$，参与人 2 最后出价。使用上述结果，因为参与人 2 在 $t=2$ 时最大可得 $1-\delta_1(1-\delta_2)$，参与人 1 在 $t=1$ 时将出价 $1-x_1=\delta_2(1-\delta_1(1-\delta_2))$，子博弈精炼均衡结果是 $x=1-\delta_2(1-\delta_1(1-\delta_2))$。假定 $T=5$，参与人 1 最后出价。因为参与人 2 在 $t=2$ 时最大可得为 $1-\delta_1(1-\delta_2(1-\delta_1))$，子博弈精炼均衡结果为 $x=1-\delta_2(1-\delta_1(1-\delta_2(1-\delta_1)))$。读者可以使用上述方法推导出任何给定的 $T<\infty$的子博弈精炼纳什均衡。

现在我们来看看子博弈精炼均衡结果与贴现因子 δ 和博弈期限 T 之间的关系。从上面的例子可以看出，如果 $\delta_1=\delta_2=0$，不论 T 为多少，子博弈精炼均衡结果是 $x=1$；就是说，如果两个参与人都是绝对无耐心的（下阶段的任何支付等价于本阶段的 0），第一个出价的参与人得到整个蛋糕。如果 $\delta_2=0$，不论 δ_1 为多少，子博弈精炼均衡结果仍然是 $x=1$；但是，如果 $\delta_1=0$，$\delta_2>0$，子博弈精炼均衡结果是 $x=1-\delta_2$，因为如果参与人 2 在 $t=1$ 时拒绝了参与人 1 的出价，参与人 2 在 $t=2$ 时得到整个蛋糕，但贴现到 $t=1$ 时只值 δ_2，参与人 2 在 $t=1$ 时将接受任何 $1-x_1\geqslant\delta_2$ 的出价。在上述几种情况下，均衡结果与 T 无关（假定 $T\geqslant2$）。现在我们考虑另外的情况。假定 $\delta_1=\delta_2=1$（即双方都有无限的耐心），那么，如果 $T=1$，3，5，…，均衡结果是 $x=1$，如果 $T=2$，4，6，…，均衡结果是 $x=0$。这里，我们得到“后动优势”（last–mover advantage），其原因是，给定 $\delta_i=1$，如果参与人 i 最后出价，他将拒绝任何自己不能得到整个蛋糕的出价，一直等到博弈的最后阶段得到整个蛋糕。

一般来说，如果 $0<\delta_i<1$，$i=1$，2，均衡结果不仅依赖于贴现因子的相对比率，而且依赖于

博弈时期长度 T 和谁在最后阶段出价。然而，这种依存关系随 T 的变大而变小，当 T 趋于无穷时，我们得到"先动优势"：如果 $\delta_1=\delta_2=\delta$，唯一的均衡结果是 $x=1/(1+\delta)$。

定理 3.1（Rubinstein，1982）：在无限期轮流出价博弈中，唯一的子博弈精炼纳什均衡结果是：

$$x^*=\frac{1-\delta_2}{1-\delta_1\delta_2} \qquad （如果\ \delta_1=\delta_2=\delta,\ x^*=1/(1+\delta)）$$

定理的证明从略，有兴趣的读者可以自行参考相应的博弈论教材。

贴现率可以理解为讨价还价的一种成本，类似蛋糕随时间的推延而不断缩小，每一轮讨价还价的总成本与剩余的蛋糕成比例。讨价还价的另一类成本是固定成本。

固定成本的一种特殊形式是外部机会（类似机会成本）。容易想象，外部机会越好（从而机会成本越高），参与人越处于不利地位。

【提示问题】

1. 如何理解子博弈精炼纳什均衡的概念？它与第二章的纳什均衡有何区别？

2. 子博弈精炼纳什均衡是如何剔除博弈人的"不可置信威胁或者承诺"的？怎样利用逆向归纳法针对不同的完全信息动态博弈求解子博弈精炼纳什均衡？

3. 结合你们小组选择的问题，讨论如何求解你们所构建的完全信息动态博弈模型的子博弈精炼纳什均衡。

【教师注意事项及问题提示】

1. 结合本章的典型应用案例，特别注意引导学生讨论清楚子博弈精炼纳什均衡是如何对纳什均衡进行"精炼"的。

2. 根据本章的典型应用案例，着重引导学生掌握利用逆向归纳法求解子博弈精炼纳什均衡的技巧。

3. 引导学生融会贯通"动态博弈"模型构建的精髓所在，以及逆向归纳法的多学科通用性，从而引出后续关于重复博弈设定的思考。

3.5 重复博弈

【引导案例：乞丐为什么要 1 美元而不要 10 美元】

你听说过这个故事吗？即一个小乞丐对 1 美元与 10 美元的选择。这个故事是说：一个小男孩家里十分贫穷，为了减轻家里的负担，这个小男孩就上街去乞讨，向过往的行人讨钱。有一个人出于好玩，就拿出一张 10 美元钞票和一张 1 美元钞票，让这个小男孩选择，看他会拿哪一个。按照小男孩的年龄，他应该分得出 10 美元和 1 美元的区别，所以人们都认为这个被试验的小男孩会拿那张 10 美元的钞票，但是出人意料的是小男孩只拿了 1 美元，不拿那 10 美元。

起初人们以为这个小男孩心地善良，不好意思破费人家更多的钱。事情传开后，有人就不太相信，不相信还有这样善良的乞丐。于是后来又有人故意这样让小男孩选择，结果令人吃惊的是，小男孩还是只拿 1 美元，不拿 10 美元。大家于是相信这个小男孩有点傻，连 10 美元与 1 美元都分不清楚。

于是，这个只要 1 美元不要 10 美元、似乎有点傻呆呆的小乞丐的名声就传出去了。有的人同情，有的人为了逗乐，反正是越来越多的人拿钱来让小男孩选择。人们纷纷拿出 1 美元和 10 美元放在小男孩面前，小男孩始终就是不拿 10 美元，只拿 1 美元。甚至还有人反复拿出 1 美元和 10 美元放在小男孩面前，就是为了看小男孩那种傻瓜相。有个人一口气拿了 10 次 1 美元和 10 美元让小男孩作选择，结果小男孩 10 次都挑选了 1 美元，取乐的人忍不住问小男孩："你为什么只拿 1 美元呢？难道你不知道 10 美元比 1 美元要多 10 倍吗？"但是这个小男孩就是装作听不懂，只是抓紧了手中的 1 美元，而把 10 美元丢在地上。

后来，时间长了，小男孩的家里人也很奇怪，于是问小男孩："你为什么只拿 1 美元，而不是 10 美元呢？"小男孩这才吐露实情说："我要是选择拿 10 美元的话，那就跟其他人没什么区别了，大家就不会故意拿钱来让我选择了。我不能因为一张 10 美元，而丢失掉无数张 1 美元。"

这个小乞丐就是充分利用重复博弈原理来获取利益最大化的，你又如何利用重复博弈原理来为你的人生增色呢？

重复博弈是指基本博弈重复进行构成的博弈过程。虽然重复博弈形式上是基本博弈的重复进行，但参与人的行为和博弈结果却不一定是基本博弈的简单重复，因为参与人对于博弈会重复进行的意识会使他们对利益的判断发生变化，从而使他们在重复博弈过程不同阶段的行为选择受到影响。重复博弈在现实中具有普遍性，社会经济活动中存在着许多长期反复的合作和竞争关系。如经济活动中强调经济联盟和价值链整合，以谋求更广阔的市场空间和发展前景，就需要在竞争与合作中不断调整自己的战略选择。

具体来说，重复博弈有下列 3 项基本特征：

（1）阶段博弈之间没有"物质上"的联系（no physical links），也就是说，前一阶段的博弈不改变后一阶段博弈的结构（对比之下，序贯博弈涉及物质上的联系）；

（2）所有参与人都观测到博弈过去的历史（如在每一个新的阶段博弈，两个囚徒都知道同伙在过去的每次博弈中选择了抵赖还是坦白）；

（3）参与人的总支付是所有阶段博弈支付的贴现值之和或加权平均值。

3.5.1 有限次重复博弈

重复博弈中比较常见的是基本博弈重复两三次或者其他有限的次数，因为即使是社会经济活动中的长期关系，通常其长度也是有限的，即有预定的结束时间。这样的由基本博弈的有限次重复构成的博弈称为"有限次重复博弈"。

定义 3.3 给定一个基本博弈 G（可以是静态博弈，也可以是动态博弈），重复进行 T 次 G，并且在每次重复 G 之前各参与人都能观察到以前博弈的结果，这样的博弈过程称为"G 的 T 次重复博弈"，记为 $G(T)$。而 G 则称为 $G(T)$的"原博弈"。$G(T)$中的每次重复称为 $G(T)$的一个“阶段”。

注意重复博弈的一个阶段本身就是一个独立的静态博弈或动态博弈，各个参与人都有相应的收益，这是重复博弈与一般动态博弈的主要区别之一。

定理 3.2：令 G 是阶段博弈，$G(T)$是 G 重复 T 次的重复博弈（$T<\infty$）那么，如果 G 有唯一的纳什均衡，重复博弈 $G(T)$的唯一子博弈精炼纳什均衡结果是阶段博弈 G 的纳什均衡重复 T 次（即每个阶段博弈出现的都是一次性博弈的均衡结果）。

上述定理表明，只要博弈的重复次数是有限的，重复本身并不改变博弈的均衡结果。注意，单阶段博弈纳什均衡的“唯一性”是一个重要条件。如果纳什均衡不是唯一的，上述结论就不一定成立。

下面我们来看一下有名的“连锁店悖论”。“连锁店悖论”是泽尔腾于 1978 年提出的。连锁店悖论讨论的问题是一个在 n 个市场（也可以理解为 n 个城镇）都开设有连锁店的企业，对于各个市场的竞争者是否应该加以打击排斥的战略选择。由于 n 个市场的竞争者一般不会同时进入竞争，如果忽略各个市场环境、竞争者不同等方面的微小差异，这个问题对上述连锁企业来说相当于一个 n 次重复的重复博弈，重复博弈中的原博弈就是如图 3.23 所示的“先来后到”博弈扩展式。根据我们前面介绍的分析方法得知，竞争者选择进入，先占领市场的连锁企业选择不打击，是原博弈唯一的子博弈精炼纳什均衡，是两个理性的参与人之间博弈的唯一结果。根据定理或者直接用逆向归纳法很容易证明，在以这个博弈为原博弈的有限次重复博弈中，唯一的子博弈精炼纳什均衡是重复原博弈的纳什均衡。也就是每个市场的竞争者都进入，连锁企业都不打击。但这种理论结论和预言也显然有问题，首先现实中类似问题的直觉经验与该理论结论明显不符。其次如果连锁企业对开头几个市场竞争者不计成本地进行打击，那么这种打击的威慑作用应该能够吓退其余市场的潜在竞争者，从而使得连锁企业能够独享其余几十个甚至更多市场利益，总体上肯定是合算的。

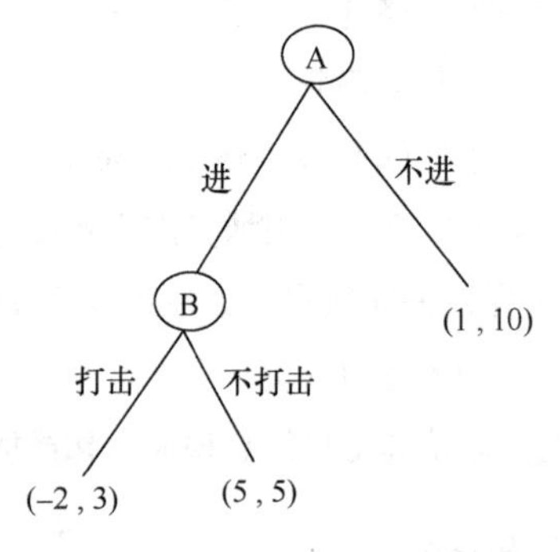

图 3.23 “先来后到”博弈扩展式

3.5.2 无限次重复博弈和无名氏定理

理论上重复博弈可以无限制进行下去，不一定经过一定次数重复以后必须结束。如果一个基本博弈 G 一直重复博弈下去，这样的重复博弈我们称为“无限次重复博弈”，记为 $G(\infty)$。无限次重复博弈的基本博弈也称为原博弈。无限次重复博弈是有无限个阶段的动态博弈。

【"囚徒困境"博弈的无限次重复】

图 3.24 所示为"囚徒困境"博弈模型，我们要证明，如果参与人有足够的耐心，（抵赖，抵赖）是一个子博弈精炼纳什均衡结果。

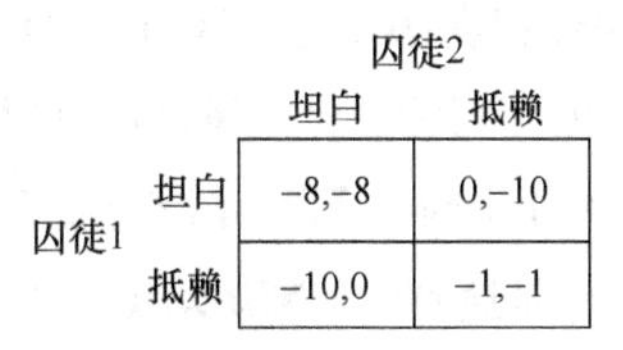

囚徒1 \ 囚徒2	坦白	抵赖
坦白	−8,−8	0,−10
抵赖	−10,0	−1,−1

图 3.24　囚徒困境博弈

我们考虑下列所谓的"冷酷战略"（grim strategy）：（1）开始选择抵赖；（2）选择抵赖直到有一方选择了坦白，然后永远选择坦白。注意：根据这个战略，一旦一个囚徒在某个阶段博弈中自己选择了坦白，之后他将永远选择坦白。

我们首先证明冷酷战略是一个纳什均衡。假定囚徒 j 选择上述冷酷战略，冷酷战略是不是囚徒 i 的最优战略呢？因为博弈没有最后阶段，我们不能运用逆向归纳法求解。令 δ 为贴现因子（我们假定两人的贴现因子相同），如果 i 在博弈的某个阶段首先选择了坦白，他在该阶段得到 0 单位的支付，而不是−1 单位的支付，因此他的当期净收益是 1 单位。但他的这个机会主义行为将触发囚徒 j 的"永远坦白"的惩罚，因此 i 随后每个阶段的支付都是−8。因此，如果下列条件满足，给定 j 没有选择坦白，i 将不会选择坦白：

$$0+\delta\times(-8)+\delta^2\times(-8)+\ldots\leqslant-1+\delta\times(-1)+\delta^2\times(-1)+\ldots$$

$$\text{或：}-\frac{8\delta}{1-\delta}\leqslant-\frac{1}{1-\delta}$$

解上述条件得：$\delta^*\geqslant1/8$；就是说，如果 $\delta\geqslant1/8$，给定 j 坚持冷酷战略并且 j 没有首先坦白，i 不会选择首先坦白。

现在假定 j 首先选择了坦白，那么 i 是否有积极性坚持冷酷战略以惩罚 j 的不合作行为呢？给定 j 坚持冷酷战略，j 一旦坦白将永远坦白；如果 i 坚持冷酷战略，他随后每阶段的支付是−8（在任何阶段，如果选择坦白，他达到−8；如果选择抵赖，他达到−10），因此，不论 δ 为多少，i 有积极性坚持冷酷战略。类似地，给定 j 坚持冷酷战略，即使 i 自己首先选择了坦白，坚持冷酷战略（惩罚自己）也是最优的。

由此我们证明，如果 $\delta\geqslant1/8$（即参与人有足够的耐心），冷酷战略是无限次囚徒博弈的一个子博弈精炼纳什均衡，帕累托最优（抵赖，抵赖）是每一个阶段的均衡结果，囚徒走出了一次性博弈时的困境。隐藏在这个结果背后的原因是，如果博弈重复无穷次且每个人有足够的耐心，任何短期的机会主义行为的所得都是微不足道的，参与人有积极性为自己建立一个乐于合作的声誉，同时也有积极性惩罚对方的机会主义。

当然这个博弈还有许多其他子博弈精炼均衡。特别地，如同在一次性博弈中一样，在每个阶段博弈两人都选择坦白也是一个子博弈精炼均衡，并且，是唯一一个当期行为独立于过去行为历史的均衡。

无名氏定理（Friedman，1971）：令 G 为一个 n 人阶段博弈，$G(\infty,\delta)$为以 G 为阶段博弈的无限次重复博弈，a^*是 G 的一个纳什均衡（纯战略或者混合战略），$e=(e_1, e_2, \ldots, e_n)$是 a^*决

定的支付向量，$v=(v_1, v_2, \ldots, v_n)$是一个任意可行的支付向量，$V$是可行支付向量集合。那么，对于任何满足 $v_i>e_i$ 的 $v\in V(\forall i)$，存在一个贴现因子 $\delta^*<1$，使得对于所有的 $\delta\geqslant\delta^*$，$v=(v_1, v_2, \ldots, v_n)$是一个特定的子博弈精炼纳什均衡结果。

简单地说，无名氏定理就是指在无限次重复博弈中，如果参与人有足够的耐心（即 δ 足够大），那么，任何满足个人理性的可行的支付向量都可以通过一个特定的子博弈精炼均衡得到。在上述定理中，阶段博弈的纳什均衡 a^*可能是混合战略均衡，也可能是纯战略均衡；由 a^*决定的支付向量 $e=(e_1, e_2, \ldots, e_n)$是达到任何精炼均衡结果 v 的惩罚点（或者称为纳什威胁点，Nash threat point）。在囚徒困境博弈中，a^*是（坦白，坦白），$e=(-8, -8)$；在重复寡头博弈中，a^*是 $q_1=q_2=q^c$，$e=(\pi_1^c, \pi_2^c)$。

3.6 应用举例——扩展讨论

动态博弈中参与人的战略是他们自己预先设定的，是在各个博弈阶段针对各种情况的相应行为选择的计划。这些战略实际上并没有强制力，而且实施起来有一个过程，因此只要符合参与人自己的利益，他们完全可以在博弈过程中改变计划。我们称这种状况为动态博弈中的“相机选择”（contingent play）问题。相机选择的存在使得参与人的战略中所设定的各个阶段、各种情况下会采取行为的“可信性”（credibility）有了疑问。也就是说，各个参与人是否会真正、始终按照自己的战略所设定的方案行为，还是可能临时改变自己的行动方案呢？

下面我们通过一个供货商和客户之间博弈案例来说明动态博弈中相机选择和战略中的可信性对最终决策的影响。假设某客户 B 有一个项目，但为了完成这个项目需要供货商 A 的合作，供货商 A 选择合作，需投入 20 万货物，则可以获得 20%的收益。根据对客户资料的掌握情况，客户的项目运行肯定会获得 20%的收益，供货商 A 所担心的问题是客户 B 是否能够按时承诺回款，如果供货商 A 不能按时收回货款，那么他不但不能获得收益，而且连本钱都收不回来。我们用图 3.25 中的扩展式来表示这个博弈问题。

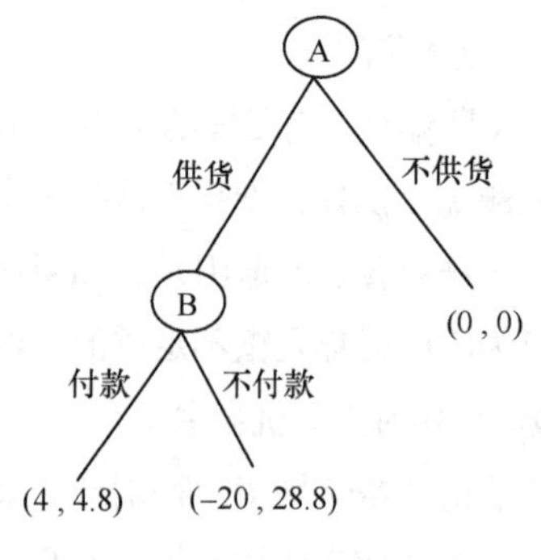

图 3.25　供货商和客户博弈

图 3.25 中最上方的圆圈代表供货商 A 的选择信息或者称为选择结点（node），A 在此处有“供货”和“不供货”两个战略可以选择。如果 A 选择不供货，则博弈结束，他能保住 20 万

元的货物不受损失，但得不到合作所获得的收益 20×20%=4（万元）。如果 A 选择供货，则达到客户 B 的选择信息集，轮到 B 进行选择。因为经营过程我们不加以考虑，这里我们关注的是 B 能不能在结账期按时付款，所以在 B 的结点处，有两种可选择的行为“付款”和“不付款”。无论 B 选择“付款”还是“不付款”，博弈到此结束。“付款”则 A 收回 20 万元的货款，并且得到 4 万元的收益，B 得到(20+4)×20%=4.8（万元）的收益；若 B 选择“不付款”，则得到 28.8 万元的收益，A 损失 20 万元货物。图 3.25 中 3 个终端处的数组表示由各参与人各阶段行为依次构成的、到达这些终端的“路径”所实现的各参与人收益，其中第一个数字是先行动的 A 的收益，第二个数字是后行动的客户 B 的收益。

从图 3.25 中我们可以看出供货商 A 的处境，选择“不供货”虽然能够使货物不损失，但也不会获得收益，不符合商业经营的原则。选择“供货”，而客户 B 信守承诺，会按期付款，那么 A 不但能够收回本金，而且能够有 4 万元的收益。因此，供货商 A 的决策关键是要判断客户 B 是否会按照约定按时回款。我们在经济行为分析中，一般都是假设参与人都是为了实现自身利益最大化（收益）的理性行为，在决策的时候，伦理道德的约束在这里是不起作用的，当然在某种情况下，例如大企业或者注重声誉建设谋求长远发展的实体，也会把遵守承诺这些伦理道德因素折算为经济利益内化到综合收益中的。在这种情况下，我们可以看出轮到客户做决策时，必然会选择到期“不付款”，来实现自身利益最大化，收益 28.8 万元。供货商 A 清楚 B 的行为准则，因此他不可能被 B 的没有约束的许诺所迷惑，知道一旦供货，到时候必然收不回账款，因此最合理的选择是“不供货”而不是“供货”，保住自己的货物。对于供货商 A 来说，本博弈中 B 是一个不可信的许诺。

许诺不可信，使得参与人的合作成为不可能，这当然不符合现实的经营目的，因为供货商的货物不能卖出去就无法实现增值的目的（获得收益），客户 B 没有得到 A 的合作，也无法实现自身的利润。那么怎样使得参与人的行为能够继续下去呢？我们可以增加能够制约 B 行为的约束条件。

在图 3.25 中，参与人 B 选择不付款时，A 没有任何约束机制来保障自己的权益，造成了 A 对客户 B 的承诺没有信心而只能采取“不供货”的消极态度来避免被骗带来的损失。如果我们加入法律的因素，也就是客户 B 不遵守承诺时供货商 A 可以通过仲裁的法律手段保障自己的收益，则情况就发生了改观。因为从道理上 B 选择“不付款”是一种应该受到惩罚的行为，仲裁的结果应该对 A 有利，A 的合法权益也得到了保障，不用害怕被 B 侵吞。这时候双方的选择，以及相关的对对方选择的判断也都发生了变化，博弈的结果就会不同。

考虑到经济仲裁是一次解决，所以就到供货商是否决定仲裁博弈终止。通过法律仲裁是要花费费用的，这里我们假设是货款的 20%，也就是 4.8 万元，并且由败诉的一方承担。我们假设仲裁的结果是 B 承担费用，A 收回货物成本并收回利润，而 B 经营所得收益都要付仲裁费，并要向 A 支付货款。这样博弈就成为图 3.26 中的扩展式所表示的两参与人之间的 3 个阶段动态博弈。与图 3.25 相比，现在多了一个 A 选择是否仲裁的第 3 个阶段。

加上仲裁这个阶段，结果就大不相同了。现在，博弈进行到第 3 个阶段，即客户 B 选择“不付款”，供货商 A 可以选择法律仲裁来讨回公道。如果 A 选择“不仲裁”，则 B 得到 A 的货款和自己的经营收益 28.8 万元，A 则是不但损失了货款，并且毫无收益，此时“仲裁”的收益远远大于“不仲裁”的收益。一旦仲裁 B 一无所有，A 则能够收回自己的货款并且还有盈利。所以对 B 来说，应该十分清楚 A 的思路，知道 A 在自己“不付款”的选择下，A“仲裁”是可信的，知道如果自己在第二个阶段选择“不付款”，等着他的必然是一无所获，因此 B 作为一个有理性的追求自身收益最大化的参与人来说，他必然选择“付款”，那样双方收益 A 是 4 万元，B 是 4.8 万元。也就是说，在加入仲裁威慑的情况下，B 的及时付款成为可信的许诺了。这样，在第一阶段 A“供货”就成了合理的选择。最终结果是 A 在第一阶段选择“供货”，B 在第二阶段选择“付款”，双方都获得自己的收益。也就是说，这时 B“付款”许诺成为可信的诺言。也就是说，在 A 的利益受到法律保障的情况下，B“付款”许诺变成可信的会遵守的许诺。这样，A 第一阶段“供货”也成了合理的选择。最终结果是 A 在第一个阶段选择“供货”，B 在第二阶段选择“付款”，从而结束博弈，双方都获得一定的收益。此时 A 的完整战略是“第一阶段选择‘供货’，若第二阶段 B 选择‘不付款’，第三阶段选择‘仲裁’”。B 的完整策略就是“第二阶段选择‘付款’”。这就是这个三阶段动态博弈的解。

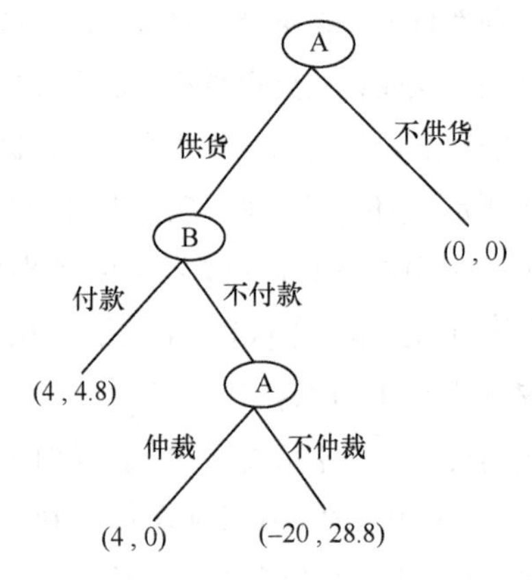

图 3.26　有仲裁约束的供货商和客户博弈

上述的分析我们是考虑了交易额比较大的情况，如果交易额比较小，而且申请仲裁要先垫付费用，并且有一个最低费用，假设 0.5 万元，这样供货商 A 在客户 B 选择“不付款”的情况下就会重新考虑是否选择“仲裁”，例如我们把交易额改为 2 万元，重新得到博弈的扩展式为图 3.27。

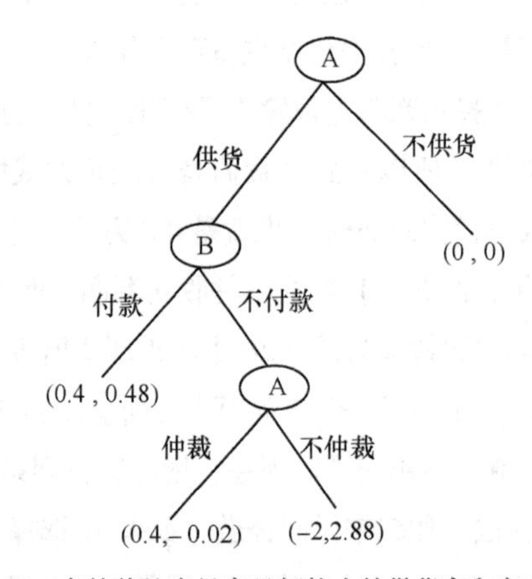

图 3.27　有仲裁约束且交易额较小的供货商和客户博弈

在图 3.27 中，我们可以看出，假设 B 在第二阶段不按时付款，那么 A 如果仲裁的话就有 0.4 万元的收益，但需要有专门的人来办理这件事情，需要人力资本，并且这里面还有很重要的“机会成本”，如果这个业务人员去寻找其他客户或者维护其他更有价值的客户，那么收益也许更大一些，为了一点损失和收益去奔波的威慑力不可信，那么为了规避 B“不付款”的选择，对于较小交易额的客户，A 根据掌握的信息会选择“不供货”。对于 B 来说，他清楚 A 不会为了一点损失大费周章，所以，为了自身获得最大的利益，会选择“不付款”，使收益最大化。在这里，我们的博弈就难以进行下去了。这种情况在现实当中有很大的意义，一般来说，对于小客户，我们在交易的时候采取现款现货的方式来规避风险，而不是通过法律手段去进行威慑，因为这种手段的费用一般要大于两者的收益。

通过上面对供货商和客户之间几种不同情况的博弈分析，我们清楚了在动态博弈问题中，各个参与人的选择和博弈的结果与各个参与人在各个博弈阶段选择各种行为的可信程度有很大关系。有时候虽然有些参与人很想或者会声称要采取特定的行动，以影响和制约对方，但如果这些行动缺乏以经济利益为基础的可信性，那么这些威慑最终不会有真正的效力。因此，可信性问题是动态博弈分析的一个中心问题，对它需要十分重视。

讨论

【提示问题】

1. 为什么要在本章设置重复博弈？将它纳入动态博弈的意义何在？

2. 若将原博弈 G 重复进行有限次，而将这样一个重复博弈整体视为一个完全信息动态博弈模型，其子博弈精炼纳什均衡在每个阶段所规定的行动与原博弈 G 的纳什均衡所规定的行动有何不同？当原博弈 G 的特性不同时，结论有所不同吗？

3. 在问题 2 当中，如果博弈重复无限次，情况又有什么变化？

【教师注意事项及问题提示】

1. 结合案例，引导学生讨论清楚重复博弈的结构问题，以及博弈人的支付计算问题。

2. 着重引导学生讨论重复博弈设置的涵义所在，引导学生掌握构造不同的重复博弈模型讨论不同问题的技巧。

课后习题

1. 参与人 1 和参与人 2 必须决定离开家时是否携带雨伞，他们知道有一半的可能下雨。每个参与人的支付函数是：如果下雨，则没人带伞支付为–5，自己带伞支付为–2，自己不带伞而另一个人带伞支付为 0；如果不下雨，则自己带伞支付为–1，自己不带伞支付为 1。现假设参与人 1 在离家之前知道天气，参与人 2 不知道，但可以在选择自己行动之前观察到参与人 1 的行动。试给出这一博弈的扩展型和战略型表述，并求其子博弈完美均衡。

2. 下面的两人博弈可以解释为两个寡头企业的价格竞争博弈，其中 p 是企业 1 的价格，q 是企业 2 的价格。企业 1 的利润函数是：

$$\pi_1=-(p-aq+c)^2+q$$

企业 2 的利润函数是：

$$\pi_2 = -(q-b)^2 + p$$

求解：

（1）两个企业同时决策时的（纯战略）纳什均衡；

（2）企业 1 先决策时的子博弈精炼纳什均衡；

（3）企业 2 先决策时的子博弈精炼纳什均衡；

（4）是否存在某些参数值(a, b, c)，使得每一个企业都希望自己先决策？

3. 一个班级内有 2/3 的同学是 20 岁，1/3 是 19 岁，在班中随机抽取一人作为参与人 1，另取一人为参与人 2，要求参与人 2 猜参与人 1 的年龄，参与人 1 判断参与人 2 能否猜对，收益如下表：

20岁 \ 2	猜20	猜19
对	2, 2	1, 1
错	0, 3	2, 0

19岁 \ 2	猜20	猜19
对	1, -1	2, 2
错	2, 0	0, 3

4. 参与人 1、参与人 2 对某物品的价值判断 v_1、v_2 是私人信息，v_1、v_2 独立且服从[0, 1]内的均匀分布是公共知识，要求二人同时报价，物品由出高价者获得，支付为另一人的出价的 k 倍。求使参与人说真话的 k 值。

5. 请你运用（重复无限期的）囚徒困境博弈来说明无名氏定理。

知识扩展

莱因哈德·泽尔腾（Reinhard Selten, 1930—）

1．人物简介

莱茵哈德·泽尔腾，子博弈精炼纳什均衡的创立者。泽尔腾于 1930 年出生于德国的不莱斯劳（Breslau）。1961 年获得法兰克福大学数学博士学位；1984 年起执教于波恩大学至今。1994 年，泽尔腾因在“非合作博弈理论中开创性的均衡分析”方面的杰出贡献而荣获诺贝尔经济学奖。

2．学术贡献

莱因哈德·泽尔腾的主要学术研究领域为博弈论及其应用、实验经济学等。他在其论文“用纳什均衡分析一个寡头对策模型”（1965 年）中，通过引入“子博弈精炼纳什均衡”（subgame perfection nash equilibrium）概念，为系统消除多余纳什均衡点奠定了基础。基本思想是：一个博弈人在作选择时是向前看的，他和其他博弈人所做的选择是理性的，因此，先行博弈人将利用先行优势及后行博弈人必然做出理性反应的事实，来达到最有利的纳什均衡点即子博弈精炼纳什均衡点。后来泽尔腾对纳什均衡又做出更进一步的精炼，其形式被称为“颤抖的手精炼均衡”（trembling-hand perfection equilibrium）。

20 世纪 60 年代早期，泽尔腾做了寡头博弈的实验。在分析中发现了一个自然均衡（a

natural equilibrium），但同时发现这个博弈有许多其他的均衡。为了描述他的发现，泽尔腾定义了子博弈精炼（subgame perfectness）的概念，并于1965年发表了他最著名的博弈论论文《一个具有需求惯性的寡头博弈模型》。这篇文章后来被广泛引用，并成为了子博弈精炼均衡（subgame perfect nash equilibrium）的正式定义，同时为其后来获得诺贝尔经济学奖奠定了基础。

泽尔腾的主要著作如下：

[1] Selten R. Spieltheoretische behandlung eines oligopolmodells mit nachfrageträgheit: Teil i: Bestimmung des dynamischen preisgleichgewichts[J]. Zeitschrift für die gesamte Staatswissenschaft/ Journal of Institutional and Theoretical Economics, 1965, 121(4): 301-324.

[2] Selten R. Reexamination of the perfectness concept for equilibrium points in extensive games[J]. International journal of game theory, 1975, 4(1): 25-55.

[3] Selten R, Stoecker R. End behavior in sequences of finite Prisoner's Dilemma supergames A learning theory approach[J]. Journal of Economic Behavior & Organization, 1986, 7(1): 47-70.

[4] Selten R. A note on evolutionarily stable strategies in asymmetric animal conflicts[J]. Journal of Theoretical Biology, 1980, 84(1): 93-101.

[5] Selten R, Mitzkewitz M, Uhlich G R. Duopoly Strategies Programmed by Experienced Players[J]. Econometrica, 1997, 65(3): 517-556.

第 4 章　不完全信息静态博弈

完全信息是一种理想假设，我们都不可能无所不知。具体到某个特定的博弈过程中，其中的参与人很可能不了解其他参与人在采用某个战略时他所能获得的支付是多少，用更规范的语言说即是不了解其他参与人的支付函数结构。例如在现实当中，如果你是一个生产企业决策者，你就很可能不知道你的竞争企业的生产技术、生产成本等方面的全部信息。我们称此种情形为不完全信息。在不完全信息下，博弈参与人该如何决策呢？本章我们将学习博弈参与人同时行动且信息不完全时的博弈模型，即不完全信息静态博弈的有关知识。

【学习目标】

掌握处理不完全信息的技巧，强化构建实际问题的不完全信息静态博弈模型的能力，掌握不完全信息静态博弈的基本分析方法，了解不完全信息静态博弈模型与完全信息静态博弈模型的联系与区别，为讨论更复杂的不完全信息动态博弈打下基础。

通过本章的学习，应掌握以下问题：

- 理解并掌握不完全信息静态博弈的概念；
- 掌握海萨尼转换的思想；
- 掌握贝叶斯纳什均衡的定义，以及求解不完全信息静态博弈的贝叶斯纳什均衡的方法；
- 熟练掌握不完全信息静态博弈在双寡头竞争中的应用；
- 了解不完全信息静态博弈在拍卖理论中的应用。

【能力目标】

- 帮助学生形成对不完全信息静态博弈模型特点的认识；
- 培养学生对不完全信息的处理能力，提高学生运用不完全信息静态博弈模型分析与解决实际经济管理问题的能力；
- 进一步深入培养学生运用不完全信息博弈思想进行机制设计的能力。

【引导案例：历史上的慕尼黑协定】

让我们把时钟拨回到 1938 年，德国纳粹组织强占了奥地利，且已证实阿道夫·希特勒正在酝酿对捷克斯洛伐克的苏台德区采取相同的行动。因为第一次世界大战的硝烟才刚散去不久，欧洲人害怕再次经历这类痛苦和恐怖的战争。为了维持和平，英国首相内维尔·张伯伦（Neville Chamberlain）去德国与希特勒达成协议。1939 年 9 月 28 日，张伯伦和希特勒签署《慕尼黑协定》（Munich Agreement），同意希特勒占领苏台德区来换取希特勒不再进攻其他地区的“保证”。这个退让当时被当做是延迟战争爆发的权宜之计。

在决定是否提出和随即签订这份协定时，张伯伦对希特勒的最终意图并不确定。希特勒仅仅是想为德国人民谋取更多的生活空间吗？如果情况是这样的话，那么诸如苏台德区的割让或许会安抚希特勒并避免战争的爆发；抑或是希特勒在编织一个更大的阴谋来侵略欧洲呢？如果你是张伯伦，你会签署《慕尼黑协定》吗？

4.1 不完全信息静态博弈和贝叶斯纳什均衡

4.1.1 不完全信息博弈

在前两章里，我们介绍了完全信息博弈。在这种博弈中，每个参与人对所有其他参与人的支付收益函数是完全了解的，即支付收益函数是所有参与者的共同知识。但是在现实的博弈应用当中，许多博弈并不满足完全信息的要求。比方说，当你新接触一个陌生人时，并不能确定他的喜爱偏好是什么，通常需要寻找话题进行沟通来获取信息；而在一次古玩交易中，当你作为买家时，你并不清楚卖主愿意脱手的最低价格是多少。类似上述这些不满足完全信息假设的，称为不完全信息博弈。

由于不完全信息有各种各样的情形，我们不可能全部涉及，因此我们只研究其中具有现实代表性且又容易用数学语言描述清楚的情形。在博弈论教科书中，通常只讨论如下描述的这种不完全信息情形：关于博弈参与人的个数、参与人的战略集合是共同知识，但至少有其中一个参与人的支付函数结构不是共同知识，并且之所以其支付函数结构不是共同知识是由于该参与人是多种类型的，而其支付函数是一种类型的。

因此，在本书所讨论的不完全信息博弈中，至少有一个参与人不知道其他参与人的支付函数。下面我们结合例子进一步阐述。

【例 4.1 市场进入博弈】假设某地区目前仅有一个企业在生产某种产品，该企业称为市场在位者。由于有利可图，有企业也想进入该产品的生产，该拟进入的企业称为进入者。所谓市场进入博弈是指潜在进入企业（参与人 1）决定是否进入一个新的产业，而一旦进入，在位者又该如何决策的博弈问题。假设潜在进入企业不知道在位企业（参与人 2）的成本函数，也不知道一旦他进入后在位者的决定是“默许”还是“斗争”。假定在位者有两种可能的生产成本：高成本或低成本。在位者自己知道自己属于哪一种生产成本，而进入者只知道在位者有着两种生产成本这一事实，但并不确切知道是哪一种成本。为了简单起见，假设进入者只有一种生产成本即高成本。进一步假设对应两种生产成本情况下的不同战略组合的支付矩阵如图 4.1 所示。

		在位者			
		高成本情况		低成本情况	
		默许	斗争	默许	斗争
进入者	进入	40,50	−10,0	30,80	−10,100
	不进入	0,300	0,300	0,400	0,400

图 4.1 不完全信息下的市场进入博弈

在这个例子中，进入者有关在位者的成本信息是不完全的，但在位者知道进入者的成本函数。从图 4.1 可以看出，如果在位者是高成本，给定进入者进入，在位者的最优选择是默许；如果在位者是低成本，给定进入者进入，在位者的最优选择是斗争。因此，在完全信息情况下，如果在位者是高成本，进入者的最优选择是进入；如果在位者是低成本，进入者的最优选择是不进入。但因为进入者并不知道在位者究竟是高成本还是低成本，进入者的最优选择依赖于它在多大程度上认为在位者是高成本的或低成本的。

假定进入者认为在位者是高成本的概率是 p，低成本的概率是$(1-p)$。那么，进入者选择进入的期望利润是 $p\times40+(1-p)\times(-10)$，选择不进入的期望利润是 0。因此，进入者的最优选择是：如果 $p\geqslant1/5$，进入；如果 $p<1/5$，不进入（当 $p=1/5$ 时，进入者在进入与不进入之间是无差异的，我们假定他进入）。

4.1.2 海萨尼转换

在上述的例子中，进入者似乎是在与两个不同的在位者博弈，一个是高成本的在位者，一个是低成本的在位者。一般的，如果在位者有 T 种可能的不同成本函数，进入者就似乎在与 T 个不同的在位者博弈。在 1967 年以前，博弈论专家认为这样的不完全信息博弈是无法分析的，因为当一个参与者并不知道他在与谁博弈时，博弈的规则是没有定义的。海萨尼在 1967—1968 年提出的转换方法——“海萨尼转换”成为解决这一类博弈问题的标准方法。

海萨尼在博弈中引入一个虚拟参与人——“自然”，自然首先选择行动决定参与人的特征，参与人知道自己的特征，其他参与人不知道（上例中是决定在位者的成本函数，在位者知道自己的特征，进入者不知道在位者的特征）。这样，不完全信息博弈就转换为完全但不完美信息博弈，这就是“海萨尼转换”。图 4.2 是上例的海萨尼转换后的市场进入博弈。

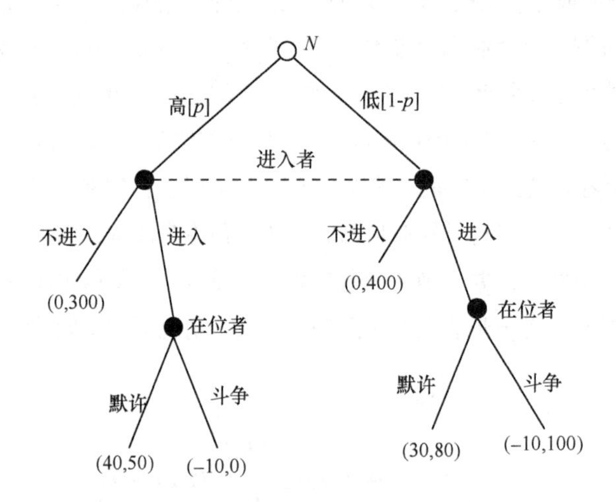

图 4.2 海萨尼转换后的市场进入博弈

我们用 θ_i 表示参与人 i 的一个特定类型，Θ_i 表示参与人 i 所有可能类型的集合（$\theta_i\in\Theta_i$）。假定 $\{\theta_i\}^n_{i=1}$ 取自某个客观的分布函数 $P(\theta_1, \ldots, \theta_n)$。根据海萨尼公理，我们假定分布函数 $P(\theta_1, \ldots, \theta_n)$是所有参与人的共同知识，也就是说，所有参与人知道 $P(\theta_1, \ldots, \theta_n)$，所有参与人知道所有参与人知道 $P(\theta_1, \ldots, \theta_n)$，以此类推。换言之，在博弈开始时，所有参与人有关自然行动的信念是相同的。

用 θ_{-i} 表示除 i 之外的所有参与人的类型组合 $\theta_{-i}=(\theta_1, \ldots, \theta_{i-1}, \theta_{i+1}, \ldots, \theta_n)$。那么，$\theta=(\theta_1, \ldots,$

θ_n)=(θ_i, θ_{-i})。我们称 $p_i(\theta_{-i} \mid \theta_i)$为参与人 i 的条件概率，给定参与人 i 属于类型 θ_i 的条件下，认为其他参与人属于 θ_{-i} 的概率，根据条件概率规则有：

$$p_i(\theta_{-i} \mid \theta_i)=\frac{p(\theta_{-i},\theta_i)}{p(\theta_i)}=\frac{p(\theta_{-i},\theta_i)}{\sum_{-i\in\theta_{-i}} p(\theta_{-i},\theta_i)}$$

其中 $p(\theta_i)$是边缘概率。如果参与人的类型的分布是独立的，则 $p_i(\theta_{-i} \mid \theta_i)= p_i(\theta_{-i})$。

4.1.3 不完全信息静态博弈的战略式表述和贝叶斯纳什均衡

贝叶斯纳什均衡是完全信息静态博弈概念在不完全信息静态博弈上的扩展。不完全信息静态博弈也称为静态贝叶斯博弈。在不完全信息静态博弈中，参与人同时行动，参与人 i 的战略空间 S_i 等同于他的行动空间 A_i。但参与人 i 的行动空间 A_i 可能依赖于它的类型，也即行动空间是类型依存的。例如，一个工厂能选择什么样的生产规模依赖于它自身的成本函数，一个人能干什么事儿依赖于他的能力等。我们用 $A_i(\theta_i)$表示参与人 i 的类型依存行动空间，$a_i(\theta_i) \in A_i(\theta_i)$表示 i 的一个特定行动，用 $u_i(a_i, a_{-i}; \theta_i)$表示参与人 i 的效用函数。我们可以用下面的战略式表述代表静态贝叶斯博弈。

定义 4.1 n 人静态贝叶斯博弈的战略式表述包括：参与人的类型空间 Θ_1, …, Θ_n，条件概率 p_1, …, p_n，类型依存战略空间 $A_1(\theta_1)$, …, $A_n(\theta_n)$和类型依存支付函数 $u_1(a_1, …, a_n; \theta_1)$, …, $u_n(a_1, …, a_n; \theta_n)$。参与人 i 知道自己的类型 $\theta_i \in \Theta_i$，条件概率 $p_i=p_i(\theta_{-i} \mid \theta_i)$描述给定自己属于 θ_i 的情况下，参与人 i 有关其他参与人类型 $\theta_{-i} \in \Theta_{-i}$ 的不确定性。我们用 $G=\{A_1, …, A_n; \theta_1, …, \theta_n; p_1, …, p_n; u_1, …, u_n\}$代表这个博弈。

静态贝叶斯博弈的时间顺序如下：（1）自然选择类型向量 $\theta=(\theta_1, …, \theta_n)$，其中 $\theta_i \in \Theta_i$，参与人 i 观测到 θ_i，但参与人 $j(\neq i)$只知道 $p_j(\theta_{-j} \mid \theta_j)$，观测不到 θ_i；（2）n 个参与人同时选择行动 $a=(a_1, …, a_n)$，其中 $a_i(\theta_i) \in A_i(\theta_i)$；（3）参与人 i 得到 $u_i(a_1, …, a_n; \theta_i)$。

注意，我们假定 $A_i(\theta_i)$和 $u_i(a_1, …, a_n; \theta_i)$本身是共同知识。也就是说，虽然其他参与人并不知道参与人 i 的类型 θ_i，但他知道参与人 i 的战略空间和支付函数是如何依赖于他的类型的；或者说，如果他（们）知道 θ_i 的话，也就知道 $A_i(\cdot)$和 $u_i(\cdot)$。当我们说其他参与人不知道参与人 i 的支付函数时，准确地讲，指的是其他参与人不知道参与人 i 的支付函数究竟是 $u_i(a_1, …, a_n; \theta_i)$还是 $u_i(a_1, …, a_n; \theta_i')$（这里 $\theta_i, \theta_i' \in \Theta_i, \theta_i \neq \theta_i'$）。

给定参与人 i 只知道自己的类型 θ_i 而不知道其他参与人的类型 θ_{-i}，参与人 i 将选择 $a_i(\theta_i)$最大化自己的期望效用。参与人 i 的期望效用函数定义如下：

$$v_i=\sum p_i(\theta_{-i} \mid \theta_i)u_i(a_i(\theta_i), a_{-i}(\theta_{-i}); \theta_i, \theta_{-i})$$

在上述概念的基础下，可以定义贝叶斯纳什均衡如下。

定义 4.2 【贝叶斯纳什均衡】：n 人不完全信息静态博弈 $G=\{A_1, …, A_n; \theta_1, …, \theta_n; p_1, …, p_n; u_1, …, u_n\}$的纯战略贝叶斯纳什均衡是一个类型依存战略组合$\{a_i^*(\theta_i)\}^n_{i=1}$，其中每个参与人 i 在给定自己的类型 θ_i 和其他参与人类型依存战略 $a_{-i}^*(\theta_{-i})$的情况下最大化自己的期望效用函数 v_i。换言之，战略组合 $a^*=(a_1^*(\theta_1), …, a_n^*(\theta_n))$是一个贝叶斯纳什均衡，如果对于所有的 i，$a_i(\theta_i) \in A_i(\theta_i)$，

$$a_i^*(\theta_i) \in \underset{a_i}{\operatorname{argmax}} \sum p_i(\theta_{-i} \mid \theta_i) u_i(a_i(\theta_i), a_{-i}(\theta_{-i}); \theta_i, \theta_{-i})$$

与纯战略纳什均衡不同的是，在贝叶斯均衡中参与人 i 只知道具有类型 θ_j 的参与人 j 将选择 $a_j(\theta_j)$ 但并不知道 θ_j。因此，即使纯战略选择也必须取支付函数的期望值。但如同纳什均衡一样，贝叶斯均衡在本质上是一个一致性预测，即每个参与人 i 都能正确预测到具有类型 θ_j 的参与人 j 将选择 $a_j^*(\theta_j)$，因此参与人 i 有关其他参与人的信念（条件概率）的信念并不进入均衡的定义，唯一重要的是参与人 i 自己的信念 p_i 和其他参与人的类型依存战略 $a_{-i}(\theta_{-i})$。

使用上述定义，我们可以得到例 4.1 市场进入博弈的贝叶斯均衡是：高成本的在位者选择默许，低成本的在位者选择斗争；当且仅当 $p \geq 1/5$ 时，进入者选择进入。

【提示问题】

1. 如何理解海萨尼转换？试结合具体例子来说明如何利用海萨尼转换将静态贝叶斯博弈转换为等价的完全但不完美信息博弈。

2. 如何理解贝叶斯纳什均衡？它与完全信息静态博弈对应的纳什均衡有何区别和联系？

3. 怎样求解贝叶斯纳什均衡？试结合具体例子来构建一个静态贝叶斯博弈，并求解它的贝叶斯纳什均衡。

【教师注意事项及问题提示】

1. 根据本章例子，通过引导学生构建其博弈模型，掌握不完全信息博弈的相关概念及分析处理方法等。

2. 通过引导学生构建生活中不完全信息的博弈模型，让学生思考不完全信息博弈在经济管理问题中的应用。

4.2 应用举例——经典模型

4.2.1 不完全信息库诺特模型

我们假定逆需求函数是 $P=a-q_1-q_2$，每个企业都有不变的单位成本。设 c_i 为企业 i 的单位成本，则企业 i 的利润函数如下：

$$\pi_i=q_i(a-q_1-q_2-c_i),\ i=1, 2$$

假设企业 1 的单位成本 c_1 是共同知识，企业 2 的单位成本可能是 c_2^L 也可能是 c_2^H，$c_2^L<c_2^H$；企业 2 知道自己的成本是 c_2^L 还是 c_2^H，但是企业 1 只知道 $c_2=c_2^L$ 的可能性为 μ，$c_2=c_2^H$ 的可能性为$(1-\mu)$；μ 是共同知识。也就是说，假定企业 1 只有一个类型，企业 2 有两个类型。为了更具体一些，我们进一步假定 $a=2$，$c_1=1$，$c_2^L=3/4$，$c_2^H=5/4$，$\mu=1/2$（企业 2 的成本期望值与企业 1 的成本相同）。企业 2 知道企业 1 的成本，企业 2 将选择 q_2 最大利润函数：

$$\pi_2=q_2(t-q_1^*-q_2)$$

其中，$t=a-3/4=5/4$ 或 $t=a-5/4=3/4$，依赖于企业 2 的实际成本。从最优化的一阶条件可得企业 2 的反应函数为：

$$q_2^*(q_1;t)=(t-q_1)/2。$$

就是说，企业 2 的最优产量不仅依赖于企业 1 的产量，而且依赖于其本身的成本。令 q_2^{L} 为 $t=5/4$ 时企业 2 的最优产量，q_2^{H} 为 $t=3/4$ 时企业 2 的最优产量。那么，

$$q_2^{\mathrm{L}}=\frac{1}{2}(5/4-q_1);\ q_2^{\mathrm{H}}=\frac{1}{2}(3/4-q_1)$$

企业 1 不知道企业 2 的真实成本，从而不知道企业 2 的最优化反应是 q_2^{L} 还是 q_2^{H}，因此企业 1 将选择 q_1 最大化下列期望利润（$\mu=1/2$）：

$$E\pi_1=\frac{1}{2}q_1(1-q_1-q_2^{\mathrm{L}})+\frac{1}{2}q_1(1-q_1-q_2^{\mathrm{H}})$$

解最优化的一阶条件得企业 1 的反应函数为：

$$q_1^*=\frac{1}{2}(1-\frac{1}{2}q_2^{\mathrm{L}}-\frac{1}{2}q_2^{\mathrm{H}})=\frac{1}{2}(1-Eq_2)$$

这里 $Eq_2=q_2^{\mathrm{L}}/2+q_2^{\mathrm{H}}/2$，是企业 1 关于企业 2 产量的期望值。

均衡意味着两个反应函数同时成立，解两个反应函数，得贝叶斯均衡为：

$$q_1^*=\frac{2}{3}[1-\frac{a}{2}+\frac{1}{4}(c_2^{\mathrm{L}}+c_2^{H})]$$

$$q_2^{\mathrm{H}*}=\frac{1}{6}[4a-2-\frac{7}{2}c_2^{\mathrm{L}}-\frac{1}{2}c_2^{\mathrm{H}})]$$

$$q_2^{\mathrm{L}*}=\frac{1}{6}[4a-2-\frac{1}{2}c_2^{\mathrm{L}}-\frac{7}{2}c_2^{\mathrm{H}})]$$

由 $a=2$，$c_2^{\mathrm{L}}=3/4$，$c_2^{\mathrm{H}}=5/4$，得：

$$q_1^*=1/3;q_2^{\mathrm{H}^*}=11/24;q_2^{\mathrm{L}^*}=5/24$$

在完全信息博弈下的纳什均衡可算出：

$$q_{1\mathrm{L}}^{NE}=1/4,\mathrm{q}_{2\mathrm{L}}^{NE}=1/2\text{ 或 }q_{1\mathrm{H}}^{NE}=5/12,q_{2\mathrm{H}}^{NE}=1/6$$

这里的下标 L 表示当企业 2 为低成本的情况。

因此，我们有：

$$q_{1\mathrm{L}}^{NE}=1/4<q_1^*=1/3;q_{2\mathrm{L}}^{NE}=1/2>\mathrm{q}_2^{\mathrm{L}^*}=11/24$$

$$q_{1\mathrm{H}}^{NE}=5/12>q_1^*=1/3;q_{2\mathrm{H}}^{NE}=1/6<\mathrm{q}_2^{\mathrm{H}^*}=5/24$$

结论是，与完全信息博弈情况相比，在不完全信息情况下，低成本企业的产量相对较低，高成本企业产量相对较高。原因是，企业 1 不知道企业 2 的 c_2 时，只能生产预期的最优产量，该产量高于完全信息下对低成本竞争对手时的产量，低于完全信息下面对高成本竞争对手时的产量；企业 2 将对此作出反应。图 4.3 是两种情况比较下的直观表示。

4.2.2　一级密封价格拍卖（招标）

在拍卖或工程项目的招标投标中，不对称信息是一个关键性的特征因素。当一件古董或

名画在拍卖行进行拍卖时，参加竞拍的每一个潜在买主在其心目中对古董或名画都有一个价值评价或估价，这个估价别人是不知道的，是每一个潜在买主的“私人信息”。类似地，当一个地方政府打算在某城区修建一座商业中心时，参加承建的建筑公司会来竞标承包这一工程。对每个公司来说，它都有一个最低标价，当政府支付的承包价低于这一最低标价时，公司不会接受承包合同。这一最低标价是每个公司的“私人信息”，别人是不清楚的。这样，参加拍卖的潜在买主们每人心中有一最高价格，它是每个潜在买主的私人信息，而参加竞标的每个公司都有一个别的公司和政府都不清楚的最低标价，它是每个竞标公司的私人信息。

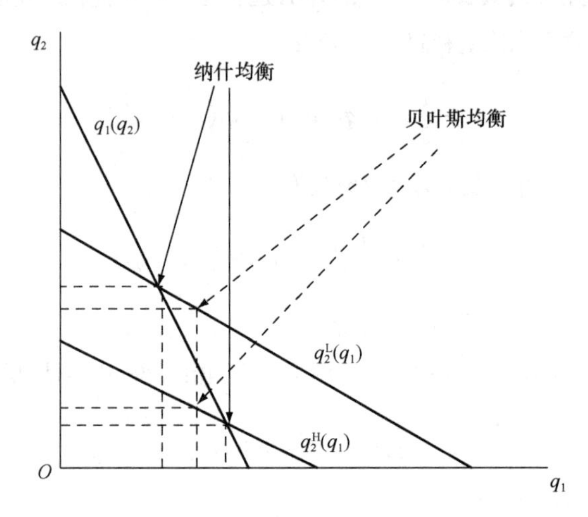

图 4.3　库诺特模型：完全信息和不完全信息情形对比示意图

一级密封价格拍卖是许多拍卖中的一种。这种拍卖的投标人同时将自己的出价写下来装入一个密封信封，然后交给拍卖人，拍卖人将物品按给出价最高的价格卖给投标人。在这个过程中，每个投标人的战略是根据自己对物品的评价和对其他投标人评价的判断来选择自己的出价，赢者的支付是对物品评价减去自己的出价，而其他投标人的支付为 0。

首先考虑两个投标人的情况，i=1, 2。投标人 i 对商品的估价为 v_i，投标人 i 的出价为 b，如果中标，则 i 的收益为 v_i-b。两个投标人对商品的估价相互独立，并服从[0, 1]区间上的均匀分布。投标价格不能为负，且双方同时给出各自的投标价。出价较高的一方得到商品，并支付他报的价格；另一方的收益和支付都为 0。在投标价相等的情况下，由掷硬币决定谁中标。

要把该问题转化为战略式表述的贝叶斯博弈，必须确定行动空间、类型空间、信念及收益函数。定义该博弈的战略式为 $G=\{A_1, A_2; \theta_1, \theta_2; p_1, p_2; u_1, u_2\}$，其中，

（1）参与人：两个投标人，i=1, 2。

（2）行动空间：参与人 i 的行动是给出一个非负的投标价 b_i，行动空间 A_i=[0, +∞)，i=1, 2。

（3）类型空间：投标人的类型即他的估价 v_i，类型空间 θ_i=[0, 1]，i=1, 2。

（4）信念：已知密度函数 $f(v_i)=1$，由于 v_i 是相互独立的，所以根据贝叶斯法则，参与人 i 推断 v_j 服从[0, 1]区间上的均匀分布，而不依赖于 v_i 的值，即 $f(v_j \mid v_i)=f(v_j)$。

（5）收益函数：参与人 i 的收益函数为

$$u_i(b_i, b_j; v_i)=\begin{cases} v_i - b_i, & b_i > b_j \\ \frac{1}{2}(v_i - b_i), & b_i = b_j \\ 0, & b_i < b_j \end{cases}$$

为推导这一博弈的贝叶斯纳什均衡，必须用行动空间和类型空间构建参与人的战略空间。前面已经讲过，在静态贝叶斯博弈中一个战略是从类型映射到行动的函数。从而，参与人 i 的一个战略为函数 $b_i(v_i)$，据此可以决定 i 在每一种类型（即对商品的估价）下选择的投标价格。如果战略组合$(b_1(v_1), b_2(v_2))$是贝叶斯纳什均衡，那么对[0, 1]中的每一个 v_i，$b_i(v_i)$一定满足：

$$\max_{b_i}(v_i - b_i)\text{Prob}\{b_i > b_j(v_j)\} + \frac{1}{2}(v_i - b_i)\text{Prob}\{b_i = b_j(v_j)\} \quad i, j = 1, 2, i \neq j$$

由于各个参与人构成战略的函数关系可以有多种多样的情况，因此参与人的战略空间中的战略级贝叶斯纳什均衡战略通常是非常多的，为此，我们把参与人的战略限制在线性函数的范围内。假设 $b_1(v_1)$和 $b_2(v_2)$都是线性函数，即 $b_1(v_1)=a_1+c_1v_1$，$b_2(v_2)=a_2+c_2v_2$，其中，$a_1<1$，$a_2<1$ 且 $c_1\geqslant 0$，$c_2\geqslant 0$（因为如果 $c_1\geqslant 0$，$c_2\geqslant 0$，且 $a_1\geqslant 0$，$a_2\geqslant 0$，则意味着 $b_1\geqslant v_1$，$b_2\geqslant v_2$，出价比估价还要高，这是不现实的）。通过分析，我们会发现由于参与人的估价是均匀分布的，这样的线性均衡解不仅存在，而且相对于其他出价函数的均衡要优，其结果为 $b_i(v_i)=v_i/2$。下面我们给出详细证明。

假设参与人 j 采取策略 $b_j(v_j)=a_j+c_jv_j$，对于一个给定的 v_i 值，参与人 i 的最优反应 b_i 应满足：

$$\max_{b_i}(v_i - b_i)\text{Prob}\{b_i > a_j + c_jv_j\} + \frac{1}{2}(v_i - b_i)\text{Prob}\{b_i = b_j\} \qquad (4.1)$$

其中 v_j 服从均匀分布，由于 $b_j=b_j(v_j)=a_j+c_jv_j$，所以 b_j 也服从均匀分布，从而 $\text{Prob}\{b_i=b_j\}=0$。显然参与人 i 的出价不可能低于参与人 j 最低的可能出价 a_j，也不可能高于 j 最高的可能出价，所以有 $a_j\leqslant b_i \leqslant a_j+c_j$，于是

$$\text{Prob}\{b_i > a_j + c_jv_j\} = \text{Prob}\{v_j < \frac{b_i - a_j}{c_j}\} = \frac{b_i - a_j}{c_j}$$

于是式（4.1）就变为

$$\max_{b_i}(v_i - b_i)\text{Prob}\{b_i > a_j + c_jv_j\}$$
$$= \max_{b_i}(v_i - b_i)\text{Prob}\{v_j < \frac{b_i - a_j}{c_j}\}$$
$$= \max_{b_i}(v_i - b_i)\frac{b_i - a_j}{c_j}$$

一阶条件为

$$b_i=(v_i+a_j)/2$$

此即当参与人 j 的战略为 $b_j(v_j)=a_j+c_jv_j$ 时参与人 i 的最优反应战略。如果 $v_i<a_j$，此时由于 $b_i=(v_i+a_j)/2<a_j$，参与人 i 采用上述线性战略根本不可能中标，此时，$b_i(v_i)$采用线性战略就无效了，这是不妨就设 $b_i=a_j$。此时，参与人 i 对参与人 j 战略的最优反应为

$$b_i(v_i) = \begin{cases} (v_i + a_j)/2, & v_i \geqslant a_j \\ a_j \quad , & v_i < a_j \end{cases}$$

如果 $0<a_j<1$，则一定存在某些 v_i 的值，使得 $v_i<a_j$，这时 $b_i(v_i)$ 就不可能是线性的了，而是当 $v_i<a_j$ 时是一条水平直线，当 $v_i \geqslant a_j$ 时是一条以 1/2 斜率上升的直线。由于我们要寻找线性的均衡，就可以排除 $0<a_j<1$。因此，如果要求 $b_i(v_i)$ 是线性的，则一定有 $a_j \leqslant 0$，这种情况下，参与人 i 的最优反应战略为

$$b_i(v_i)=(v_i+a_j)/2$$

将此式与 $b_i(v_i)=a_i+c_iv_i$ 相比较，可得 $a_i=a_j/2$ 及 $c_i=1/2$。

我们可以假定参与人 i 采取战略 $b_i(v_i)=a_i+c_iv_i$，对参与人 j 重复上面的分析，得到类似的结果 $a_j=a_i/2$ 及 $c_j=1/2$。解这两组结果构成的方程组，可得 $a_i=a_j=0$ 和 $c_i=c_j=1/2$。亦即前面所讲的 $b_i(v_i)=v_i/2$。

一个自然的想法是，在一级密封价格拍卖博弈中，是否还存在另外的贝叶斯纳什均衡？如果投标人估价的概率分布发生变化，均衡的投标价格将如何变化？运用前面的方法（即先假定一个线性战略，再推导出使战略符合均衡条件的系数）已不能回答这两个问题，因为其他均衡中 b_i 的函数形式具有无穷多种，试图猜测这一博弈其他均衡中 b_i 的函数形式是徒劳的，并且当估价服从任何其他分布时，线性均衡也不存在。

下面我们考虑另外一种情况——出价函数是对称均衡的，即所有投标人的出价函数都一样，$b_i(v)=b(v)$ 对任意 i 成立，但估价 v_i 仍服从均匀分布。在参与人战略严格递增及可微的假定下，可证明唯一的对称贝叶斯纳什均衡就是前面推导出的线性均衡。这里的分析很容易扩展到较广类型的估价分布，以及两个以上投标人的情况。

假设参与人 j 采取战略 $b(\cdot)$，同时假定 $b(\cdot)$ 严格递增并可微，则对一个给定的值 v_i，参与人 i 的最优投标价格应满足：

$$\max_{b_i}(v_i-b_i)\text{Prob}\{b_i>b_j(v_j)\}$$

令 $b^{-1}(b_j)$ 表示参与人 j 在选择投标价格 b_j 时所持有的估价，即如果 $b_j=b(v_j)$，则 $b^{-1}(b_j)=v_j$。由于 v_j 服从区间[0, 1]上的均匀分布，$b_i>b(v_j)$ 的概率等于 $b^{-1}(b_i)>v_j$ 的概率，后者又等于 $b^{-1}(b_i)$，因为 $\text{Prob}\{b_i>b(v_j)\}=\text{Prob}\{b^{-1}(b_i)>v_j\}=b^{-1}(b_i)$。因而参与人 i 最优化问题的一阶条件为：

$$-b^{-1}(b_i)+(v_i-b_i)\frac{\mathrm{d}}{\mathrm{d}b_i}b^{-1}(b_i)=0 \tag{4.2}$$

上面的一阶条件(4.2)在给定投标人 i 的估价 v_i 时，是关于投标人 i 对投标人 j 的战略 $b(\cdot)$ 最优反应的隐函数。如果要使 $b(\cdot)$ 成为对称的贝叶斯纳什均衡，就要求一阶条件的解应该等于 $b(v_i)$。也就是说，只要投标人 j 也选择同一战略，对参与人 i 每一可能的估价 v_i，投标人 i 都不希望背离战略 $b(\cdot)$。为加入这一要求，我们用 $b_i=b(v_i)$ 代入一阶条件(4.2)，得：

$$-b^{-1}(b(v_i))+(v_i-b(v_i))\frac{\mathrm{d}}{\mathrm{d}b_i}b^{-1}(b(v_i))=0$$

上式 $b^{-1}(b(v_i))$ 就是 v_i，而且 $\frac{\mathrm{d}\{b^{-1}(b(v_i))\}}{\mathrm{d}b_i}=\frac{1}{b'(v_i)}$。$\frac{\mathrm{d}\{b^{-1}(b_i)\}}{\mathrm{d}b_i}$ 衡量的是如果投标价格发生变动时，投标人 i 的估价可能发生的变化；而 $\frac{1}{b'(v_i)}$ 衡量的是如果估价发生单位变化，其投标价格将随之发生多大变动。因此，$b(\cdot)$ 必须满足一阶微分方程，即：

$$-v_i+(v_i-b(v_i))\frac{1}{b'(v_i)}=0$$

可以将其简化表示为 $b'(v_i)v_i+b(v_i)=v_i$，微分方程等式的左边恰好等于 $\mathrm{d}\{b(v_i)v_i\}/\mathrm{d}v_i$，对左右两边同时求不定积分得：

$$\int[b'(v_i)v_i+b(v_i)]\mathrm{d}v_i=\int v_i\mathrm{d}v_i$$

$$b(v_i)v_i=\frac{1}{2}v_i^2+k$$

其中 k 为常数。要消除 k，我们需要一个边界条件。幸运的是，很简单的经济学理性知识就提供了一个：没有参与人愿意出高于自己估价的投标价格。因而，我们要求对所有的 v_i，都有 $b(v_i)<v_i$。其中一个特例是 $v_i=0$ 时，我们要求 $b(0)\leqslant 0$。由于投标价格被限制为非负，这意味着 $b(0)=0$，于是 $k=0$，因而 $b(v_i)=v_i/2$，即前面的结论。

根据常识而言，投标人越多，投标人的出价和估价的差异应当越小。假设有 n 个投标人，其他假设同上，那么在给定第 i 个参与人的战略 $b(\cdot)$，对每一个给定的值 v_i，参与人 i 的最优投标价格应满足：

$$\max_{b_i}(v_i-b(v_i))\times\prod_{j\neq i}\mathrm{Prob}\{b(v_i)>b(v_j)\}$$

或

$$\max_{b_i}(v_i-b(v_i))[F(b_i)]^{n-1}$$

其中 $F(b_i)=\mathrm{Prob}\{b_i>b_j\}$。

根据对称性和前面的计算可知 $F(b_i)=\mathrm{Prob}\{b_i>b_j\}=v_i$，一阶条件为：

$$-[F(b_i)]^{n-1}+(v_i-b_i)(n-1)[F(b_i)]^{n-2}\times\frac{\mathrm{d}}{\mathrm{d}b_i}F(b_i)=0$$

$$-F(b_i)+[v_i-b(v_i)](n-1)F'(b_i)=0$$

$$-F(b_i)+[F(b_i)-b_i](n-1)F'(b_i)=0$$

解上述一阶微分方程得：

$$b^*(v_i)=\frac{n-1}{n}v_i$$

显然 $b^*(v_i)$随着 n 的增加而增加。特别地，当 $n\to\infty$时，$b^*\to v_i$。也就是说，当投标人越多时，卖方能得到的价格就越高；当投标人趋于无穷时，卖方几乎可以得到买方价值的全部。所以，让更多的投标人加入竞标是卖方的利益所在。在公共管理中，政府的采购和公共工程招投标中通常规定要进行公开招标，并在参加竞标的公司数目上有下限规定，其缘故正是如此，因为更多的竞争者参加投标会压低工程报价，从而使政府开支得到一定程度的节省。

4.2.3 双向拍卖

下面我们试着分析一个简单的双向拍卖博弈模型，买方和卖方对商品的估价都是私人信息。卖方确定一个卖价 p_s，买方同时给出一个买价 p_b。如果 $p_b\geqslant p_s$，则交易以 $p=(p_s+p_b)/2$ 的价格进行；如果 $p_b<p_s$，则不发生交易。

买方对商品的估价为 v_b，卖方的估价为 v_s，双方的估价都是私人信息，并且服从[0, 1]区间的均匀分布。如果买方以价格 p 购入商品，则可获得 v_b-p 的效用；如果交易不能进行，买方的效用为 0。如果卖方以价格 p 出售商品，可得到 $p-v_s$ 的效用；如果交易不能进行，卖方的效用也为 0。

在这个静态贝叶斯博弈中，买方的一个战略是函数 $p_b(v_b)$，明确了买方在每一可能的类型下将会给出的买价。类似地，卖方的一个战略函数是 $p_s(v_s)$，明确了卖方在不同的估价情况下将出的卖价。如果以下的两个条件成立，战略组合 $\{p_b(v_b), p_s(v_s)\}$ 即为博弈的贝叶斯纳什均衡。

（1）买方最优：对[0, 1]区间内的每一 v_b，$p_b(v_b)$满足

$$\max_{p_b}\{v_b-\frac{p_b+E[p_s(v_s)|p_b\geqslant p_s(v_s)]}{2}\}\text{Prob}\{p_b\geqslant p_s(v_s)\} \qquad (4.3)$$

其中 $E[p_s(v_s)|P_b\geqslant p_s(v_s)]$ 是给定买方出价高于卖方要价的条件下，买方预期的卖方的要价。

（2）卖方最优：对[0, 1]区间的每一 v_s，$p_s(v_s)$满足

$$\max_{p_s}\{\frac{p_s+E[p_b(v_b)|p_b(v_b)\geqslant p_s]}{2}-v_s\}\text{Prob}\{p_b(v_b)\geqslant p_s\} \qquad (4.4)$$

其中 $E[p_b(v_b)|p_b(v_b)\geqslant p_s]$ 是给定买方出价高于卖方要价的条件下，卖方预期的买方的出价。

这个博弈可能有无穷多个贝叶斯纳什均衡。这里我们考虑两个特殊的均衡：一个是单一价格均衡，一个是线性均衡。

所谓单一价格均衡，就是要么以单一的价格成交，要么不成交。设 x 是属于区间[0, 1]上的任意一个值，令买方的战略为：如果 $v_b\geqslant x$，则出买价 x，其他情况下的出价为 0；同时令卖方的战略为：如果 $v_s\leqslant x$，则出卖价为 x，其他情况下出卖价为 1。注意，在其他情况下，买方出价为 0，卖方要价为 1（v 是[0, 1]区间上的均匀分布），所以不可能成交。

给定买方的战略，卖方只能在以价格 x 成交或不成交之间进行选择，在 $v_s\leqslant x$ 下成交，是卖方的严格占优战略，而在 $v_s\geqslant x$ 下不成交，同样是卖方的严格占优战略。所以在 $v_s\leqslant x$ 时出卖价为 x，其他情况下出卖价为 1，是卖方对买方战略的最优反应。反之，在给定卖方战略的情况下，买方也只能在价格 x 成交或不成交之间进行选择，在 $v_b\geqslant x$ 下成交，是买方的严格占优战略，而在 $v_b\leqslant x$ 下不成交，是买方的严格占优战略。所以在 $v_b\geqslant x$ 时出买价 x，其他情况下出价 0，是买方对卖方战略的最优反应。因而单一价格战略为该博弈的一个贝叶斯纳什均衡。在这一均衡结果下，图 4.4 所示区域内的(v_s, v_b)组合都发生交易；而对所有 $v_b\geqslant v_s$ 的(v_s, v_b)组合，交易都是有效率的，但图中阴影部分虽满足效率条件，却没有发生交易。

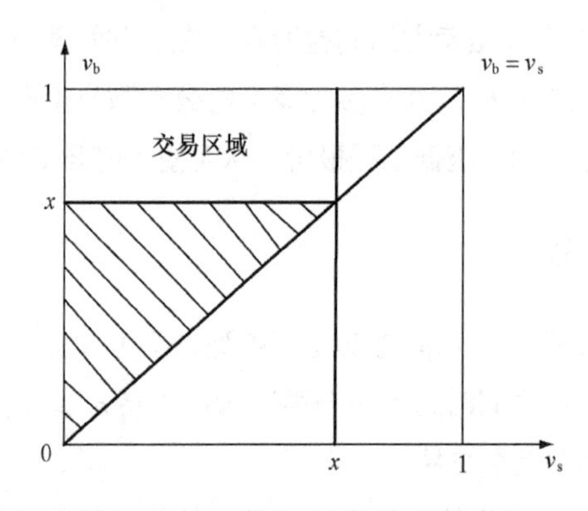

图 4.4　单一价格均衡下的交易区域

现在推导双向拍卖的一个线性的贝叶斯纳什均衡。我们不限制参与者的战略空间，使之只包含线性战略；而仍允许参与者任意选择战略，看是否存在一个均衡，使双方战略都是线性的。

设卖方的战略为 $p_s(v_s)=a_s+c_sv_s$，因为 v_s 服从区间[0, 1]上的均匀分布，故 p_s 服从区间[a_s, a_s+c_s]上的均匀分布。因此，我们有：

$$\text{Prob}\{p_b \geqslant p_s(v_s)\} = \text{Prob}\{p_b \geqslant a_s+c_sv_s\} = \text{Prob}\left\{v_s \leqslant \frac{p_b - a_s}{c_s}\right\} = \frac{p_b - a_s}{c_s}$$

$$E[p_s(v_s)|p_b \geqslant p_s(v_s)] = \frac{\frac{1}{c_s}\int_{a_s}^{p_b} x\mathrm{d}x}{\text{Prob}\{p_b \geqslant p_s(v_s)\}} = \frac{a_s + p_b}{2}$$

从而，代入式(4.3)可得

$$\max_{p_b}[v_b - \frac{1}{2}(p_b + \frac{a_s + p_b}{2})]\frac{p_b - a_s}{c_s} \qquad (4.5)$$

由上式的一阶条件可以得出

$$p_b = \frac{2}{3}v_b + \frac{1}{3}a_s \qquad (4.6)$$

类似地，假设买方的战略为 $p_b(v_b)=a_b+c_bv_b$，因为 v_b 服从区间[0, 1]上的均匀分布，故 p_b 服从区间[a_b, a_b+c_b]上的均匀分布，因此，

$$\text{Prob}\{p_b(v_b) \geq p_s\} = \text{Prob}\{a_b+c_bv_b \geqslant p_s\} = \text{Prob}\left\{v_b \geqslant \frac{p_s - a_b}{c_b}\right\} = \frac{a_b + c_b - p_s}{c_b}$$

$$E[p_b(v_b)|p_b(v_b) \geqslant p_s] = \frac{\frac{1}{c_b}\int_{p_s}^{a_b+c_b} x\mathrm{d}x}{\text{Prob}\{p_b(v_b) \geqslant p_s\}} = \frac{p_s + a_b + c_b}{2}$$

从而，代入式（4.4）可得

$$\max_{p_s}\left[\frac{1}{2}\left(p_s + \frac{p_s + a_b + c_b}{2}\right) - v_s\right]\frac{a_b + c_b - p_s}{c_b} \qquad (4.7)$$

由上式的一阶条件可得

$$p_s = \frac{2}{3}v_s + \frac{1}{3}(a_b + c_b) \qquad (4.8)$$

这表明，如果卖方选择一个线性战略，则买方最优的战略也是线性的，反之亦然，即存在一个线性均衡。

由式（4.6）可知 $a_b + c_bv_b = p_b = \frac{2}{3}v_b + \frac{1}{3}a_s$，从而得 c_b=2/3，a_b=a_s/3；由式（4.8）可知 $a_s + c_sv_s = p_s = \frac{2}{3}v_s + \frac{1}{3}(a_b + c_b)$，从而得 c_s=2/3，a_s=(a_b+c_b)/3。

那么，线性均衡战略为

$$\begin{cases} p_s(v_s) = \frac{2}{3}v_s + \frac{1}{4} \\ p_b(v_b) = \frac{2}{3}v_b + \frac{1}{12} \end{cases} \qquad (4.9)$$

在均衡线性战略下，当 $v_s>3/4$，卖方的要价 $p_s=1/4+2v_s/3$ 低于其估价，但高于买方的最高出价 $p_b(1)=1/12+2/3=3/4$，因此卖方低于其估价出售的情况不会出现；类似地，当 $v_b<1/4$，买方的出价高于其估价，但低于卖方的最低要价 $p_s(0)=1/4$，买方高于其估计的交易也不会发生，如图 4.5 所示。

在均衡情况下，当且仅当 $p_b\geqslant p_s$ 才发生交易，合并（4.9）两式可知，在线性均衡中，当且仅当 $v_b\geqslant v_s+1/4$ 时才会发生交易，如图 4.6 所示。

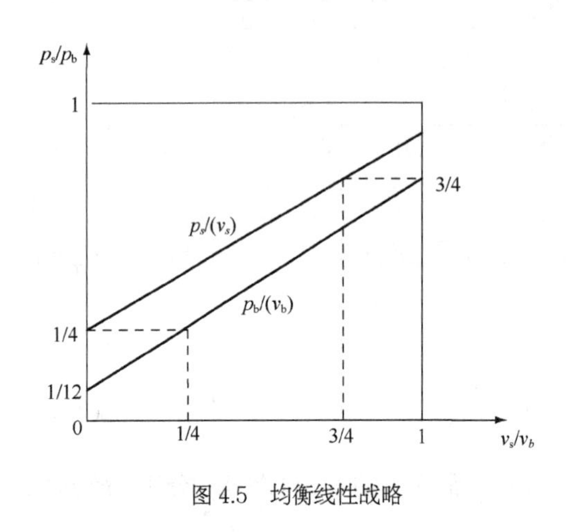

图 4.5　均衡线性战略

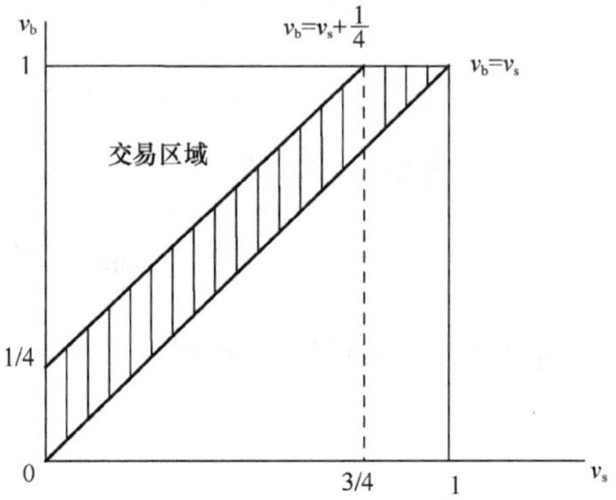

图 4.6　线性均衡下的交易区域

将图 4.6 与图 4.4 比较，它们分别表示出在单一价格均衡及线性均衡中交易发生所要求的估价组合。在这两种情况下，交易的潜在价值最大时(具体讲，当 $v_s=0$，$v_b=1$)，都会发生交易。但是，单一价格均衡漏过了一些有价值的交易（如 $v_s=0$ 且 $v_b=x-\varepsilon$，其中 ε 是足够小的正数），而且还包含了一些几乎没有价值的交易（如 $v_s=x-\varepsilon$ 且 $v_b=x+\varepsilon$）。相反，在线性均衡中，漏过了所有价值不大的交易，只包含了价值至少在 1/4 以上的交易。这表明从参与者可得到的期望获益的角度，线性均衡要优于单一价格均衡。

4.3 贝叶斯博弈与混合战略均衡

关于混合战略博弈，前面章节的讨论给出了多种可能的解释，其中主流的诠释来自海萨尼（Harsanyi）的工作。这里，我们再重新回到这个问题上，并通过一个具体的例子说明海萨尼解释的要点。在引出混合战略博弈时，我们假定信息是完全的，为了获得纳什均衡，我们扩充了参与人的战略空间，在纯战略空间基础上加入了随机选择纯战略的混合战略。这样，参与人在运用混合战略时，表现出来的特征是参与人选择纯战略上的不确定性。海萨尼的理解是：表面上看来似乎存在选择不确定性的混合战略，实际上是参与人在关于其他参与人类型把握上的信息不完全性的反映。当参与人的类型是私人信息时，其他参与人在纯战略选择上就存在不确定性。这是因为，如果对手的类型存在多种可能，特定参与人的最优纯战略也相应地有多种可能的选择。对于特定的参与人来说，倘若他不知道对手的类型，因而也就不知道对手的最优纯战略。因此，当他预测对手的纯战略选择时，他只能根据自己对对手类型的先验信息（对手类型的先验概率分布）作出对手即将选择的各种纯战略的预测，而这种预测是基于概率分布意义上的各种可能性。这样，对特定参与人来说，他好像感觉到对手是在随机地进行纯战略选择。给定这种预期，特定参与人就选择其期望支付最大化的纯战略，于是，当所有参与人都如此行为时，就构成了静态贝叶斯均衡。海萨尼证明，当参与人类型的私人信息很小时，或博弈的信息不完全程度很弱时，这种本质上是静态贝叶斯博弈的博弈在数学形式上就等价于前面给出的完全信息混合博弈。下面，我们以“性别战”模型为例对此加以说明。在图 4.7 中，我们分别在男孩和女孩的支付函数上添加一个不确定变量 t_b 和 t_g，它们分别是男孩和女孩的私人信息。

		女	
		足球	芭蕾
男	足球	$2+t_b$,1	0,0
	芭蕾	0,0	1,$2+t_g$

图 4.7　存在私人信息时的性别战博弈

假设 t_b 和 t_g 是相互独立且服从[0, x]区间上均匀分布的贝叶斯随机变量。这里，两人的类型空间都为$[0,x]$，条件概率为 $P(t_g\,|\,t_b)=P(t_b\,|\,t_g)=\dfrac{1}{x}$。

现在来看这一贝叶斯静态博弈。我们将证明，当男孩和女孩分别采用以下类型依存的战略时，将构成一个贝叶斯纳什均衡。

$$\text{男孩：}\quad s_b=\begin{cases}\text{足球} & t_b\geqslant c\\ \text{芭蕾} & t_b<c\end{cases}$$

$$\text{女孩：}\quad s_g=\begin{cases}\text{芭蕾} & t_b\geqslant P\\ \text{足球} & t_b<P\end{cases}$$

其中，c，P 分别是$[0,x]$上的某个待定参数。

给定女孩的战略，男孩选择看足球的期望支付为

$$\frac{P}{x}(2+t_b)+\frac{x-P}{x}\cdot 0=\frac{P}{x}(2+t_b)$$

男孩选择看芭蕾的期望支付为

$$\frac{P}{x}\cdot 0+\frac{x-P}{x}\cdot 1=1-\frac{P}{x}$$

当且仅当 $\dfrac{P}{x}(2+t_b)\geqslant 1-\dfrac{P}{x}$，男孩选择看足球是最优的，这等价于 $t_b\geqslant\dfrac{x}{P}-3$，若令 $c=\dfrac{x}{P}-3$，则男孩的选择是最优的。

类似地，给定男孩的战略，女孩选择看芭蕾的期望支付为

$$\left[\frac{x-c}{x}\right]\cdot 0+\frac{c}{x}\cdot(2+t_g)=\frac{c}{x}(2+t_g)$$

女孩选择看足球的期望支付为

$$\left[\frac{x-c}{x}\right]\cdot 1+\frac{c}{x}\cdot 0=1-\frac{c}{x}$$

当且仅当 $\frac{c}{x}(2+t_g)\geqslant 1-\frac{c}{x}$ 时，女孩选择看芭蕾是最优的，这等价于 $t_g\geqslant \frac{x}{c}-3$ ，若令 $P=\frac{x}{c}-3$ ，则女孩的选择是最优的，从而构成一个贝叶斯纳什均衡。联立这两个条件式：

$$c=\frac{x}{P}-3$$

$$P=\frac{x}{c}-3$$

从而，有 $P^2+3P-x=0$ ，解得：

$$P=\frac{-3+\sqrt{9+4x}}{2}$$

由对称性有：

$$P=c=\frac{-3+\sqrt{9+4x}}{2}$$

其中的负根按模型含义舍去。

于是，男孩选择看足球的概率为

$$\frac{x-\frac{-3+\sqrt{9+4x}}{2}}{x}=1-\frac{-3+\sqrt{9+4x}}{2x}$$

当私人信息 x 很小时，即 $x\to 0$ 时，这一概率的极限为

$$\lim_{x\to 0}\left(1-\frac{-3+\sqrt{9+4x}}{2x}\right)=1-\lim_{x\to 0}\frac{\frac{1}{2}\frac{4}{\sqrt{9+4x}}}{2}=\frac{2}{3}$$

这里使用了洛密达法则。

由对称性，当 x 很小时，女孩选择看芭蕾的概率极限也为 2/3，而这正是完全信息下性别战博弈的混合战略纳什均衡。

尽管这里的方法可以说是对混合战略博弈的贝叶斯博弈解释，但与前面对混合战略博弈的说明所不同的是，这里的男孩选择看足球的概率是指女孩对于男孩类型不确定性的认识。男孩自己是知道自己的类型的，因而不存在男孩自己随机地选择纯战略的问题。男孩选择纯战略的随机性在女孩看来是如此的。但是我们在前面关于混合战略博弈的解释中，男孩是自己随机地选择纯战略的。当然，对于女孩来说，也存在类似的不同。

4.4 应用举例——扩展讨论

【显示原理】

梅耶森的显示原理说的是，任何一个机制所能达到的配置结果都可以通过一个说实话的直接机制来实现，它是在参与人掌握私人信息时进行博弈设计的重要工具。它可以应用于拍

卖及双边贸易，以及其他很多类似的问题。

我们先简要介绍一下显示原理用于拍卖及双边贸易问题时所起的作用。考虑卖方希望设计一个拍卖以使他的期望收入最大化，逐一列出卖方可能考虑的不同的拍卖方式是一项艰巨的工作。例如在拍卖中，出价最高的投标方付钱给卖方并得到商品，但还存在许多其他可能。如投标方可能还需要支付一定的进入费用。另外，卖方也会制定一个低价，低于这个价格的投标将不会接受。其他情况还包括物品可能有一定概率不能卖出，当物品确实卖出时，也不是总以最高出价的投标方为获得者。

这时，卖方就可以借助于显示原理来使其问题得到非常大的简化，这有两个方面。第一，卖方可以将其分析集中在以下类型的博弈：

（1）投标方同时声明他们自己的类型。投标方 i 可以自称其类型为 i 的可行类型集 T_i 中的任意 τ_i，而不论其真实类型 t_i 是什么。

（2）在给定的投标方的声明$(\tau_1, \ldots, \tau_n)$下，投标方 i 以 $q_i(\tau_1, \ldots, \tau_n)$的概率和支付 $x_i(\tau_1, \ldots, \tau_n)$得到标的物品。对所有可能的声明组合$(\tau_1, \ldots, \tau_n)$，概率 $q_1(\tau_1, \ldots, \tau_n)+ \ldots + q_n(\tau_1, \ldots, \tau_n)$之和必须小于或等于 1。这种类型的博弈称为直接机制。

第二，根据显示原理，卖方可以把分析集中于这样的直接机制，其中每一个投标方实话实说构成一个贝叶斯纳什均衡——也就是，设计适当的支付和概率函数$(\tau_1, \ldots, \tau_n)\{x_1(\tau_1, \ldots, \tau_n), \ldots, x_n(\tau_1, \ldots, \tau_n); q_1(\tau_1, \ldots, \tau_n), \ldots, q_n(\tau_1, \ldots, \tau_n)\}$，使得每一个参与人 i 的均衡战略是宣布 $\tau_i(t_i)= t_i$，对每一个 T_i 中的 t_i 都是如此。实话实说形成贝叶斯纳什均衡的直接机制叫作激励相容。

在拍卖设计之外的其他问题上，显示原理同样可以用于这两个方面。无论原博弈是什么样子，新的贝叶斯博弈总是一个直接机制。更为正式地，我们有：

定理（显示原理）：任何贝叶斯博弈的任何贝叶斯纳什均衡都可以重新表示为一个激励相容的直接机制。

在拍卖中，我们可假定投标方的估价相互独立，同时还假定知道投标方 j 的估价并不会改变投标方 i 的估价。我们把这两种假定所表达的特点归纳为投标方的估价相互独立，并且是各自的私人信息。对这样的情况，可计算出什么样的直接机制有实话实说的均衡，以及哪个均衡可以使卖方的期望收益最大化。显示原理又保证了没有另外的拍卖机制，其贝叶斯纳什均衡可以使卖方得到更高的期望收益，因为这样的拍卖机制下的均衡已经被重新表示为一个直接机制中的实话实说机制，并且所有的激励相容直接机制都已经考虑在内了。还可以证明拍卖中对称贝叶斯纳什均衡就相当于这里的收益最大化实话实说机制。

讨论

【提示问题】

1. 试结合具体的应用例子来讨论其贝叶斯纳什均衡的求解技巧。

2. 哪个典型应用例子特别接近你们小组的问题，如何借鉴这样的例子来构建一个适合你们小组问题的静态贝叶斯博弈，如何求解它的贝叶斯纳什均衡？

【教师注意事项及问题提示】

1. 根据本章例子，通过引导学生构建其博弈模型，掌握不完全信息博弈的相关概念及分析处理方法等。

2. 通过引导学生通论教材中的典型应用例子，构建生活中不完全信息的博弈模型，让学生思考不完全信息博弈在经济管理问题中的应用。

课后习题

1. 海萨尼转换的贡献是什么？可以解决什么问题？

2. 什么是静态贝叶斯博弈？什么是静态贝叶斯博弈的一个（纯）战略？什么是它的（纯战略）贝叶斯纳什均衡？不完全信息库诺特模型可以解决现实生活中哪些问题？举例说明。

3. 考虑下面的库诺特双头垄断模型。假设市场的逆需求函数为 $p(Q)=a-Q$，其中 q_1，q_2 为企业 1 和企业 2 的产量，$Q=q_1+q_2$ 为市场总产量。两个企业的总成本分别为 $c_i(q_i)=cq_i$，但需求却不确定：分别以 θ 的概率为高（$a=a_H$），以 $1-\theta$ 的概率为低（$a=a_L$）。还有，信息也是非对称的：企业 1 知道需求是高还是低，但企业 2 不知道。所有这些都是共同知识。假设两企业同时进行产量决策。试确定这两个企业的战略空间？假定 a_H、a_L、θ 和 c 的取值范围使得所有均衡产出都是正数，此博弈的贝叶斯纳什均衡是什么？

4. 考虑下面的博特兰德双头垄断模型在非对称信息下的情况，两个企业的产品存在差异。假设企业 i 的需求为 $q_i(p_i, p_j)=a-p_i-b_ip_j$，两企业的成本都为 0。企业 i 的需求对企业 j 价格的敏感程度有可能较高，也可能较低，也就是说，b_i 可能等于 b_H，也可能等于 b_L，这里 $b_H>b_L>0$。对每一个企业，$b_i=b_H$ 的概率为 θ，$b_i=b_L$ 的概率为 $1-\theta$，并与 b_j 的值无关。每一个企业知道自己的 b_i，但不知道对方的。以上所有这些信息都是共同知识。请问此博弈中的行动空间、类型空间以及支付函数各是什么？双方的战略空间各是什么？此博弈对称的纯战略贝叶斯纳什均衡应满足哪些条件？试求出这样的均衡解。

5. 考虑如下贝叶斯博弈：（1）自然决定支付矩阵如图 4.8（a）、（b），概率分别为 μ 和 $1-\mu$；（2）参与人 1 知道自然选择了（a）还是（b），参与人 2 不知道自然选择；（3）参与人 1 和参与人 2 同时行动，参与人 1 选择 T 或 B，参与人 2 选择 L 或 R。写出博弈的扩展式(博弈树)表述并尝试求出纯战略贝叶斯纳什均衡。

	L	R
T	1，1	0，0
B	0，0	0，0

图 4.8（a）

	L	R
T	0，0	0，0
B	0，0	2，2

图 4.8（b）

6. 回顾第 2.5 节我们曾讲过的猜硬币博弈（属于完全信息静态博弈）不存在纯战略纳什均衡，但有一个混合战略纳什均衡：每个参与人都以 1/2 的概率选择出正面。

请构建与该博弈相对应的不完全信息静态博弈，并求出一个纯战略贝叶斯纳什均衡，使得不完全信息趋于消失时，参与人在贝叶斯纳什均衡下的行为达到其在原完全信息博弈中混合战略纳什均衡下的行为。

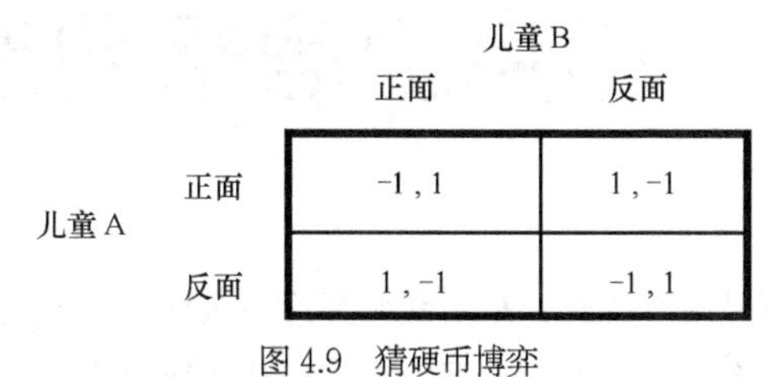

		儿童B	
		正面	反面
儿童A	正面	-1，1	1，-1
	反面	1，-1	-1，1

图 4.9　猜硬币博弈

知识扩展

约翰·海萨尼（John C. Harsanyi，1920-2000）

1．人物简介

约翰·海萨尼，1920 年出生于匈牙利的布达佩斯。他是经济学天才、理性预期学派的重量级代表，是把博弈论发展成为经济分析工具的先驱之一，1994 年获诺贝尔经济学奖。海萨尼老年时患上阿兹海默病，2000 年在柏克莱死于心脏病发作。

2．学术贡献

最著名的是对博弈论的研究及博弈论应用于经济学的贡献。特别是他对不完备信息的博弈的高度创新分析。在 1967—1968 年间，海萨尼提出了一种处理不完全信息博弈的方法，即引入一个虚拟的局中人——“自然”。自然首先行动，它决定每个局中人的特征。每个局中人知道自己的特征，但不知道别的局中人特征。这种方法将不完全信息静态博弈变成一个两阶段动态博弈，第一个阶段是自然 N 的行动选择，第二个阶段是除 N 外的局中人的静态博弈。通过这种转换方法，不完全信息博弈被转换成一个等价的，从而可以对原来的不完全信息博弈进行研究。目前这一转换方法已被称为“海萨尼转换”，是处理不完全信息博弈的标准方法。这一方法极大地拓展了博弈理论的分析范围和应用范围，从而完成了博弈理论发展中的一个里程碑式的成就。正是因为这一贡献，使海萨尼于 1994 年和约翰·福布斯·纳什及莱因哈德·泽尔腾共同获得诺贝尔经济学奖。

海萨尼的主要论文著作：

[1] Harsanyi J C. Games with Incomplete Information Played by “Bayesian” Players, I-III Part I. The Basic Model[J]. Management science, 1967, 14(3): 159-182.

[2] Harsanyi J C, Selten R. A general theory of equilibrium selection in games[M]. MIT Press Books, 1988.

[3] Harsanyi J C. Rational behaviour and bargaining equilibrium in games and social situations[M]. CUP Archive, 1986.

[4] Harsanyi J C. Games with incomplete information played by “Bayesian” players part II. Bayesian equilibrium points[J]. Management Science, 1968, 14(5): 320-334.

第 5 章　不完全信息动态博弈

本章讨论的不完全信息动态博弈，是基础博弈论中最复杂的一类博弈模型，前面介绍的几类模型都可以看成是本章模型的特例。不完全信息动态博弈是贝叶斯静态博弈与完全信息动态博弈的延伸与结合，前面几章的知识是讨论本章的基础。不完全信息动态博弈的许多博弈模型有广泛的应用背景，如信号博弈、声誉效应和其他动态贝叶斯博弈已经广泛地应用到经济管理中的许多领域，如投资与金融、运作与市场以及决策科学等。通过这些模型的学习，本章会为大家打开一扇窗户，提供研究经济问题、管理问题的新思路、新工具。

【学习目标】

掌握如何将现实例子构建成为不完全信息动态博弈模型的技巧，以及如何求解这种模型所定义的均衡的分析方法，熟悉几种典型应用问题。

通过本章的学习，应掌握以下知识与技能：

- 理解并掌握不完全信息动态博弈的概念；
- 基于博弈顺序的先验信息的修正，掌握贝叶斯法则的应用；
- 掌握精炼贝叶斯纳什均衡的定义，并分析与以前均衡定义的差异性；
- 掌握信号博弈的建模要素以及其决策机制，以就业市场信号博弈为例，揣摩其应用；
- 理解精炼贝叶斯纳什均衡的再精炼及其他均衡概念。

【能力目标】

- 形成如何识别不完全信息动态博弈模型特点的能力；
- 培养学生将均衡与信念体系进行联系的能力；
- 提高学生运用不完全信息动态博弈的思路和方法分析、研究并进一步解决实际经济问题、管理问题的能力。

【引导案例：职业见习员工与职业经理的博弈】

假设一个你在毕业时肯定会碰到的情形。某人接受了一个见习生的职位。经理将根据这名见习生在观察期的表现来决定是否长期雇用他。在见习工作期间，考察的内容之一就是求职者愿意努力工作的程度。假设有两种类型的见习员工：懒散型和勤勉型。懒散的员工倾向于每周工作 40 小时（即标准工作日），而勤勉的员工愿意将工作时间延长至 60 小时。

假定经理只想雇用一名勤勉的员工。当然，无论是懒散的员工还是勤勉的员工都想被长期雇用。所以如果一个事实上是懒散的人该怎么做才能被经理留下呢？虽然他不愿意每周工作 60 个小时，但如果这么做会让经理觉得他是一个勤勉的员工而被长期雇用的话，那么他也许会在培训期间增加自己的工作时间。现在假设这名懒散的员工确实延长了工作时间，此时，经理（如果智商不低于下属的话）应该可以看出一个工作 60 个小时的见习员工不一定是勤勉的，因为他可能是一个伪装成勤勉员工的懒散的人。这样的话，这名经理就不能从见习期间员工的努力程度来判断员工所属的类型。

思考一下勤勉员工的情况。如果他够聪明的话，就会意识到即使是懒散的员工也会为了掩盖自己的真实类型而勤勉工作。那么，如果你是勤勉员工，你该怎么做呢？如果你是经理，你又如何将勤勉员工和懒散员工分辨出来呢？

5.1 精炼贝叶斯纳什均衡

5.1.1 基本概念

在完全信息动态博弈的情况下，每个参与人的类型是共同知识（common knowledge），每个参与人都是在已知自己以及其他人类型的情形下按照行动顺序进行选择（做出决策）。但是，在不完全信息动态博弈（dynamic game of incomplete information）的情况下，每个参与人只知道自己的类型而不知道其他参与人的类型，这样就好像是在博弈的开始阶段存在一个参与人，名为“自然”，它先选择每个参与人的类型，然后参与人开始行动，参与人的行动有先有后，后行动者可以观察到先行动者的行动，但不能观察到先行动者所属的类型。但是，因为参与人的行动是依据参与人所属的类型而作出的，每个参与人的行动都传递着有关自己所属类型的信息，后行动者可以通过先行动者的行动来猜测先行动者的类型或者修正对先行动者所属类型的先验信念（表现为概率分布），然后根据修正后的后验信念选择自己的最优行动。同样，先行动者会预测到自己的行动将被后行动者所利用，就会设法选择某些特定行动来迷惑后行动者，即选择那些传递对自己最有利的信息、避免传递对自己不利信息的行动。因此，博弈过程不仅仅是参与人选择行动的过程，而且是参与人不断修正自己信念的过程，比起完全信息动态博弈的情况要更加复杂。精炼贝叶斯均衡是不完全信息动态博弈均衡的基本均衡概念，它是泽尔腾（Selten）的完全信息动态博弈子博弈精炼纳什均衡和海萨尼（Harsanyi）的不完全信息静态博弈贝叶斯均衡的结合。精炼贝叶斯均衡要求，给定有关其他参与人所属类型的信念，参与人的战略在每一个信息集开始的“后续博弈”上构成贝叶斯均衡；并且，在所有可能的情况下，参与人使用贝叶斯法则修正有关其他参与人的类型的信念。

在不完全信息静态博弈中，有一个与参与人的信念相关的概念，用概率（probability）来表示，它在整个博弈的过程中是不变的，可以说是一个坚定的信念；而在不完全信息动态博弈的情况下，该概念就不再适用了，因为参与人的信念是会不断修正的，对于参与人的信念，我们分为两类：一类是先验概率（prior probability），另一类是后验概率（posterior probability）。

为分析不完全信息动态博弈的均衡结果，仅仅使用不完全信息静态博弈中的贝叶斯纳什均衡是不够的。因为在静态贝叶斯均衡中，参与人的信念都是给定的，均衡概念没有规定参与人如何修正自己的信念，或者说在均衡概念中参与人并不需要修正自己原有的信念，这与不完全信息动态博弈的情况是不相符合的；因为，在动态情况下，如果参与人可以任意修正自己的信念，在后面我们可以知道，这个不完全信息动态博弈可以有任意的贝叶斯均衡。这样，对于不完全信息动态博弈，我们除了要定义参与人原先的信念（先验概率）外，还要制定一个合理的（或者说理性的）法则，对参与人的信念进行修正，并得出新的信念（后验概率），这样才能得出特定的、符合理性要求的均衡概念。

在完全信息动态博弈中，我们有子博弈精炼纳什均衡这一概念，尽管在不完全信息情况下，子博弈的概念并不适用，不过子博弈精炼均衡概念的逻辑是适用的。子博弈精炼纳什均衡要求均衡战略不仅在整个博弈上构成纳什均衡，而且要求其在每个子博弈上构成纳什均衡。参照这一逻辑，我们可以将从每一个信息集开始的博弈的剩余部分称为一个"后续博弈"（continuation game），一个适用于不完全信息动态博弈情况下的均衡应该满足以下要求：给定每一个参与人有关其他参与人所属类型的后验信念（修正依据或规则），参与人的战略组合在每一个后续博弈上构成贝叶斯均衡。

但是，即使我们按照上述的要求得出均衡战略，均衡战略中也有可能会包含不合理的信念。例如，如果在某一不完全信息动态博弈中，我们假定其中的一个参与人有这样的一个信念：无论其他人作出什么行为，都不会修正自己对其他参与人的看法（信念）。正如，无论其他人作出怎样的行为来攻击我，我都会坚定地根据之前的信念，认为其他参与人是善意的盟友。显然，这样的信念是不合理的。但是，如果没有更多的限制，这样不合理的信念确实可能会出现在均衡战略中。要剔除这种不合理的信念，我们可以采用如下方法：假定参与人（在所有可能的情况下）根据贝叶斯规则（Bayes' rule）修正先验信念；并且，假定"其他参与人选择的是均衡战略"是共同知识。

精炼贝叶斯均衡（perfect bayesian equilibrium）是贝叶斯均衡、子博弈精炼均衡和贝叶斯推断的结合。它的要求如下：（1）在每一个信息集上，决策者必须有一个定义在属于该信息集的所有决策结上的一个概率分布（或称信念）；（2）给定该信息集上的概率分布和其他参与人的后续战略（subsequent strategy），参与人的行动必须是最优的；（3）每一个参与人根据贝叶斯法则和均衡战略修正后验概率。

5.1.2 贝叶斯法则

在精炼贝叶斯均衡中，我们要求每一个参与人根据贝叶斯法则修正后验概率，因此，在本小节中，我们将介绍贝叶斯法则，为理解精炼贝叶斯均衡做准备。

生活中总是充满未知性，当在某时刻面对未知性（不确定性）时，人们总是习惯于对某件事发生的可能性的大小进行估计。然后，随着时间的推移，可以得到更多相关的信息，此时人们就会根据这些信息对之前的估计进行修正。在统计学上，修正之前的估计称为"先验概率"，修正之后的估计称为"后验概率"。而贝叶斯法则正是人们根据新的相关信息修正先验概率、得出后验概率的基本方法。

贝叶斯法则的定义如下：

定义 5.1 假设存在先验概率 $p(\theta^k)\geqslant 0$（θ^k 可以表示为某事件发生的概率，假设有可能发生 N 种事件，第 k 种事件记为 θ^k），当与之相关的某事件 a^h 发生后，我们可以根据发生的事件对先验概率进行修正，得到后验概率 $p(\theta^k \mid a^h)$，该后验概率的计算法则（贝叶斯法则）如下：

$$p(\theta^k \mid a^h)=\frac{p(a^h|\theta^k)p(\theta^k)}{\sum_{j=1}^{N}p(a^h|\theta^j)p(\theta^j)}$$

其中，$p(a^h \mid \theta^j)$表示在事件 θ^j 发生的条件下事件 a^h发生的条件概率，通常是已知的。

定义 5.1 就是贝叶斯法则的定义。让我们来举例说明。假设在不完全信息博弈中，有两个参与人 1 和 2，假设现在参与人 1 不知道参与人 2 所属的类型是什么（聪明人或者笨人），只知道参与人 2 属于各种类型的概率分布，根据通常的情况，我们假设参与人 2 属于两种人的先验概率是相等的，都为 1/2。我们简称聪明人为 S，笨人为 B。通常参与人 1 可以观察到参与人 2 的行为，我们把参与人 2 的行为分为两大类：聪明的举动（SM）和笨的举动（BM）。聪明人永远不会做笨的举动，用 $p(BM \mid S)=0$ 表示；笨人因为之前吃了很多亏，所以不想被别人知道自己的类型，以免再次吃亏；因为笨人有很多痛苦的经历，所以在某些事情上，他们会吸取教训，表现出聪明的举动，不过在某些事情上，基于自身类型所限，他们只能做出笨的举动。所以，笨人会做出两种举动的可能性均大于 0，我们用（$0<p(SM \mid B)<1$，$0<p(BM \mid B)<1$）来表示。

假设，现在我们观测到参与人 2 做了一个聪明的举动，那么，这个人是聪明人的后验概率为：

$$p(S|SM)=\frac{p(SM|S)p(S)}{p(SM|S)p(S)+p(SM|B)p(B)}>\frac{1}{2}$$

而认为参与人 2 是笨人的后验概率为：

$$p(B|SM)=\frac{p(SM|B)p(B)}{p(SM|S)p(S)+p(SM|B)p(B)}<1/2\neq 0$$

可以知道，当我们看到参与人 2 做出聪明的举动的时候，参与人 1 认为参与人 2 是聪明人的后验概率比起先验概率要高，认为参与人 2 是笨人的后验概率要比先验概率低但不为 0。这说明了当参与人 2 做出聪明举动时，参与人 1 对他的评价提高了（认为他更多的是聪明人），但是却不否认其是笨人的可能性，即使其做了一次聪明的举动。

那么，当参与人 2 做出了一个笨的举动的时候，贝叶斯法则又如何修正先验概率呢？这时，我们有：

$$p(S|BM)=\frac{p(BM|S)p(S)}{p(BM|S)p(S)+p(BM|B)p(B)}=0$$

也就是说，如果参与人 2 做出一个笨的举动，参与人 1 将坚定地相信参与人 2 是笨人。因为参与人 1 有这样一个信念：聪明人绝对不会做出笨的举动。有时候，即使你之前怎么掩饰，一个不经意的行为可能就会令你之前的努力付之流水。

从上面的例子可以看出，我们对一个人的信念并不是一成不变的等于先验概率，而是根据观测到的行为人的行为而不断作出修正的。而贝叶斯法则就是一个非常“理性”的修正法则，特别是应用在精炼贝叶斯均衡中。

5.1.3 精炼贝叶斯均衡

下面我们给出精炼贝叶斯均衡概念的正式定义。我们知道，均衡概念有纯战略均衡和混合战略均衡之分，下面将主要介绍的是纯战略均衡，不过下述的定义同样适用于混合战略均衡。

假定博弈中有 n 个参与人，参与人 i 的所属类型是 $\theta_i \in \Theta_i$，$i=1, 2, \ldots, n$，θ_i 是参与人 i 的私人信息，其他参与人并不知道且观察不到。记除了参与人 i 之外的所有其他参与人的所属类型为 θ_{-i}，即 $\theta_{-i}=(\theta_1, \ldots, \theta_{i-1}, \theta_{i+1}, \ldots, \theta_n)$，条件概率 $p_i(\theta_{-i} \mid \theta_i)$ 是参与人 i 认为除自己外其他参与人所属类型的信念，即先验概率。设 S_i 是参与人 i 的战略空间，它包含参与人 i 所有的可能的战略；$s_i \in S_i$ 是 i 的一个特定战略，它依赖于参与人 i 的类型 θ_i。$a_{-i}^h=(a_1^h, a_2^h, \cdots, a_{i-1}^h, a_{i+1}^h, \cdots, a_n^h)$ 是在第 h 个信息集上参与人 i 观测到的其他参与人的行动组合，它是战略组合 $s_{-i}=(s_1, \ldots, s_{i-1}, s_{i+1}, \ldots, s_n)$ 的一部分，s_{-i} 是除参与人 i 之外的所有参与人的战略组合。条件概率 $\tilde{p}_i(\theta_{-i} | a_{-i}^h)$ 是在观测到行动 a_{-i}^h 的情况下参与人 i 认为其他 n–1 参与人属于类型 θ_{-i} 的后验概率，$\tilde{p}_i$ 是上述的所有后验概率 $\tilde{p}_i(\theta_{-i} | a_{-i}^h)$ 的集合，$u_i(s_i, s_{-i}; \theta_{-i})$ 是属于类型 θ_i 的参与人 i 在选择战略 s_i、其他参与人选择战略 s_{-i} 的情况下的效用函数。那么，精炼贝叶斯均衡可以定义如下：

定义 5.2 精炼贝叶斯均衡是一个战略组合 $s^*(\theta)=(s_1^*(\theta_1), \cdots, s_n^*(\theta_n))$ 和一个后验概率组合 $\tilde{p}=(\tilde{p}_1, \cdots, \tilde{p}_n)$，满足：

(P)对于所有的参与人 i，在每一个信息集 h，有

$$s_i^*(s_{-i}, \theta_i) \in \underset{s_i}{\operatorname{argmax}} \sum_{\theta_{-i}} \tilde{p}_i(\theta_{-i} | a_{-i}^h) u_i(s_i, s_{-i}, \theta_i);$$

(B) $\tilde{p}_i(\theta_{-i} | a_{-i}^h)$ 是使用贝叶斯法则从先验概率 $p_i(\theta_{-i} | \theta_i)$、观测到的 a_{-i}^h 以及最优战略 $s_{-i}^*(\cdot)$ 得到（在可能的情况下）。

在上述定义 5.2 中，**(P)**是精炼条件（perfectness condition），它的意思是，给定其他参与人的战略 $s_{-i}=(s_1, \ldots, s_{i-1}, s_{i+1}, \ldots, s_n)$ 和参与人 i 的后验概率 $\tilde{p}_i(\theta_{-i} | a_{-i}^h)$，每个参与人 i 的战略在所有从信息集 h 开始的后续博弈上都是最优的，或者说，所有参与人都是序贯理性的（sequential rationality）。显然，这个条件是子博弈精炼均衡在不完全信息动态博弈上的扩展。在完全信息静态博弈中，正如前文所述，子博弈精炼纳什均衡要求均衡战略在每一个子博弈上构成纳什均衡；类似地，在不完全信息动态博弈中，精炼贝叶斯均衡要求均衡战略在每一个"后续博弈"（与静态情况下的子博弈相对应）上构成贝叶斯均衡。**(B)**对应的是贝叶斯法则的运用。如果参与人是多次行动的，修正概率就涉及贝叶斯法则的重复使用。这里需要说明的是，因为战略是一个行动规则，它本身是不能被参与人观测到的，因此参与人 i 只能根据观测到的行动组合 $a_{-i}=(a_1, \ldots, a_{i-1}, a_{i+1}, \ldots, a_n)$修正概率，但他假定所观测到的行动是最优战略 $s_{-i}=(s_1, \ldots, s_{i-1}, s_{i+1}, \ldots, s_n)$规定的行动。限制条件"在可能的情况下"是基于这样的事实：如果 a_{-i} 不是均衡战略下的行动，观测到的 a_{-i} 是一个零概率事件，此时，贝叶斯法则对如何计算后验概率是没有定义的，任何的后验概率 $\tilde{p}_i(\theta_{-i} | a_{-i}) \in [0,1]$ 都是允许的，只要它与均衡战略相容。对上述情况下的后验概率的定义和限制是很重要的，它会影响到最终的均衡战略。所以，在后面的章节里，我们将讨论如何对非均衡路径上后验概率施加某些限制以改进精炼贝叶斯均衡，以进一步精炼均衡概念。

上述定义的核心是，精炼贝叶斯均衡是均衡战略和均衡信念的结合：给定信念 $\tilde{p}=(\tilde{p}_1, \tilde{p}_2, \cdots, \tilde{p}_n)$，战略 $s^*=(s_1^*, s_2^*, \ldots, s_n^*)$是最优的；给定战略 $s^*=(s_1^*, s_2^*, \ldots, s_n^*)$，信念 $\tilde{p}=(\tilde{p}_1, \tilde{p}_2, \cdots, \tilde{p}_n)$ 是使用贝叶斯法则从均衡战略和所观测到的参与人的行动得到的。因此，在数学概念上，精炼贝叶斯均衡是一个对应的不动点（fixed point of a correspondence）：

$$\begin{cases} s \in s^*(\tilde{p}(s)) \\ \tilde{p} \in \tilde{p}^*(s^*(\tilde{p})) \end{cases}$$

求解精炼贝叶斯均衡的过程中，有一点需要注意的是：在完全信息博弈中，我们习惯用逆向归纳法（backward induction）求解精炼均衡；但是，在不完全信息博弈的情况下，因为精炼贝叶斯均衡是一个不动点，后验概率与战略是相互依存的关系，两者互相依赖。这样，如果我们不清楚先行动者的行动选择，我们就不可能知道后行动者应该如何选择。因此，逆向归纳法在不完全信息博弈求解中是不适用的，取而代之，我们必须使用前向法（forward manner）进行贝叶斯修正。

再一次考虑市场进入阻挠的例子。假定有两个时期，t=1，2。在 t=1，市场上有一个垄断企业（“在位者”）在生产，一个潜在的进入者考虑是否进入；如果进入者进入，在 t=2 时，两个企业进行库诺特博弈，否则，在位者仍然是一个垄断者。假定在位者有两个可能的类型：高成本或低成本，进入者在博弈开始时只知道在位者是高成本的概率为 μ，低成本的概率为 1–μ。这个概率称为进入者的先验信念（prior belief）。假定进入者只有一个类型：进入成本为 2；如果进入，生产成本函数与高成本的在位者的成本函数相同。在 t=1，在进入者决定是否进入之前，作为垄断者的在位者要决定该时期的价格（或生产量），假定只有 3 种可能的价格选择：p=4，p=5 或 p=6。如果在位者是高成本，对应 3 种价格选择的利润分别是：2、6 或 7；如果在位者是低成本，对应的利润分别是：6、9 或 8。因此，高成本在位者的单阶段最优垄断价格是 p=6，低成本的单阶段最优垄断价格是 p=5。在 t=2，如果进入者已经进入，在位者的成本函数变成共同知识；如果在位者是高成本，两个企业的成本函数相同，对称的库诺特均衡产量下每个企业的利润是 3，扣除进入成本 2，进入者的净利润是 1；如果在位者是低成本，两个企业的成本函数不同，非对称库诺特均衡产量下在位者的利润是 5，进入者的利润是 1，扣除进入成本 2，进入者的净利润是–1。如果进入者不进入，t=2 时期在位者仍然是一个垄断者，不同价格选择下的利润水平与第一阶段相同。我们构造了这些数字使得在完全信息情况下，如果在位者是高成本，进入者选择进入；如果在位者是低成本，进入者选择不进入。

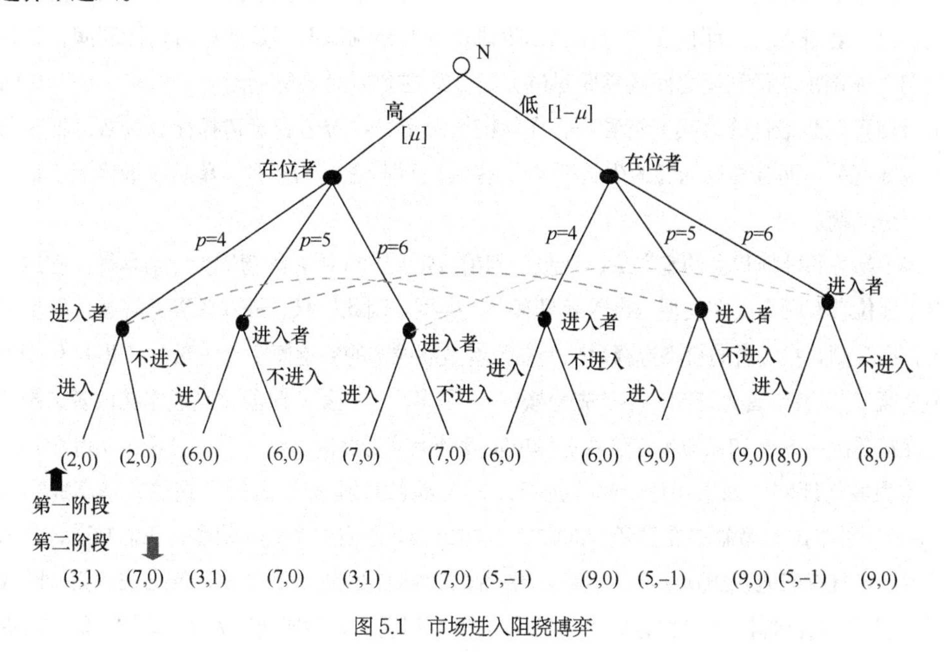

图 5.1 市场进入阻挠博弈

图 5.1 所示是这个博弈的一个简化的扩展式表述。图中在位者有两个单结信息集，表示在位者知道“自然”的选择（自己的类型）；3 条虚线表示进入者有 3 个信息集，每个信息集有两个决策结（用虚线连接），表示进入者能观测到在位者的价格选择，但不能观测到在位者的成本函数（即进入者观测到 p=4，p=5 或 p=6，但每一种价格可能是高成本在位者的选择，也可能是低成本在位者的选择）。我们将第一阶段不同价格选择下的利润向量写在博弈树的终点结，尽管实际支付在进入者决定是否进入之前就已实现。注意，进入者第一阶段的利润恒为 0。我们省略了第二阶段博弈的扩展式，代之以库诺特均衡支付向量和垄断利润。这样做的理由是，在博弈进入第二阶段后，如果进入者已经进入，库诺特均衡产量（和对应的价格）是每个企业的最优选择；如果进入者没有进入，单阶段垄断产量（和价格）是在位者的最优选择。

尽管当博弈进入第二阶段后，企业的行动选择是一个简单的静态博弈决策问题，但第一阶段的选择要复杂得多。进入者是否进入依赖于它对在位者成本函数的判断：给定在位者是高成本时进入的净利润为 1，低成本时进入的净利润是-1，当且仅当进入者认为在位者是高成本的概率大于 1/2 时，进入者才会选择进入。这一点与我们在上一章讨论的不完全信息静态博弈的进入决策没有什么不同。但与静态博弈不同的是，现在，在观测到在位者第一阶段的价格选择后，进入者可以修正对在位者成本函数的先验概率 μ，因为在位者的价格选择可能包含着有关其成本函数的信息。例如说，无论在何种情况下，低成本的在位者不会选择 p=6（因为低成本的在位者不希望进入者认为自己是高成本），因此，如果进入者观测到在位者选择了 p=6，它就可以推断在位者一定是高成本，选择进入是有利可图的。预测到选择 p=6 会招致进入者进入，即使高成本的在位者也可能不会选择 p=6，尽管 p=6 是单阶段的最优垄断价格。类似地，低成本的在位者也可能不会选择 p=5，如果 p=5 会招致进入者进入的话。这里，问题的核心是在位者必须考虑价格选择的信息效应：不同的价格如何影响进入者的后验概率从而影响进入者的进入决策。一个非单阶段最优价格会减少现期利润，但如果它能阻止进入者进入，从而使在位者在第二阶段得到垄断利润而不是库诺特均衡利润，如果垄断利润与库诺特均衡利润之间的差距足够大，如果在位者有足够的耐心，选择一个非单阶段最优价格可能是最优的。我们将看到，在均衡情况下，在位者究竟选择什么价格，不仅与其成本函数有关，而且与进入者的先验概率 μ 有关；而不论 μ 为多少，单阶段最优垄断价格不构成一个均衡。

有了精炼贝叶斯均衡的定义后，让我们利用该定义来分析它的精炼贝叶斯均衡。在这个例子中，在位者有两个潜在类型，进入者只有一个类型。因此，只有进入者修正信念。令 $\tilde{\mu}(p)$是进入者在观测到在位者的价格选择后认为在位者是高成本的后验概率（注意，这里 p 代表价格而不是概率）。我们首先证明，不论先验概率 μ 是多少，在第一阶段，高成本在位者选择单阶段最优垄断价格 p=6 和低成本在位者选择单阶段最优垄断价格 p=5 不是一个精炼贝叶斯均衡。这一点很容易证明。如果在位者这样选择，进入者观测到 p=6 就知道在位者是高成本，即 $\tilde{\mu}(6)$=1；观测 p=5 就知道在位者是低成本，$\tilde{\mu}(5)$=0。给定这个后验信念，我们知道，进入者将进入，当且仅当他观测到 p=6。但是，考虑高成本的在位者。如果他选择 p=6，第一阶段得到 7 单位的垄断利润，第二阶段得到 3 单位的寡头利润，总贴现利润为 10 单位（假定没有贴现）。但是，如果他模仿低成本企业，选择 $p=5$，第一阶段的利润是 6 单位，第二阶段的利润是 7 单位，总利润是 13 单位。因此，$p=6$ 不是高成本在位者的最优选择，上述战略不构成精炼贝叶斯均衡。（为了表述的方便，以下我们用“他”代表在位者，“她”代表进入者。）

现在让我们考虑两种不同情况下的均衡，即 $\mu<1/2$ 和 $\mu\geqslant1/2$。首先考虑 $\mu<1/2$ 的情况。我们将证明，在这种情况下，精炼贝叶斯均衡是：不论高成本还是低成本，在位者选择 $p=5$；进入者将进入，当且仅当她观测到 $p=6$（基于 $\tilde{\mu}(6)=1$）。

给定进入者的后验概率和战略，如果高成本在位者选择 $p=6$，进入者进入，他第一阶段利润是 7，第二阶段利润是 3，总利润是 10；但是，如果他选择 $p=5$，进入者不进入，他第一阶段的利润是 6，第二阶段的利润是 7，总利润是 13。因此，牺牲第一阶段的 1 单位利润以换取第二阶段的 4 单位利润是合算的，$p=5$ 是最优的。类似地，给定进入者的后验概率和战略，低成本在位者选择 $p=5$ 时的总利润是 9+9=18，大于选择任何其他价格时的利润，因此，$p=5$ 也是低成本在位者的最优选择。给定两类在位者都选择 $p=5$，进入者不能从观测到的价格中得到任何新的信息，即 $\tilde{\mu}(5)=(1\times\mu)/[1\times\mu+1\times(1-\mu)]=\mu<1/2$，进入的期望利润是 $\mu\times1+(1-\mu)\times(-1)=2\mu-1<0$，不进入的期望利润是 0，因此不进入是最优的。

上述均衡称为混同均衡（pooling equilibrium），因为两类在位者选择相同的价格。直观地讲，因为 $\mu<1/2$，如果进入者不能从在位者的价格选择中得到新的信息，她选择不进入。因此，高成本的在位者可以通过选择与低成本的在位者相同的价格隐藏自己是高成本这个事实，低成本的在位者也没有必要披露自己是低成本这个事实。

现在考虑 $\mu\geqslant1/2$ 的情况。首先注意到，如果不同类型的在位者选择相同的价格，进入者得不到新的信息，她将选择进入，因为 $1\times\mu+(1-\mu)\times(-1)=2\mu-1\geqslant0$。但是，进入者一定会进入，在位者的最优选择是单阶段最优垄断价格，即高成本在位者选择 $p=6$，低成本在位者选择 $p=5$。而我们已经证明，这不可能是一个均衡。

我们现在证明，如果 $\mu\geqslant1/2$，精炼贝叶斯均衡是：低成本的在位者选择 $p=4$，高成本的在位者选择 $p=6$；进入者选择不进入，如果观测到 $p=4$(基于 $\tilde{\mu}(4)=0$)；选择进入，如果观测到 $p=6$ 或 $p=5$(基于 $\tilde{\mu}(6)=1$，$\tilde{\mu}(5)=1/2$)。

首先考虑低成本在位者的战略。给定进入者的后验概率和战略，如果低成本的在位者选择 $p=4$，进入者不进入，他的第一阶段利润是 6，第二阶段利润是 9，总利润是 15；如果他选择单阶段垄断价格 $p=5$，进入者进入，他的总利润是 9+5=14，因此，选择 $p=4$ 是最优的。再考虑高成本在位者的战略。给定进入者的后验概率和战略，如果高成本的在位者选择 $p=4$，进入者不进入，他的第一阶段利润是 2，第二阶段利润是 7，总利润是 9，如果他选择单阶段垄断价格 $p=6$，进入者进入，他的总利润是 7+3=10，因此，选择 $p=6$ 是最优的。现在考虑进入者的后验概率和战略。给定在位者的战略，$\tilde{\mu}(6)=1$ 和 $\tilde{\mu}(4)=0$ 是正确的，因此进入者的最优战略是：如果观测到 $p=6$，选择进入；如果观测到 $p=4$，选择不进入。因为 $p=5$ 不是均衡战略，我们可以规定 $\tilde{\mu}(5)\geqslant1/2$。读者可以检查，所有 $\tilde{\mu}(5)\geqslant1/2$ 与均衡是相容的，而所有 $\tilde{\mu}(5)<1/2$ 不构成均衡（提示 $\tilde{\mu}(5)<1/2$，两类在位者都将选择 $p=5$，但给定这个战略，$\tilde{\mu}(5)=\mu\geqslant1/2$）。因此，所假定的战略和后验概率是一个精炼贝叶斯均衡。

上述均衡称为分离均衡（separating equilibrium），因为不同类型的在位者选择不同的价格，特别地，低成本在位者选择了非单阶段最优价格 $p=4$，高成本的在位者选择了单阶段最优垄断价格 $p=6$。直观地讲，如果低成本在位者选择单阶段垄断价格 $p=5$，他将无法把自己与高成本的在位者分开，进入者将进入，但如果他选择 $p=4$，高成本在位者不会模仿，进入者不进入，因此低成本的在位者宁愿放弃 3 单位的现期利润以换取 4 单位的下期利润。高成本的在位者之所以不选择 $p=4$，是因为他的成本太高，下阶段的 4 单位利润不足以弥补现期 5 单位的损失。注意，在这个均衡中，进入者的实际进入决策与完全信息下相同（即在位者是高成本时进入，低成本时不进入）；不完全信息带来的唯一后果是，低成本的在位者损失 3 单位的利润，这可以说是他为证明自己是低成本而支付的“认证”费用。当然，从消费者的角度看，这是一件好事。

5.1.4 不完美信息博弈的精炼贝叶斯均衡

因为不完全信息博弈可以通过海萨尼转换变为不完美信息博弈，因此精炼贝叶斯均衡概念也适用于不完美信息博弈。考虑图 5.2 所示的博弈，在这个博弈中，有两个参与人 i，$i=1, 2$。参与人 1 首先行动，选择 L、M 或 R。如果他选择 L，博弈结束，支付向量为(1, 3)；如果他选择 M 或 R，参与人 2 选择 U 或 B，但参与人 2 在作出自己的决策时并不知道参与人 1 是选择了 M 还是 R，尽管他知道 L 没有被选择。这个博弈有两个纯战略纳什均衡：(L, B)和(M, U)。（检查一下为什么(L, B) 是一个纳什均衡：给定参与人 1 选择 L，参与人 2 的信息集没有到达；给定参与人 2 选择 B，L 是参与人 1 的最优选择。）进一步，因为这个博弈只有一个子博弈，即原博弈，(L, B)和(M, U)都是子博弈精炼纳什均衡。但是，精炼纳什均衡(L, B)显然依赖于一个不可置信的威胁：如果博弈进入参与人 2 的信息集，U 严格优于 B，选择 B 不是序贯理性的；因此，参与人 1 不应该相信参与人 2 会选择 B。

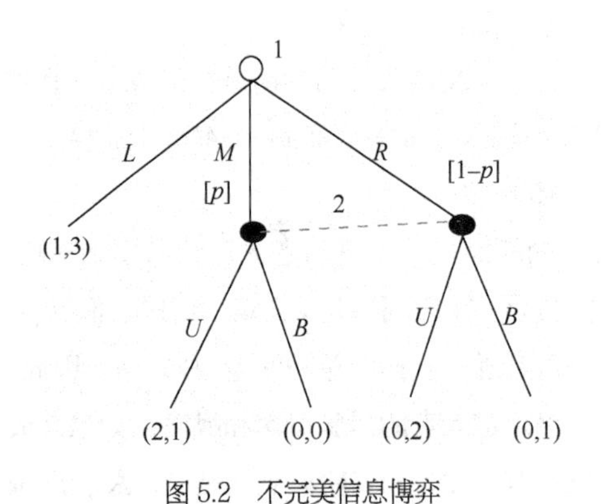

图 5.2　不完美信息博弈

尽管子博弈精炼均衡不能剔除(L, B)，我们可以使用精炼贝叶斯均衡剔除(L, B)。根据精炼贝叶斯均衡，当博弈进入参与人 2 的信息集时，参与人 2 必须有一个参与人 1 选择了 M 和 R 的概率分布。假定参与人 2 认为参与人 1 选择 M 和 R 的概率分别为 p 和$(1-p)$。给定这个信念，参与人 2 选择 U 的期望效用是 $p\times1+(1-p)\times2=2-p$，选择 B 的期望效用是 $p\times0+(1-p)\times1=1-p$。因为不论 p 为何值，$2-p>1-p$，参与人 2 一定会选择 U。给定参与人 1 知道参与人 2 将选择 U，参与人 1 的最优选择是 M。但给定 M 是参与人 1 的最优战略，当参与人 2 观测到参与人 1

没有选择 L 时，他知道参与人 1 一定选择了 M，即 $p=1$。因此，这个博弈的唯一的精炼贝叶斯均衡是$(M, U; p=1)$。

【提示问题】

1. 如何理解不完全信息动态博弈中的先验概率和后验概率？

2. 精炼贝叶斯纳什均衡和贝叶斯纳什均衡的区别在哪里？

3. 试结合本章引导案例来说明如何对先验信息进行修正？

4. 试结合本章引导案例来讨论构建一个不完全信息动态博弈模型；同时结合你们小组选定的问题构建你们的开展问题模型，并求解其精炼贝叶斯纳什均衡解。

【教师注意事项及问题提示】

1. 根据本章引导案例，通过引导学生构建其博弈模型，帮助学生理解不完全信息动态博弈中先验概率和后验概率的区别。

2. 通过引导学生结合本章案例构建他们自己小组的不完全信息动态博弈模型，让学生掌握如何根据所研究的问题构建合适的不完全信息动态博弈模型，求解其均衡解，并分析各种不同情形下均衡解的含义。

5.2 信号传递博弈

5.2.1 信号传递博弈定义

信号传递博弈（signaling games）是一种比较简单的不完全信息动态博弈，虽然形式简单，但有广泛的应用意义。在这个博弈中，有两个参与人 i，$i=1$，2；参与人 1 称为信号发送者（行为类似于发出信号），而另一参与人 2 相对地称为信号接收者（因为其行为类似于接受发出的信号）；参与人 1 的类型是私人信息，只有参与人自己知道，而参与人 2 只有一种类型，因此参与人 2 的类型是共同知识。

信号传递博弈的顺序如下：

（1）“自然”首先选择参与人 1 的类型 $\theta \in \Theta$，这里 $\Theta=\{\theta^1, \theta^2, \ldots, \theta^K\}$是参与人 1 的类型空间，参与人 1 知道 θ，但参与人 2 不知道，只知道参与人 1 属于 θ 的先验概率是 $p=p(\theta)$，$\sum_{k=1}^{K} p(\theta^k)=1$。这里 $p(\theta^k)$表示参与人 1 属于类型 θ^k 的先验概率。

（2）参与人 1 在知道（观测到）自己所属的类型 θ 后，选择发出信号 $m \in M$，其中 M 为信号空间，定义为 $M=\{m^1, m^2, \ldots, m^J\}$。

（3）参与人 2 在观测到参与人 1 发出的信号 m（注意，这里观测到的是参与人 1 发出的信号，并不是参与人 1 的类型 θ）后，使用贝叶斯法则从先验概率 $p=p(\theta)$得到后验概率 $\tilde{p}=\tilde{p}(\theta|m)$，然后选择行动 $a \in A$，这里，$A=\{a^1, a^2, \ldots, a^H\}$是参与人 2 的行动空间，它包括参

与人 2 所有可能的行动。

（4）参与人 1 和参与人 2 的支付函数分别为 $u_1(m, a, \theta)$和 $u_2(m, a, \theta)$。

图 5.3 是一个简单的信号传递博弈的扩展式表述，这里，我们定义 $K=J=H=2$，$\tilde{p}=\tilde{p}(\theta^1|m^1)$，$\tilde{q}=\tilde{p}(\theta^1|m^2)$，并且省略支付向量。

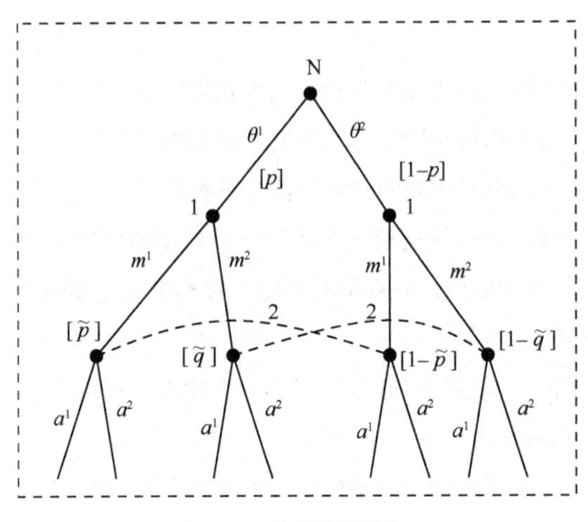

图 5.3 信号传递博弈

不难看出，信号传递博弈实际上是 Stackelberg 模型的变形，是 Stackelberg 模型在不完全信息情况下的应用。这里，信号发送者类似于领导者（leader），信号接收者则类似于跟随者（follower）。当参与人 1 发出信号时，他预测到参与人 2 将根据他发出的信号修正对自己类型的判断，因而参与人 1 会选择一个最优战略，这个最优战略是与参与人 1 的类型相关的（或者说相互依存的）；同样，参与人 2 知道参与人 1 的选择是与参与人 1 自身的类型相关并且考虑到信息效应的情况下的最优战略，因此使用贝叶斯法则修正对参与人 1 的类型判断，选择自己的最优行动。我们在上一节讨论过的市场进入阻挠博弈事实上就是一个信号传递博弈。这里，在位者是信号发送者，进入者是信号接收者。当在位者选择价格时，他知道进入者将根据自己选择的价格判断自己是高成本还是低成本的概率；进入者确实是根据观测到的价格修正对在位者类型的判断，然后选择进入还是不进入。

5.2.2 精炼贝叶斯均衡在信号传递博弈中的定义

根据前一节的定义 5.2，我们令 $m(\theta)$是参与人 1 的类型依存信号战略（即考虑到自己类型与信息效应后作出的战略），$a(m)$是参与人 2 的行动战略。那么，信号传递博弈的精炼贝叶斯均衡可以定义如下（该定义同样适用于存在混合战略的情况）：

定义 5.3 信号传递博弈的精炼贝叶斯均衡是战略组合$(m^*(\theta), a^*(m))$和后验概率 $\tilde{p}(\theta|m)$的结合，它满足：

$$(\mathrm{P}_1)\quad a^*(m)\in\arg\max_a\sum_\theta\tilde{p}(\theta|m)\,u_2(m^*(\theta), a, \theta);$$

$$(\mathrm{P}_2)\quad m^*(\theta)\in\arg\max_m u_1(m, a^*(m), \theta);$$

(B) $\tilde{p}(\theta|m)$ 是参与人 2 使用贝叶斯法则从先验概率 $p(\theta)$、观测到的信号 m 和参与人 1 的

最优战略 $m^*(\theta)$得到的（在可能的情况下）。

上述定义 5.3 中，(P_1)和(P_2)是精炼条件，与上一节中精炼贝叶斯均衡中的精炼条件(P)等价。(P_1)表示的是，给定后验概率(B) $\tilde{p}(\theta|m)$，参与人 2 对于参与人 1 发出的信号作出最优反应；而(P_1)表示的是，预测到参与人 2 的最优反应 $a^*(m)$，参与人 1 选择自己的最优战略。(B)是贝叶斯法则在精炼贝叶斯均衡中的运用。限制条件“在可能的情况下”的含义与上一节定义中的相同。

在上一节中，我们介绍了精炼贝叶斯均衡中的两种均衡：混同均衡以及分离均衡。事实上，除了以上两种均衡，还有一种精炼贝叶斯均衡，就是准分离均衡。在信号传递博弈里，所有可能的精炼贝叶斯均衡可以划分为三类，即：混同均衡、分离均衡和准分离均衡。分别定义如下。

定义 5.4 混同均衡（pooling equilibrium）：不同类型的发送者（参与人 1）选择相同的信号，或者说，所有类型的发送者的选择都是相同的，没有一种类型的选择会异于其他类型的发送者，因此，接收者不能从观测到的行动中得到新的信息，接收者将不对先验概率进行修正。假定 m^j 是均衡战略，那么，

$$u_1(m^j, a^*(m), \theta^1) \geqslant u_1(m, a^*(m), \theta^1)$$
$$u_1(m^j, a^*(m), \theta^2) \geqslant u_1(m, a^*(m), \theta^2)$$
$$\tilde{p}(\theta^k|m^j) \equiv p(\theta^k)$$

定义 5.5 分离均衡（separating equilibrium）：不同类型的发送者（参与人 1）以 1 的概率选择不同的信号，或者说，没有任何类型选择与其他类型相同的信号。在分离均衡下，信号准确地表示了发信者的类型，是对发信者进行区分的依据。在上述的例子中，分离均衡意味着：如果 m^1 是发送者类型 θ^1 的最优选择，那么，对于发送者类型 θ^2 来说，m^1 不是其最优选择，并且，在只存在两种类型、两种信号的情况下，m^2 一定是 θ^2 的最优选择。即：

$$u_1(m^1, a^*(m), \theta^1) \geqslant u_1(m^2, a^*(m), \theta^1);$$
$$u_1(m^1, a^*(m), \theta^2) \geqslant u_1(m^2, a^*(m), \theta^2);$$

因此，对应的后验概率是：

$$\tilde{p}(\theta^1|m^1) = 1，\tilde{p}(\theta^1|m^2) = 0；$$
$$\tilde{p}(\theta^2|m^1) = 0，\tilde{p}(\theta^2|m^2) = 1$$

定义 5.6 准分离均衡（semi–separating equilibrium）：一些类型的发送者（参与人 1）随机地选择信号（表现为至少有两种信号被选择的可能性大于 0），另一些类型的发送者选择特定的信号（表现为以概率 1 选择一种信号）。假定类型 θ^1 的发送者随机地选择 m^1 或 m^2（随机性表现为两个正的概率），类型 θ^2 的发送者以 1 的概率选择 m^2，如果这个战略组合是均衡战略组合，那么有：

$$u_1(m^1, a^*(m), \theta^1) = u_1(m^2, a^*(m), \theta^1);$$
$$u_1(m^1, a^*(m), \theta^2) < u_1(m^2, a^*(m), \theta^2);$$
$$\tilde{p}(\theta^1|m^1) = \frac{\alpha \times p(\theta^1)}{\alpha \times p(\theta^1) + 0 \times p(\theta^2)} = 1；$$
$$\tilde{p}(\theta^1|m^2) = \frac{(1-\alpha) \times p(\theta^1)}{(1-\alpha) \times p(\theta^1) + 1 \times p(\theta^2)} < p(\theta^1)；$$

$$\tilde{p}(\theta^2|m^2)=\frac{1\times p(\theta^2)}{(1-\alpha)\times p(\theta^1)+1\times p(\theta^2)}>p(\theta^2)$$

也就是说，如果参与人 2 观测到参与人 1 选择 m^1，就知道参与人 1 一定属于类型 θ^1（因为类型 θ^2 的发送者不会选择 m^1）；如果观测到参与人 1 选择了 m^2，参与人 2 就不能准确地知道参与人 1 的类型，但他会推断参与人 1 属于类型 θ^1 的概率下降了，属于类型 θ^2 的概率上升了。这里要说明的是，在上述表达式中，α 表示类型为 θ^1 的参与人 1 选择 m^1 的概率。

正如之前所述，在求解精炼贝叶斯均衡的过程中，我们都要进行再精炼，也就是说在上述 3 个定义中，都应该适当加上参与人 2 的最优化条件和非均衡路径上的后验概率。

信号传递博弈在经济学领域中具有非常广泛的应用，很多经济学相关的情况都可以通过建立信号传递博弈模型来进行分析。在学习的过程中，我们要多留意信号传递博弈，了解信号传递博弈的精炼贝叶斯均衡的求解过程。因为，信号传递博弈除了有重要的经济学意义外，对读者掌握贝叶斯均衡的求解技巧也是非常重要的。

【提示问题】

1. 能够传递信息的行为有怎样的特征？
2. 信号机制起作用的条件是什么？
3. 试结合本章引导案例来分析哪些行为起到了有效传递信息的作用？

【教师注意事项及问题提示】

通过引导学生分析本章引导案例中的信号传递，帮助学生理解信号传递博弈模型的特点。

5.3 应用举例——经典模型

5.3.1 斯彭斯（Spence）的就业市场信号博弈模型

信号传递博弈能够得到广泛的关注和深入的研究，离不开斯彭斯 1973 年提出的就业市场信号博弈模型。该模型不仅开创了广泛运用扩展式来描述经济问题的先河，还给出了不少诸如完美贝叶斯均衡这样的概念，在当时来说，可以说是非常具有开创性的，无论是其模型，还是他给出的各种概念。

斯彭斯的模型是基于“信号效应”的作用来构建的，所谓信号效应，意思是因为市场上存在着信息不对称的情况，而作为处于信息掌握程度比较低的一方（参与人），为了更好地作出决策，需要在市场上获得“信号”来帮助自己也就是信息缺乏的一方对其他参与人进行识别，这时候帮助进行识别的信号所起到的作用就称为“信号效应”。我们知道，在现今市场中，信息不对称的情况是常见的，几乎任何经济领域都会牵涉到信息不对称的情况。因此，如果能对信息传递博弈模型有深入的了解，明白“信号效应”的机制，将会有非常重要的意义。而作为信息传递博弈模型中的典型——就业市场信号博弈模型，就是我们一个很好的研究对象。虽然它主要是分析劳动就业市场上教育（可看成是一种信息）所起的信号作用，但是，只要能够明白其中的作用机制，那么就能把同样的分析思路应用在经济领域的其他方面。

5.3.2 经典的就业市场信号博弈模型

下面我们研究一个简单的就业市场信号博弈模型。

假设在市场上，有一个雇主（用 R 表示）和求职者（用 S 表示）。对于求职者来说，他有两种可能的类型，高能力和低能力，我们用 H 表示高能力，L 表示低能力，有 $T=\{H, L\}$。求职者知道自己所属的类型而雇主并不知道，也就是说求职者的类型是求职者的私人信息。雇主知道求职者属于高能力的先验概率为 $\mu(H)=1-q$，属于低能力的先验概率为 $\mu(L)=q$。由于雇主不能直接观测到求职者的能力，因此雇主只能通过某些与求职者相关的信号来对求职者所属的类型（能力的高低）进行判断。这里我们假设求职者的受教育程度 e 是求职者所发出的与其类型相关的信号，而雇主的最优回应是给出一个相应的工资水平 w。因为求职者的受教育程度与其能力相关，我们可以假设能力高的人获得同等教育程度的成本要小于能力低的人，这是斯彭斯就业市场信号博弈模型的一个重要假设，显然该假设也是合理的。即

$$c_e(L, e) > c_e(H, e)$$

其中，$c_e(t, e)$表示类型为 t、教育水平为 e 的求职者进一步接受教育的边际成本。根据这一假定，如果能力高和能力低的求职者分别付出努力达到相同的教育程度，那么，作为对其花费在提高教育程度上的成本的补偿所获得的工资 w，低能力求职者所要求的最低工资（至少能弥补付出成本的报酬）水平明显要高于高能力求职者的要求。受教育水平越高，显然需要更高的工资来弥补付出的成本。由于低能力求职者要获得更高的教育程度需要付出更多的努力，于是会要求工资增加得更多一些，才足以弥补他所付出的心血。这里我们把受教育程度解释为相同学历的学生在学校表现的差异，而不是受教育的时间年限。如果受教育程度表现为受教育的年限，那么这个博弈会变成一个蜈蚣博弈，因为每一年求职者都会选择是继续上学还是工作：如果选择工作，该博弈结束；如果选择继续上学，那么博弈进行到下一个阶段。

为了分析的方便，我们假设该劳动市场是一个完全竞争市场，因而雇主提供的工资水平是一个期望值，为 $w_\mu(e)=\mu(H|e)\times y(H,e)+\mu(L|e)\times y(L,e)$。其中，$\mu(H|e)$表示雇主认为教育程度为 e 的求职者属于类型 t 的概率，而 $y(t, e)$则表示受教育程度是 e，类型为 t 的求职者的产出。在这样的假设下，无论求职者的策略是什么，按期望产出支付工资都是雇主的最优策略。如果雇主相信求职者是高能力者，那么就有 $\mu(H|e)=1$，从而有 $w=y(H, e)$。因为已经给定了雇主的最优策略，所以我们只需要专注于信号发送者（求职者）的行为研究，而不用考虑信号接收者（雇主）的策略行为，同时又不失一般性。再次为了分析的简易，我们假设产出 $y(t, e)$是线性的。那么，在完全竞争市场中，求职者可得的工资为 $w(e)= y(t, e)$，从而能力为 t 的求职者根据以下规则选择效用最大化的 e：

$$\max_{e} U_s(t)=y(t,e)-c(t,e)$$

其中，$c(t,e)$表示类型为 t 的求职者为达到教育程度 e 所付出的成本。我们用 $e^*(t)$表示上式的最优解，如图 5.4 所示，工资 $w^*(t)=y(t,e^*(t))$。

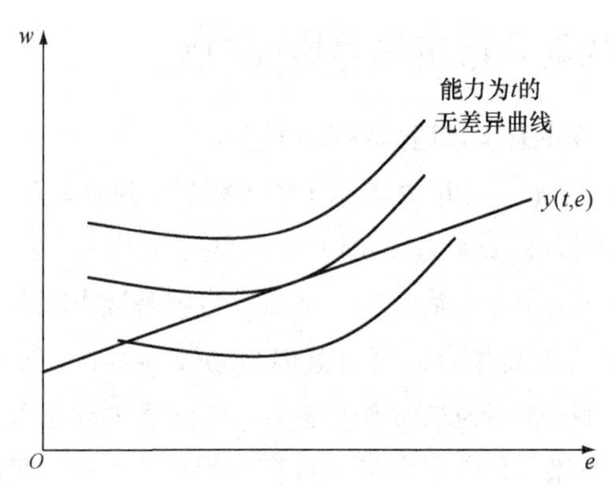

图 5.4　完全信息下的工资

下面，我们将介绍一个引理，该引理有助于我们简化问题的推论分析过程。

引理 5.1　考虑上述就业市场模型中的某一序列均衡，而 e 是这一均衡的均衡外信号。则不论信号接收者在这一均衡外信号 e 下的猜测是什么，这个均衡一定也可以被 $\mu^*(L|e)=1$ 这个猜测所支持。也就是说，在某一序列均衡下，在碰到任何一个均衡外信号 e 时，它对 S（求职者）类型是 L（低能力）的猜测 $\mu^*(L|e)$ 都可以用 $\mu^*(L|e)=1$ 去代替而使均衡行为不变。

引理 5.1 的证明是非常简单的。这里把证明留给读者（课后习题中）。

利用引理 5.1 的结论，我们可以很容易就找出就业市场信号博弈模型的分离均衡和混同均衡。更为重要地，它可以简化我们对问题的分析过程（只需要考虑 $\mu^*(L|e)=1$ 的情况，而不用考虑 $\mu^*(L|e)=1-r$，r 为已知常量）。

我们令

$$\hat{e}(t)=\text{argmax}[y(t,e)-c(t,e)]$$

其中，$\hat{e}(t)$ 是类型为 t 的求职者当被其他人认为他是类型 t 时，使他的效用最大化的信号。例如一个类型为 L 的求职者，当别人也知道他的类型是 L 时，令他的效用最大化的信号就是 $\hat{e}(L)$。令 $\underline{U}(L)=U_S(L,\hat{e}(L),y(L,e))$。显然，作为一个类型为 L 的求职者，在均衡时他的最低效用绝对不会低于 $\underline{U}(L)$，因为最坏的情况下他就讲真话，表明自己所属的类型。

令

$$\hat{e}(H,L)=\underset{m}{\text{argmax}}[y(L,e)-c(H,e)]$$

$\hat{e}(H,L)$ 是类型为 H 的求职者被人们认为是类型 L 时，使他的效用达到最大化的信号。这时，我们把效用定义为 $\underline{U}(H)=U_S(H,\hat{e}(H,L),y(L,e))$。$\underline{U}(H)$ 表示的是一个类型是 H 的求职者在均衡时所能得到的最低效用。以上描述可以用图 5.5 来表示。在图 5.5 中，处于上方的无差异曲线要比处于下方的无差异曲线所代表的效用高，同时类型为 L（低能力者）的求职者的无差异曲线也要比类型为 H（高能力者）的求职者的无差异曲线更加陡峭。

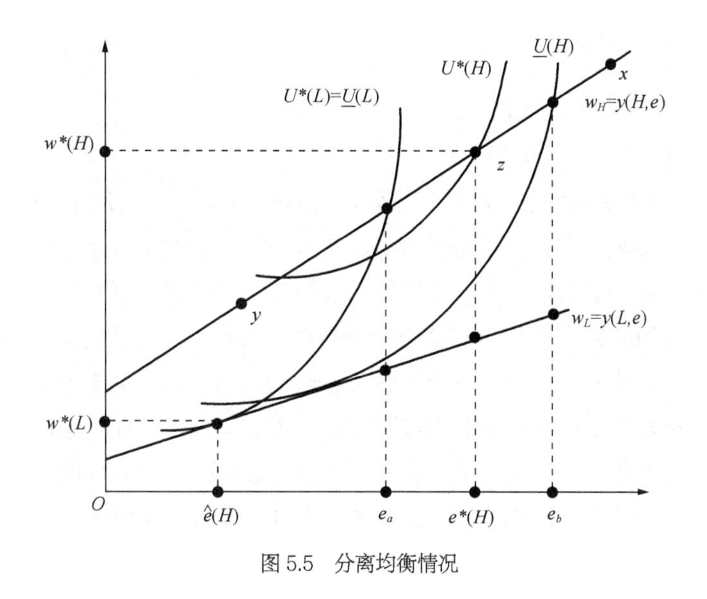

图 5.5 分离均衡情况

下面，我们将对该模型进行分析，并给出混同均衡以及分离均衡的形式。

（1）分离均衡

正如 5.1 节中的定义所述，在分离均衡的情况下，不同类型的参与人会选择不同类型的行动。而在就业市场模型中，分离均衡表示的是两种不同类型的求职者会发出不同的受教育程度信号。这种情况下，雇主可以根据求职者发出信号的类型来判断求职者所属类型（这是雇主所乐于看到的情况）。这表明类型为 L 的求职者的工资会在 w_L=$y(L, e)$线上的某一点。由于类型为 L 的求职者代表的是生产力相对低下者，所以他一定会选择一个 e 令自己的效用最大化，而这个信号实际上就是 $\hat{e}(L)$ 。也就是，类型为 L 的求职者的无差异曲线会和 w_L=$y(L, e)$这条线相切于点 $\hat{e}(L)$ ，而他所获得的效用正好为 $\underline{U}(L)$ 。因此，在分离均衡下，作为类型为 L 的求职者，有 $e^*(L)=\hat{e}(L)$ 以及 $\underline{U}(L)=U^*(L)$ 。

下面让我们看看类型为 H 的求职者的相关分析。作为高能力的求职者，他所发出的均衡信号 $e^*(H)$不会大于 e_b。这是因为如果有 $e^*(H)>e_b$ ，那么高能力（H）的求职者所获得的工资会在 $w_H=y(H,e)$ 线上，e_b 右边的某一点上，例如图 5.5 中的点 x；但是，在这种情况下，他宁可选择发出信号 $\hat{e}(H,L)$ 。这是因为，如果他发出信号 $\hat{e}(H,L)$ ，那么根据引理 1，他会被雇主认为是属于类型 L 的求职者，得到 $w=y(L,e)$ 的工资，因此得到 $\underline{U}(H)$ 的效用。而由图 5.5 可以看出，通过点 x 的无差异曲线的效用要小于 $\underline{U}(H)$ 。因此，偏离到 $\hat{e}(H,L)$ 所获得的效用会比发出信号 $e^*(H)$所获得的效用要高。

$e^*(H)$也不会小于 e_a。因为，如果 $e^*(H)<e_a$，那么高能力（H）的求职者将会得到像图 5.5 中点 y 的工资。但是在点 y，类型为 L 的求职者所得到的效用将会大于 $U^*(L)$，因此，类型为 L 的求职者一定会偏离 $e^*(L)$而发出信号 $e^*(H)$，因为这样他会被雇主认为是高能力（H）的求职者，从而得到更高的效用。这和 $e^*(L)$是均衡信号的结论相矛盾。因此，我们有 $e_a \leqslant e^*(H) \leqslant e_b$。

综合上述分析，我们可以得到以下命题。

命题 5.1：只要任何一个 $e^*(H)$满足条件 $e_a \leqslant e^*(H) \leqslant e_b$，那么下列战略和后验概率是分

离均衡。

① $e^*(L)=\hat{e}(L)$，$e^*(H)=\hat{e}(H)$；

② $\mu^*(L|e^*(L))=1$，$\mu^*(H|e^*(H))=1$，$\mu^*(L|e)=1$，$\forall e\neq e^*(L),e^*(H)$。

证明：由于分离均衡的特点，再加上引理 1 的结论，命题 1 中的条件（2）对 μ^*的设定明显成立。因此我们只需要证明在 μ^*的设定下，$e^*(L)$和 $e^*(H)$分别是两种类型 L 和 H 的求职者的最优选择即可。如果类型为 L 的求职者没有选择 $\hat{e}(L)$，而是发出了信号 $e^*(H)$，那么他会被认为是类型为 H 的求职者，从而得到的工资会落在 $w_H=y(H, e)$这条线上，且对应于 $e^*(H)$的点 z 上。但是，由于 $e^*\geqslant e_a$，因此从图上可以看出类型为 L 的求职者在这个点上所获得的效用反而变低了。因此类型为 L 的求职者不会选择信号 $e^*(H)$。同样，对于类型为 H 的求职者，如果他选择偏离到任何一个不等于 $e^*(H)$的信号，那么雇主就会认为他属于类型 L，因而所获得的工资会落在 $w_L=y(L, e)$这条线上。从图 5.5 中可以看出，这种情况下的效用绝对不比 $U^*(H)$大。至此，命题 5.1 得证。

（2）混同均衡

根据定义，在混同均衡下，两种不同类型的求职者会发出相同的信号，因此将得到一样的工资。令 $e^*(H)=e^*(L)=e^*$。由于两个求职者发出相同的信号，所以雇主不会（或者说不能）修正对求职者所属类型的先验概率，因此有 $\mu(L)=q$。由于求职者的工资是雇主对他的生产力的预期，因此在均衡状态下，两个求职者的工资在 $w_\mu=\mu(H)\times y(H)\times\mu(L)$这条线上。下面的图 5.6 是对混同均衡情况下的描述。

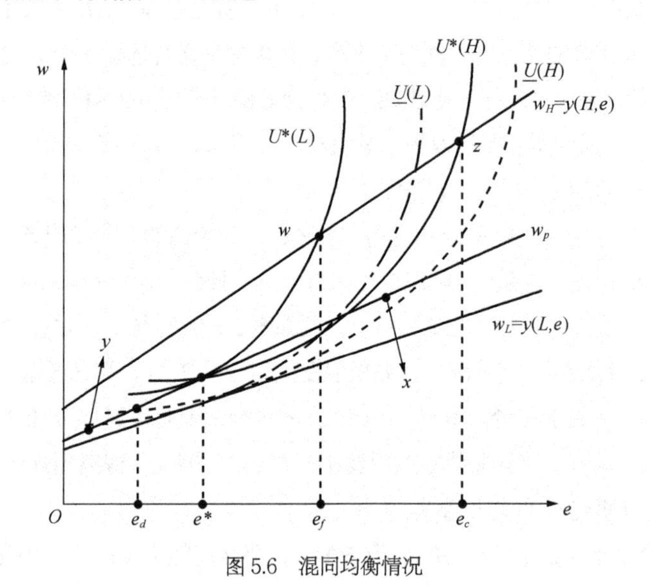

图 5.6　混同均衡情况

我们要证明，在均衡的时候，两种类型的求职者所选择发出相同的信号，一定落在 e_d 与 e_f 之间。这是因为，如果 $e^*>e_f$，那么类型 L 的求职者所得到的效用会比 $U^*(L)$还要低。例如，无差异曲线经过图中点 x 的类型为 L 的求职者，所获得的效用会落在 $U^*(L)$这条无差异曲线之下，因此，这种情况下，类型为 L 的求职者会愿意偏离 e^*而选择发出 $\hat{e}(L)$ 的信号，以得到 $U^*(L)$的效用。同理，如果 $e^*<e_d$，那么类型为 H 的求职者所得到的效用会比 $\underline{U}(H)$ 还要

低。例如，经过图 5.6 中点 y 的类型为 H 的求职者所得到的效用会落在 $\underline{U}(H)$ 这条无差异曲线之下，因此，这种情况下，类型为 H 的求职者会选择偏离 $e^*(H)$而发出信号 $\hat{e}(H,L)$，以得到 $\underline{U}(H)$ 的效用。不但如此，我们还可以证明落在 e_d 与 e_f 之间的任何信号都可以是混同均衡的选择。

命题 5.2：只要 $e_d \leqslant e^* \leqslant e_f$，那么下列战略和后验概率是混同均衡：

（1）$e^*(H)=e^*(L)=e^*$；

（2）$\mu^*(L|e^*)=q$，$\mu^*(H|e^*)=1-q$，$\mu(L|e)=1$，$\forall e \neq e^*$。

证明：条件（2）的证明是很容易的，类似于分离均衡的情况，读者可以自行进行证明。那么，证明条件（1）等价于证明 $e^*(L)$和 $e^*(H)$分别是类型 L 和类型 H 的求职者的最优选择。定义 $\max U^*(t)=w_p-c(t,e)$。如果低能力(L)的求职者发出任何一个 $e\neq e^*$的信号，那么由条件（2）雇主会认为他是属于类型 L 的求职者。由于 $e_f \geqslant e^*$，因此很容易就可以从图中得出 $U^*(L) \geqslant \underline{U}(L)$。由此可知信号 $e^*(L)$是类型为 L 的求职者的最优选择。同理，如果高能力（H）的求职者发出任何一个 $e\neq e^*$的信号，那么雇主会认为他是属于类型 L 的求职者。因此他最好也只能得到效用 $\underline{U}(H)$。由于 $e^* \geqslant e_d$，因此从图 5.6 中可以看出 $U^*(H)>\underline{U}(H)$。所以信号 $e^*(H)$是类型为 H 的求职者的最优选择。至此，命题 5.2 得证。

混同均衡和分离均衡其实并不是就业市场信号博弈模型的所有均衡，因为还有很多均衡既不是混同均衡也不是分离均衡。不过，其他类型的均衡一方面求解不易，一方面也不太具有重要的意义，因此我们只对上述两种均衡有兴趣并进行分析。

5.4 精炼贝叶斯均衡的再精炼及其他均衡概念

通过前面的介绍，我们可以看到，利用精炼贝叶斯均衡，通过对后验概率的限制，可以剔除出不是精炼贝叶斯均衡的子博弈精炼纳什均衡，达到了再精炼的效果。

事实上，精炼贝叶斯均衡的再精炼除了能剔除出不是精炼贝叶斯均衡的子博弈精炼纳什均衡外，还可以对精炼贝叶斯均衡再进行一次甚至是多次的再精炼，以改进精炼贝叶斯均衡，得到更加合理的均衡结果。下面的小节我们首先简单讨论两个精炼贝叶斯均衡的基本改进：剔除劣战略和直观标准，之后将介绍两个比精炼贝叶斯均衡更强的均衡概念：克瑞普斯–威尔逊（Kreps–Wilson）的序贯均衡（sequential equilibrium）和泽尔腾（Selten）的颤抖手精炼均衡（trembling–hand perfect equilibrium）。

5.4.1 剔除劣战略

在精炼均衡的概念中，一个基本要求是，在任何一个信息集上，没有参与人选择严格劣战略。但是通过前面的例子我们看到，在不完全信息情况下，一个参与人在均衡情况下的劣战略常常依赖于其他参与人如何规定非均衡路径上的后验概率。剔除劣战略方法（elimination of weakly dominated strategies）的思路是把“不选择劣战略”的要求扩展到非均衡路径的后验概率上。剔除劣战略的基本思想是，在一个博弈中，如果存在某些行动或战略，对于某些类型的参与人来说，要劣于另一些行动或战略（也就是理性的参与人的战略空间中存在劣战略），而这些劣战略对于其他类型的参与人来说并不是他们的劣战略，那么，当其他参与人观测到某参与人选择这一类战略或行动的时候，他不应该以任何正的概率认为选择该行动的参与人属于前一类参与人（也就是绝不会认为作出该行动的参与人是属于前一类型）。上述对非均衡路径后验概率的简单限制可以大大减少精炼贝叶斯均衡的数量。

让我们回顾一下 5.1.4 小节中提及到的不完美信息博弈。在这个博弈中，有两个纯战略精炼贝叶斯均衡：$(M, U;\ \tilde{p}=1)$和$(L, B;\ \tilde{p}\leqslant 1/2)$。在前一个均衡中，参与人 2 的信息集在均衡路径上，贝叶斯法则定义 $\tilde{p}=1$；而在后面的均衡中，参与人 2 的信息集在非均衡路径上，贝叶斯法则并没有对其定义，$\tilde{p}\leqslant 1/2$ 与均衡相容（给定 $\tilde{p}\leqslant 1/2$，如果参与人 1 不选择 L，那么博弈将进入第二阶段，博弈进入参与人 2 的信息集，他将选择 B）。但是，显然，R 严格劣于 L，弱劣于 M（选择 R 得到 1 或 0，选择 L 得到 2。选择 M 得到 3 或 0）。因此，在博弈开始时，参与人 2 不应该认为参与人 1 会以任何正的概率选择 R；如果博弈进入参与人 2 的信息集，他应该认为参与人 1 选择 M 的概率是 1（即 $\tilde{p}=1$）。在这个要求下，均衡$(L, B;\ \tilde{p}\leqslant 1/2)$被剔除，只有$(M, U;\ \tilde{p}=1)$是满足这个要求的精炼贝叶斯均衡。

现在以信号传递博弈为例，给出剔除劣战略方法的正式定义。

定义 5.7 令 a_1^1 和 a_1^2 是参与人 1（信号发送者）的两个可以选择的行动（信号），A_1、A_2 分别表示参与人的行动空间。对于参与人 2（信号接收者）的所有行动 $a_2^1, a_2^2 \in A_2$，如果下列条件成立，我们说对于类型属于 θ_1 的参与人 1 来说，行动 a_1^1 弱劣于 a_1^2：

$$u_1(a_1^1, a_2^1, \theta_1) \leqslant u_1(a_1^2, a_2^2, \theta_1)$$

（其中至少有一个严格不等式对于某些(a_2^1, a_2^2)成立。）

在上述定义中，a_1^1 与 a_2^2 可能是相等的（相同的行动战略）。可以看出，上述定义与完全信息静态博弈中的定义是有所差异的。完全信息静态博弈中的定义是：a_1^1 劣于 a_1^2，如果对于所有的 $a_2 \in A_2$，$u_1(a_1^1, a_2) \leqslant u_1(a_1^2, a_2)$。而这里的定义是：不论 a_1^1 与怎样的 a_2^1 进行组合，a_1^2 与怎样的 a_2^2 进行组合，参与人 1 从选择行动 a_1^1 得到的效用总是小于从选择行动 a_1^2 得到的效用。显然，这里的要求更为严格：在所有的信息集上，对于参与人 2 的每一个可能的后验概率和行动，行动 a_1^1 弱劣于行动 a_1^2。这样严格要求的原因是，参与人 1 在选择自己的行动时，必须考虑自己的行动传递给参与人 2 的有关自己（参与人 1）类型的信息。

但是，在某些情况下，剔除劣战略的方法会显得非常无力。例如，在某些存在混同均衡的博弈中，剔除劣战略的方法并不能帮助我们减少混同均衡的数量。这是因为，在这些情况下，参与人并不存在劣战略。为了剔除不合理的混同均衡，我们必须对非均衡路径的后验概率作更加严格的限制。直观标准就是这样的一个工具，他能作为剔除劣战略方法的一个很好的补充。下面让我们对其进行简单的介绍。

5.4.2 直观标准

克瑞普斯（Kreps，1984）和克瑞普斯 · 曹（Kreps Cho，1987）的“直观标准”（intuitive criterion）将劣战略扩展到相对于均衡战略的劣战略，从而通过剔除更多劣战略的办法减少均衡数量，进一步改进了精炼贝叶斯均衡概念。

这里，我们不给出例子，直接给出直观标准的描述和定义。

定义 5.8 假定$(a_1^*,a_2^*;\tilde{\mu})$是博弈的一个精炼贝叶斯均衡。令$u_1^*(\theta_1)$是类型为$\theta_1$的参与人 1 的均衡效用水平。那么，我们称$a_1^1\in A_2$是参与人 1 相对于均衡$(a_1^*,a_2^*;\tilde{\mu})$的一个劣战略，如果对于博弈的参与人 2 的所有行动$a_2\in A_2$，下列条件成立：

$$u_1(a_1^1,a_2,\theta_1)\leqslant u_1^*(\theta_1)$$

（其中至少有一个严格不等式对某些$a_2\in A_2$成立。）

更进一步，我们令$\tilde{\Theta}_1\subset\Theta_1$是所有满足上述不等式的 θ_1 的集合。如果有$\tilde{\Theta}_1\neq\Theta_1$，那么，参与人 2 在非均衡路径上合理的后验概率为：

$$\sum_{\theta_1\in\tilde{\Theta}_1}\tilde{\mu}(\theta_1|a_1^1)=0$$

定义中条件$u_1(a_1^1,a_2,\theta_1)\leqslant u_1^*(\theta_1)$表示的是，没有任何一种类型$\theta_1\in\tilde{\Theta}_1$的参与人 1 想偏离均衡；条件$\tilde{\Theta}_1\neq\Theta_1$则意味着，至少有一类型的参与人 1（不属于$\tilde{\Theta}_1$）想偏离均衡。因此，当观测到不可能的行动（事件）$a_1^1$时，参与人 2 应该认为，参与人 1 属于类型$\theta_1\in\tilde{\Theta}_1$的后验概率为 0。

在上述定义 5.8 中，我们允许参与人 2 在非均衡路径上选择任何行动$a_2\in A_2$。实际上，对于参与人 2 来说，某些行动a_2是不合理的。毕竟，不论后验概率是什么，参与人 2 总是选择最优的行动。如果我们将上述定义中的a_2限于给定任何后验概率$\tilde{\mu}$下的参与人 2 的最优行动（最优反应），即：

$$a_2\in\operatorname{argmax}(\sum_{\theta_1\in\tilde{\Theta}_1}\tilde{\mu}(\theta_1|a_1^1)u_2(a_1^1,a_2,\theta_1))$$

那么，在上述限制下，劣战略的范围可以进一步扩大。

根据上述观点，如果一个均衡存在着某些a_1^1和某些 θ_1，使得$u_1(a_1^1,a_2,\theta_1)\leqslant u_1^*(\theta_1)$和$\theta_1\in\tilde{\Theta}_1\neq\Theta_1$，这个均衡就是不合理的。因此，“直观标准”剔除所有这些不合理的贝叶斯均衡，进一步改进了精炼贝叶斯均衡。

5.4.3 克瑞普斯—威尔逊（Kreps-Wilson）序贯均衡

从博弈论发展史的角度看，精炼贝叶斯均衡的概念可以说是一系列不同名称的均衡概念的一个收敛极限。在下面的两部分，我们将会简单地介绍序贯均衡和颤抖手均衡。在介绍的过程中，我们将不会结合或者很少结合例子来进行介绍，而这两个概念的具体应用我们将在 5.5 节进行介绍。在下面的介绍中，我们将会看到，颤抖手均衡是比序贯均衡更为精炼的概念，而后者又比精炼贝叶斯均衡更加精炼。

总的来说，序贯均衡是在贝叶斯均衡概念的基础上增加了一个新的要求，这个新的要求是：在博弈到达的每一个信息集上，无论该信息集是否在均衡路径上，参与人的行动必须由某种与之前所发生的事件（参与人的类型或者行动）相关的信念（概率）“合理化”（rationalized）。我们知道，均衡路径的后验概率由贝叶斯法则定义，而序贯均衡则对非均衡路径上的后验概率作了限制，具体是：假定在每一个信息集上，参与人选择严格混合战略（strictly mixed strategies），从而博弈到达每一个信息集的概率严格为正，贝叶斯法则在每一个信息集上都有定义；然后将均衡作为严格混合战略组合和与此相联系的后验概率序列的极限。这样，我们就把判断一个战略组合和后验概率是否是一个均衡的问题转化为一个极限的判断问题。

为了给出序贯均衡的定义，我们结合有关博弈树的一些基本概念来进行介绍。考虑一个 n 人有限博弈。我们用 X 表示决策结的集合，$x \in X$ 表示一个特定的决策结，$h(x)$表示包含决策结 x 的信息集，$i(x)$或者 $i(h)$表示在决策结 x 或信息集 h 上行动的参与人 i，$\sigma_i(\,|x)$或 $\sigma_i(|h(x))$ 表示参与人 i 在 x 上的混合战略，Σ 表示所有战略组合 $\sigma=(\sigma_1, \sigma_2, \ldots, \sigma_n)$的集合。给定 σ，$P^\sigma(x)$ 和 $P^\sigma(h(x))$分别表示博弈进入决策结 x 和信息集 h 的概率，$\mu(x)$或 $\mu(h(x))$表示给定博弈到信息集 $h(x)$的情况下参与人 $i(h)$在 $h(x)$上的概率分布，μ 表示所有 $\mu(h(x))$的集合，$U_{i(h)}(\sigma|h,\mu(h))$ 表示参与人 $i(h)$在 $h(x)$的期望效用。令 Σ^0 表示所有严格混合战略组合的集合，如果 $\sigma \in \Sigma^0$，那么，对于所有的决策结 x，$P^\sigma(x)>0$，即博弈到达每一个决策结的概率严格为正，因此，贝叶斯法则在每一个信息集上都有定义：$\mu(x)=P^\sigma(x)/P^\sigma(h(x))$。

克瑞普斯和威尔逊称(σ, μ)为一个“状态”（assessment），它由所有参与人的战略组合和所有信息集上的概率分布组成。令 Ψ 为所有(σ, μ)的集合，Ψ^0 是所有 σ 为严格混合战略的(σ, μ)的集合。序贯均衡可以定义如下。

定义 5.9 (σ,μ)是一个序贯均衡，如果它满足下列两个条件。

(S) (σ, μ)是序贯理性的（sequentially rational）：在所有的信息集 h 上，给定后验概率 $\mu(h)$，没有任何参与人 i 想偏离 $\sigma_{i(h)}$；即：对于所有的可行战略 $\sigma^1_{i(h)}$，满足

$$u_{i(h)}(\sigma|h,\mu(h)) \geqslant u_{i(h)}((\sigma^1_{i(h)},\sigma_{-i(h)})|h,\mu(h))$$

(C) (σ, μ)是一致的（consistent）：存在一个严格混合战略组合序列$\{\sigma^m\}$和贝叶斯法则决定的概率序列 μ^m，使得(σ,μ)是(σ^m,μ^m)的极限，即：

$$(\sigma,\mu)=\lim_{m\to+\infty}(\sigma^m,\mu^m)$$

可以将上述定义 5.9 与本章第 1 节中的精炼贝叶斯均衡定义 5.2 作一个比较：其中条件(S)是条件(P)的扩展，条件(C)是条件(B)的扩展。而对于多阶段博弈而言，条件(S)等价于条件(P)，条件(C)则与条件(B)等价。

在序贯均衡的定义 5.9 中，一致性要求(C)是序贯均衡概念最重要的创造。序列(σ^m, μ^m)可以理解为均衡(σ, μ)的“颤抖”；颤抖的存在使得贝叶斯法则可以应用于博弈的所有路径。这也是序贯均衡与精炼贝叶斯均衡的主要区别，一致性条件(C)比贝叶斯法则中的条件(B)更强，满足一致性条件的均衡一定满足贝叶斯法则，但是逆定理是不成立的。也就是说，序贯均衡比精炼贝叶斯均衡的范围更小，更加精炼。不过，弗德伯格和泰勒尔（Fudenberg and Tirole，1991）证明，在多阶段不完全信息博弈中，如果每个参与人最多只有两种类型，或者博弈只有两个阶段，那么，条件(B)等价于条件(C)，因此，在这种情况下，精炼贝叶斯均衡与序贯均衡是重合的。克瑞普斯和威尔逊证明，在“几乎所有的”博弈中，序贯均衡与贝叶斯均衡是相同的概念。因此，贝叶斯均衡得到了更加广泛的使用。

5.4.4 泽尔腾（Selten）的颤抖手均衡

泽尔腾（1975）使用战略式博弈引入颤抖手均衡的概念（trembling-hand perfect equilibrium）。颤抖手的基本思想是，在博弈中，任何一个参与人都不是完美无缺的，都有一定的概率犯错误（mistakes）；犯错误的过程就像是一个人用手抓住他想抓住的东西时，手一

颤抖，他就可能抓不住那个东西了。基于以上的思想，我们认为，对于博弈的一个战略组合，只有当所有参与人都可能犯错误时，这个战略仍然是每一个参与人的最优战略时，才是一个均衡。泽尔腾将非均衡事件的出现定义为参与人的“颤抖”，参与人并不是蓄意作出这样不合乎均衡的举动，而是一个非蓄意的错误。通过引入“颤抖”的概念，博弈树上的每个决策结出现的概率都为正，从而每一个决策结上的最优战略都有定义，原博弈的均衡就可以理解为被颤抖扰动后的博弈的均衡的极限。

下面我们给出颤抖手均衡的正式定义。与上一小节定义序贯均衡概念时类似，我们借助有关博弈树的一些基本概念进行定义。

定义 5.10 在 n 人战略式表述博弈中，纳什均衡$(\sigma_1, \sigma_2,\ldots, \sigma_n)$是一个颤抖手均衡，如果对于每一个参与人 i，存在一个严格混合战略序列$\{\sigma_i^m\}$，使得下列条件满足：

(Q)对于每一个 i，$\lim\limits_{m\to+\infty} \sigma_i^m = \sigma_i$；

(K)对于每一个 i 和 m=1，2，…，σ_i 是战略组合 $\sigma_{-i}^m = (\sigma_1^m,\sigma_2^m,\ldots,\sigma_{i-1}^m,\sigma_{i+1}^m,\ldots,\sigma_n^m)$ 的最优反应，即：对任何可选择的混合战略 $\sigma_i' \in \Sigma_i$，

$$u_i(\sigma_i,\sigma_{-i}^m) \geqslant u_i(\sigma_i',\sigma_{-i}^m)$$

定义 5.10 所说的是，在博弈中，每一个参与人 i 打算选择 σ_i，并且假定其他参与人打算选择 σ_{-i}；不过，参与人这样的信念并不是坚定不移的，每个参与人 i 都会怀疑其他参与人可能错误地选择σ_{-i}^m（$\neq \sigma_{-i}$）。条件(Q)说的是，尽管每个参与人都有犯错误的可能，但最终错误收敛于 0（颤抖的手最终都能抓住想抓住的东西）；条件(K)表示的是，每一个参与人选择的战略 σ_i 不仅在其他参与人不犯错时是最优的，而且在其他人“颤抖”的情况下也是最优的（其他人选择了 σ_{-i}^m）。

但是，上述利用战略式博弈定义的颤抖手均衡有一个缺陷，就是：战略式博弈允许同一参与人在博弈的不同阶段所犯的错误（颤抖）具有相关性。这样将导致在某些博弈中得出的颤抖手均衡并不一定是子博弈精炼均衡，这样将会导致颤抖手均衡概念在精炼方面的能力和准确性。为了排除参与人犯错误的动态相关性，泽尔腾（1975）引入了“代理人—战略式表述”，以修正颤抖手均衡的概念。这样，在修正的颤抖手均衡的概念中，两个不同参与人颤抖的概率将会是独立的，就能避免上述所讲的情况（颤抖手均衡并不一定是子博弈精炼均衡），使得颤抖手均衡的定义更加合理，更加精炼。

除了序贯均衡和颤抖手均衡外，还有两个需要注意的均衡概念是梅耶森（Myerson，1978）的“适度均衡”（proper equilibrium）和考尔伯格和默顿（Kohlberg and Merten，1986）的“稳定均衡”（stable equilibrium）。适度均衡是在颤抖手均衡的概念上再加上一个要求，而稳定均衡则是一个相对来说比较复杂的均衡概念。有关适度均衡和稳定均衡的更详细讨论，请参阅原文或者弗德伯格和泰勒尔（Game Theory，Gambridge，MA: MIT Press，1991）第 356–359 页和第 11 章第 1 节。

5.5 应用举例——扩展讨论

基于序贯均衡比精炼贝叶斯均衡更加精炼、颤抖手均衡又比序贯均衡更加精炼的事实，

我们下面将介绍一个例子，并且利用颤抖手均衡概念对例子进行分析和研究，说明“颤抖”是如何改进（精炼）均衡集的；并在例子的研究中加入代理人—战略式表述，我们将看到，代理人–战略式表述将对颤抖手均衡的精炼起着重要的作用。

例：在一个动态博弈中，有两个参与人 1 和参考人 2。参与人 1 先行动，他有两个可能的选择：A 和 B。如果参与人 1 选择行动 A，则博弈结束，两个参与人得到的支付（payoff）为（1，2）；如果参与人 1 选择行动 B，则博弈进入第二阶段；在第二阶段，轮到参与人 2 行动，他同样有两个选择：M 和 N。如果参与人 2 选择 M，则博弈结束，参与人得到的支付为（0，3）；如果参与人 2 选择行动 N，则博弈进入第三阶段。在这个阶段，无论参与人 1 选择什么行动，博弈都将结束。参与人 1 此时有两种选择：A_1 和 B_1。如果参与人 1 选择 A_1，则得到的支付是（2，1）；如果参与人 1 选择 B_1，则得到的支付将会是（3，4）。我们在表 5.1 把该博弈表示出来。

表 5.1　代理人—战略式表述 I

		参与人 2	
		M	N
参与人 1	A	(1, 2)	(1, 2)
	BA_1	(0, 3)	(2, 1)
	BB_1	(0, 3)	(3, 4)

下面利用未引入“代理人—战略式表述”（agent–strategic form）的颤抖手均衡对上述例子进行分析。我们可以知道，战略（A，M）是一个颤抖手均衡（概念未引入“代理人—战略式表述”，可以说是旧的颤抖手均衡概念），这是因为：如果参与人 2 选择行动 M 的概率非常大（大于 2/3），参与人 1 的最优选择就是 A；另一方面，如果参与人 1 以$(1-2/k)$选择行动 A，分别以 $1/k$ 的概率选择行动 BA_1 或者 BB_1（这时，可以把 $2/k$ 看成是参与人 1 犯错误的概率），那么，参与人 2 选择行动 M 的期望是 $2\times(1-2/k)+3\times1/k+3\times1/k=2+2/k$，选择行动 N 的期望则是 $2+1/k$，所以，对于参与人 2 来说，行动 M 优于 N；令 $k\to+\infty$，我们就能得到(A, M)是一个颤抖手均衡。

但是，正如上面所述，如果不在颤抖手均衡的概念中引入“代理人—战略式表述”，那么，上述均衡将会在重复剔除劣战略的过程中被剔除掉：因为，从表中我们可以看出，战略 BA_1 弱劣于 BB_1；在剔除战略 BA_1 后，行动 N 弱优于 M。因此，(A, M)被剔除了。

把“代理人—战略式表述”引入颤抖手均衡以对均衡概念进行修正，就可以避免上述情况的发生。根据代理人—战略式表述，我们可以把博弈中参与人 1 所做的两次战略选择转化为两个不同参与人的一次战略选择。我们把转化出来的两个不同的参与人称为代理人（类似于参与人 1 雇佣的帮助其进行决策的代理人）。因为每个代理人都是独立行动的，因而假定他们犯错误（颤抖）的概率也是独立的。在这个假定下，我们就能避免颤抖手均衡被重复剔除劣战略所剔除的情况出现。表 5.2 是表 5.1 中博弈的代理人–战略式表述，这里，参与人 1“雇佣”了两个代理人 1 和 2 分别为其进行决策：代理人 1 的任务是为参与人 1 选择哪一个矩阵，是(a)或者是(b)；而代理人 2 的任务则是在选定的矩阵中为参与人 1 参与的博弈进行决策。

表 5.2　代理人—战略式表述Ⅱ

矩阵(a)			
		参与人 2	
		M	N
代理人 1	A_1	(1, 3)	(2, 1)
	B_1	(1, 3)	(3, 4)
矩阵(b)			
		参与人 2	
		M	N
代理人 2	A_1	(0, 1)	(0, 1)
	B_1	(0, 1)	(0, 1)

实际上，代理人—战略式表述博弈是一个纯技术性工具，因此，有关精炼均衡的其他概念，例如子博弈精炼均衡、精炼贝叶斯均衡、序贯均衡、适度均衡以及稳定均衡等均衡概念，都可以定义在代理人—战略式博弈上。巧妙地利用代理人—战略式表述博弈的特点，将对均衡概念的合理性以及精炼性有很大的帮助。

【提示问题】

1. 结合本章典型应用例子进行讨论，如何构建你们自己小组的扩展模型?
2. 结合本章典型应用例子以及你们本组的扩展模型讨论，如何求解其精炼贝叶斯纳什均衡?

【教师注意事项及问题提示】

通过引导学生分析本章典型应用案例中的各类型均衡的特点，让学生掌握不完全信息动态博弈的建模思想以及求解均衡解的技能。

课后习题

1. 分析信贷行为中的不完全信息动态博弈。
2. 分析出口退税问题的不完全信息动态博弈。
3. 给定如图 5.7 所示的博弈树：

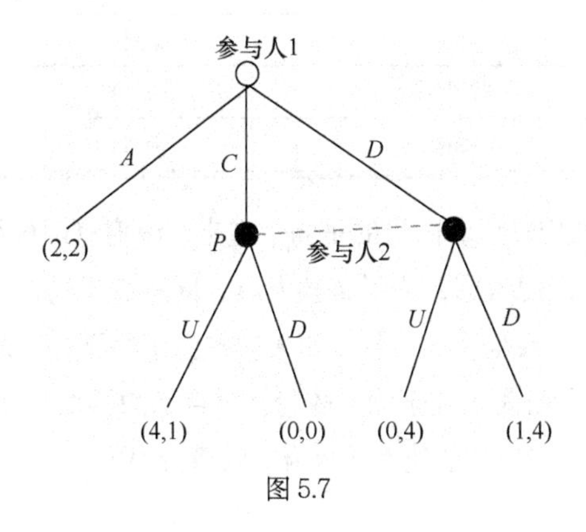

图 5.7

（1）求它的纳什均衡。

（2）参与人 1 选 A 结束是子博弈精炼纳什均衡吗？

（3）证明$(A, D, P = 1/3)$序贯均衡。

4. 给出表 5.3 所示的扩展式表述（博弈树），并找出博弈的子博弈精炼纳什均衡和精炼贝叶斯均衡。

表 5.3

		参与人 2	
		M	*N*
参与人 1	*C*	(5, 2)	(1, 1)
	B	(4, 1)	(1, 2)
	A	(3, 3)	(3, 3)

5. 在一个博弈中，参与人 1 有两种类型：θ_1（强大）和 θ_2（弱小），参与人 1 属于这两种类型的概率分别为 0.9 和 0.1；参与人 2 只有一种类型：恃强凌弱。参与人 1 知道自己的类型，参与人 2 只知道参与人 1 的类型的分布函数。参与人 1 的行动是选择吃午餐时是否喝啤酒；参与人 2 观测到参与人 1 午餐的内容，然后判断参与人 1 所属的类型，选择是否袭击他。如果参与人 1 是强者，对应不同行动组合的支付矩阵见表 5.4(a)；如果参与人 1 是弱者，那么对应不同行动组合的支付矩阵见表 5.4(b)。试证明：（不喝啤酒，不袭击；p=0.1，$q \geqslant 1/2$）是一个混同精炼博弈树均衡，这个混同均衡满足“剔除劣战略标准”，但不满足“直观标准”（这里，p 是给定参与人 1 不喝啤酒的情况下，参与人 2 认为参与人 1 属于弱者的概率；q 是给定参与人 1 喝啤酒的情况下，参与人 2 认为参与人 1 属于弱者的概率）。

表 5.4　喝啤酒—袭击博弈

(a)参与人 1 是强者			
		参与人 2	
		袭击	不袭击
参与人 1	喝啤酒	(1, –1)	(3, 0)
	不喝啤酒	(0, –1)	(2, 0)
(b)参与人 1 是弱者			
		参与人 2	
		袭击	不袭击
参与人 1	喝啤酒	(0, 1)	(2, 0)
	不喝啤酒	(0, 1)	(3, 0)

6. 考虑劫机事件。假定劫机者的目的是为了逃走，政府有两种可能的类型：人道型和非人道型。人道政府出于人道的考虑，为了解救人质，同意放走劫机者；非人道政府在任何时候总是选择把飞机击落。如果是完全信息，非人道统治下将不会有劫机者，人道政府统治下将会有劫机者。现在假定信息是不完全的，政府知道自己的类型，（潜在）劫机者不知道。什么是人道政府的最优选择？如何才能使人道政府的政策变得可信？

知识扩展

戴维·克雷普斯（David M. Kreps，1950—）

1．人物简介

戴维·M·克雷普斯（David M.Kreps），简称戴维·克雷普斯。斯坦福大学商学院的经济学教授，世界博弈理论研究的领军人物，他与威尔逊提出的序贯均衡概念（Kreps & Wilson，1982），是对不完全信息动态博弈的解概念的重要突破。克雷普斯于1989年获得“小诺贝尔奖”之称的克拉克奖。

2．学术贡献

克雷普斯教授的博弈论思想对经济学家的思维方式产生了深刻影响。他的《博弈论与经济模型》这部著作自1990年由牛津大学出版社出版以来，畅销至今。克雷普斯指出，仅就在经济学上的应用而言，博弈论的主旨是帮助经济学家理解和预测在经济环境中已经发生与将要发生的事情。

KMRW声誉模型（Reputation Model）讨论的是不完全信息重复博弈中的合作行为。克雷普斯、米尔格罗姆、罗伯茨和威尔逊四人建立的所谓KMRW声誉模型证明：参与人对其他参与人支付函数或战略空间的不完全信息对均衡结果有重要影响，合作行为在有限次重复博弈中会出现，只要博弈重复的次数足够长。特别地，“坏人”可能在相当长一段时期表现得像“好人”一样。当只进行一次性交易时，理性的参与者往往会采取“机会主义”行为，通过欺诈等“非名誉”手段来追求自身收益最大化，其结果只能是“非合作博弈均衡”。但当重复多次交易时，为了获取长期利益，参与者通常需要建立自己的“声誉”，一定时期内“合作博弈均衡”就能够实现。此外，克雷普斯在企业文化与人力资源方面也有突出贡献。

克雷普斯的主要论文著作如下：

[1] Kreps D M. Game theory and economic modelling[M]. Oxford: Clarendon Press, 1990.

[2] Kreps D M. Notes on the Theory of Choice[M]. Boulder: Westview press, 1988.

[3] Kreps D M, Wilson R. Reputation and imperfect information[J]. Journal of economic theory, 1982, 27(2): 253-279.

[4] Kreps D M, Ramey G. Structural Consistency, Consistency, and Sequential Rationality[J]. Econometrica, 1987, 55(6): 1331-48.

[5] Fudenberg D, Kreps D M, Maskin E S. Repeated games with long-run and short-run players[J]. The Review of Economic Studies, 1990, 57(4): 555-573.

[6] Fudenberg D, Kreps D M. Learning mixed equilibria[J]. Games and Economic Behavior, 1993, 5(3): 320-367.

[7] Fudenberg D, Tirole J. Perfect Bayesian equilibrium and sequential equilibrium[J]. Journal of Economic Theory, 1991, 53(2): 236-260.

[8] Kreps D M, Milgrom P, Roberts J, et al. Rational cooperation in the finitely repeated prisoners' dilemma[J]. Journal of Economic theory, 1982, 27(2): 245-252.

[9] Kreps D M, Cho I K. Signaling Games and Stable Equilibria[J]. Quarterly Journal of Economics, 1987, 102(2): 179-221.

罗伯特·威尔逊（Robert Wilson，1937—）

1．人物简介

罗伯特·威尔逊（Robert Wilson）于1963年获得哈佛大学商业管理博士学位，曾当选为美国科学院院士（1994）和世界计量经济学会主席（1999）。现任斯坦福大学商学院教授。威尔逊是博弈论及其应用方面的专家，他的研究和教学重点是市场设计、定价、谈判以及产业组织和信息经济学的相关问题。作为产业组织理论早期代表人物之一，他在价格理论、市场设计等领域作出了突出贡献。

2．学术贡献

威尔逊于1968年发表论文《集团理论》，该论文影响了整整一代学习金融、会计和经济学的学生。从1970年起，威尔逊开始从事博弈论研究，并作出了重要贡献，尤其是他和克雷普斯（Kreps）一起提出的序贯均衡概念（Kreps & Wilson 1982），是对不完全信息动态博弈的解概念的重要突破。

从1980年开始，威尔逊对于拍卖机制设计的理论与应用的研究取得重要成果，成为电信、交通和能源等领域的拍卖与竞标机制设计的权威学者。1993年，威尔逊的价格机制研究的集大成之作《非线性定价》由牛津大学出版社出版，该书对费率设计和电信、交通和能源等公用事业相关主题进行了百科全书式的分析，该权威著作为他赢得了很高荣誉。

威尔逊的主要著作如下：

[1] Wilson R. A game-theoretic analysis of social choice[J]. Social Choice (NY: Gordon and Breach, 1971), 1968: 393-408.

[2] Wilson R. Computing equilibria of n-person games[J]. SIAM Journal on Applied Mathematics, 1971, 21(1): 80-87.

[3] Bloomfield S, Wilson R. The postulates of game theory[J]. Journal of Mathematical Sociology, 1972, 2(2): 221-234.

[4] Wilson R. Computing equilibria of two-person games from the extensive form[J]. Management Science, 1972, 18(7): 448-460.

[5] Wilson R. The game-theoretic structure of Arrow's general possibility theorem[J]. Journal of Economic Theory, 1972, 5(1): 14-20.

[6] Kreps D M, Wilson R. Reputation and imperfect information[J]. Journal of economic theory, 1982, 27(2): 253-279.

[7] Kreps D M, Wilson R. Sequential equilibria[J]. Econometrica: Journal of the Econometric

Society, 1982: 863-894.

[8] Wilson R. Game-theoretic analyses of trading processes[R]. in T. Bewley (ed.), Advances in Economic Theory 1985, Cambridge University Press, New York, 1987.

[9] Govindan S, Wilson R. Uniqueness of the index for Nash equilibria of two-player games[J]. Economic Theory, 1997, 10(3): 541-549.

[10] Govindan S, Wilson R. A decomposition algorithm for N-player games[J]. Economic theory, 2010, 42(1): 97-117.

第6章　委托—代理理论

从本章开始，我们将进入信息经济学的核心内容。委托—代理模式反映了现实生活中一类很广泛的经济管理现象。实际上，所有的商业合作都可以纳入委托—代理框架。在委托—代理框架中，存在信息不对称，也存在动态决策顺序。一般认为，任何有组织的或需要进行组织的行动，都需要某种契约协调组织内部人与人之间的行为，当这些社会契约在经济活动中存在并发挥效用时，就成为经济制度的基本内容之一。本章将逐一介绍委托—代理的概念和理论，通过这些知识的学习，将有助于探讨现实社会经济契约如何达成，效率如何，以及市场参与者如何改进和限制这些契约的作用等问题。

【学习目标】

通过本章的学习，应掌握以下问题：

- 掌握委托—代理理论简单模型的架构，包括其关系假设、信息结构特点；
- 了解委托—代理理论与激励机制设计之间的关系，把握委托—代理核心理论的发展脉络；
- 明确激励机制设计的目标，掌握激励相容约束和参与约束，理解激励机制的内涵和意义；
- 掌握委托—代理关系的基本分析框架，了解委托—代理理论的具体应用。

【能力目标】

- 帮助学生建立委托—代理理论的基本分析思路；
- 培养学生将委托—代理原理灵活运用于现实生活领域中的现象分析，具有建立简单的委托—代理模型的能力；
- 进一步培养学生将委托—代理的思想融入经济管理问题的研究分析中，提高学生通过契约设计，即通过设计博弈的规则来实现激励目的的能力。

【引导案例：猎人与猎狗的博弈寓言】

一个猎人领着5只猎狗在森林中依靠打猎为生。猎人若仅依靠继承的财产，只能勉强养活自己以及给这些猎狗们仅可以充饥的狗食，因此猎人和猎狗都需要通过捕获当地的猎物——野兔来提高生活质量。于是，猎人就制订一个对猎狗的管理激励机制：凡是在打猎中抓到野兔的猎狗，就可以得到一份包含有野兔肉的狗食，抓不到野兔的则只能依旧有一份勉强充饥的劣质狗食。这一招果然有效，猎狗们纷纷努力去追野兔，因为谁也不愿意看见别人吃肉而自己仅吃劣质狗食。

可是，过了一段时间，问题出现了，猎人发现虽然每天都能捕到5只野兔，但野兔的个头却越来越小。原来有些善于观察的猎狗，发现大野兔不仅跑得快且逃跑经验丰富，而小野兔逃跑速度相对比较慢且逃跑经验也少，所以小野兔比较好抓。而猎人的奖励制度是按数量分配的，与野兔大小无关，从而导致聪明的猎狗只抓小野兔。

猎人还发现这 5 只猎狗能力有差别，有的特别善于抓大野兔。于是经过思考后，决定改革分配机制：只要能抓到野兔的，不论野兔个头大小，都有一份固定数量的肉食，并且根据野兔数量和重量来确定另外一份奖赏。但是仔细一想，还有很多问题，固定数量的比例应该是多少，按野兔数量和重量额外奖赏的比例又应该是多大呢？猎狗会不会自己跑出去抓野兔而不上缴呢？面临着这一系列的问题，猎人可犯难了，你如何给猎人一个好的建议呢？

6.1 委托—代理的基本概念

6.1.1 委托—代理关系的概念

委托—代理（principal-agent relation）的概念最先源自于法律。在法律关系中，当 A 授权 B 代表 A 从事某项活动时，委托—代理关系就发生了。A 称为委托人，B 即为代理人。简单地说，就是一个人（代理人）以另一个人（委托人）的名义来承担和完成一些事情，更通俗地说，就是委托人出钱或付出相应的代价请代理人按照自己的意愿办事。

现代意义上的委托—代理关系的概念最早是由罗斯（Ross，1913）提出的："如果当事人双方，其中代理人一方代表委托人一方的利益行使某些决策权，则委托—代理关系就随之产生了。"如今，委托—代理被广泛应用于经济活动中，它泛指任何一种涉及不对称信息的交易，交易前后，市场参与者之间所掌握的信息是不对称的，掌握信息多、具有相对信息优势的一方称为代理人；掌握信息少、具有相对信息劣势的一方称为委托人。经济学中的委托—代理关系就是处于信息优势与处于信息劣势的市场参与者之间的经济关系。也可以这样说，委托—代理是起源于"专业化"的存在。当存在专业化时，就可能出现这样一种关系：代理人（具有专业化知识的一方）因为相对信息优势而代表委托人行动（Hart and Holmstrom，1987）。其中，代理人是"知情者"（informed player），委托人是"不知情者"（uninformed player）。知情者的私人信息（行动或知识）影响不知情者的利益，或者说，不知情者不得不为知情者的行为承担风险。

社会是由众多个体构成的，人与人之间时刻发生着各种各样的联系。由于不对称信息在社会经济活动中相当普遍，所以许多社会经济关系都可以归结为委托—代理关系。例如，政府与企业、股东与经理、雇主与雇员、消费者与厂家、计算机用户与服务商、信息经纪人与信息用户、病人与医生等，他们之间都可以构成委托—代理关系。除了正式的有书面合同（协议）的委托—代理关系，还有口头委托的较为明显的委托—代理关系，例如母亲给钱让孩子自己去吃午饭，在这种"口头合同"中，母亲是委托人，儿子是代理人。此外，社会经济关系中还有大量隐含的委托—代理关系，诸如老百姓与政府官员、选民与议员的关系等。

同一种社会关系中可能包含有多种不同的委托—代理关系。例如软件生产商与软件用户的关系，对于软件的生产成本、软件性能等方面的信息，生产商掌握的比用户多，生产商是代理人，用户是委托人，从这一方面来说是“用户委托生产商进行生产”；对于需求欲望、支付能力等方面的信息，用户掌握的比生产商多，那么委托人就是生产商，代理人就是用户，从这一方面来说又是“生产商委托用户进行消费”。可见，委托—代理关系是与不对称信息相联系的，针对不同的不对称信息，可以构成不同的委托—代理关系，对于参与各方，我们不能简单地说哪一方是委托人，哪一方是代理人。

6.1.2 构成委托—代理问题的基本条件

委托—代理理论主要讨论这样的问题：委托人努力使代理人按照自己的利益选择行动，但他无法直接观测到代理人选择了何种行动，他能观测到的只是一些相关的结果。这些结果主要是关于代理人行动的不完全信息，是由代理人的行动和一些随机因素共同决定的，委托人无法从可观测的结果中得到代理人行动的全部信息。委托人需要解决的问题是：与代理人博弈时，应当采取怎样的策略，使代理人选择对委托人最有利的行动。例如，在雇主与雇员这种委托—代理关系中，雇主掌握着大量的市场信息和私人信息，包括企业的运营状况、市场的供需情况、市场环境变化对企业生产的影响、企业员工工作努力程度等，而这些信息不为雇员所掌握，至少是不完全掌握。雇员只知道自己的工资和福利情况，这些情况取决于雇主所作的决定，而这些决定依赖于雇主所掌握的外部环境信息。出于自身利益考虑，雇员想要掌握这些信息，这就导致了雇员与雇主之间的讨价还价，以及最后让双方都合意的契约的形成。这种契约及契约约束之下的行动可以看作是非对称信息条件下参与者之间的策略及其策略均衡的结果，这种契约称为均衡契约，也叫均衡合同。委托—代理的均衡合同是处于信息优势和处于信息劣势的市场参与者之间进行博弈的结果。

归纳可知，构成委托—代理关系的基本条件有如下三个。

第一，市场中存在两个或两个以上（包括委托人和代理人双方）相互独立的利益主体，且双方都是在约束条件下以自身效用最大化为追求目标。在这两个主体中，代理人为委托人工作，需要在许多可供选择的行为中选择一项预定的行动，该行动既影响其自身收益，也影响委托人的收益；委托人具有付酬能力，给代理人支付报酬，并有权决定报酬的支付方式和数量，即委托人在代理人选择行为之前就与代理人签订某种合同，该合同明确规定代理人的报酬取决于委托人观察到的代理行为结果。

第二，代理人与委托人都面临市场的不确定性和风险，并且他们所掌握的信息处于不对称状态。也就是说，委托人不能直接观察代理人的具体行为；代理人也不能完全控制所选择的行为导致的最终结果。因为代理人选择行为的最终结果是一个随机变量，其分布状况不仅依赖于代理人的行为，还取决于其他一些随机因素，这些随机因素不为任何一方所观测和控制。正因为如此，使得委托人不能完全根据观察到的代理行为的最终结果来判断代理人的努力程度和工作绩效。

第三，委托人不得不为代理人的决策或行为承担一定的风险，也就是说，代理人的私人信息（行动或知识）可能影响委托人的收益。

以上三点是建立委托—代理关系的基本条件。而在建立和维护委托—代理关系的过程中，如何确定对委托、代理双方都有利的合同，即构建参与双方都能接受的合同（均衡合同）是委托—代理关系的核心内容。这样的均衡合同同样也要满足3个条件：

第一，代理人刺激一致性或激励相容约束条件，即代理人以行动效用最大化原则选择具体的行动。

第二，代理人参与约束条件，即在具有“自然”干预的情况下，代理人履行合同所获收益不能低于期望收益。

第三，委托人收益最大化条件，即在代理人执行这个合同后，委托人所获收益最大化，采用其他合同都不能使委托人的收益超过或等于执行该合同所取得的收益。

激励相容约束条件说明，代理人以行动效用最大化原则选择具体的操作行动，代理人达到期望的最大效用时，也保证委托人预期收益最大。参与约束说明，代理人完成均衡合同后所获收益不低于期望收益，也就是说，代理人接受委托人合同的预期收益不能低于他在等成本约束条件下从别的委托人处获得的收益。达成委托—代理均衡合同，既要满足激励相容条件，也要符合参与约束条件。这两个条件同样也是激励机制设计应满足的两个原则。

6.2 委托—代理模型

委托—代理关系是与信息的不对称性紧密相连的。信息的不对称性可以从两个角度划分：一是不对称发生的时间，二是不对称信息的内容。根据不对称信息发生的时间和内容，可以将委托—代理关系划分为不同的模型。从不对称发生的时间来看，不对称性可以发生在当事人签约之前，也可以发生在当事人签约之后，分别称为事前（ex ante）不对称和事后（ex post）不对称。研究事前不对称信息的模型称为逆向选择（adverse selection）模型，研究事后不对称信息的模型称为道德风险（moral hazard）模型。从不对称信息的内容来看，既可指某些参与者的行动，又可指某些参与者的知识。研究不可观测行动的模型称为隐藏行动（hidden action）模型，研究不可观测知识的模型称为隐藏知识（hidden knowledge）模型或隐藏信息（hidden information）模型。

6.2.1 事前的隐藏信息博弈

这类博弈包括逆向选择、信号传递（Signaling）和信息甄别（Screening）。

逆向选择的著名例子是二手车市场；信号传递就是信号博弈，如Spence模型；信息甄别是一种解决事前信息不对称的机制设计，它是通过分离均衡而达到将不同类型参与人加以识别开来的目的。这类不对称信息博弈还包括保险市场、金融市场、垄断者价格歧视、公司内部持股比例、公司资本结构等模型。在保险公司与投保人之间签订保险合约时，保险公司不是很清楚投保人的健康状况。商业银行在贷款给企业时，对企业或项目的还款能力也不是很清楚。垄断者在销售其产品时，不是很清楚顾客的需求强度，因而设计一些歧视性价格来揭示出顾客的需求强度类型，此时博弈表现为信息甄别。公司内部持股比例越高，说明公司越好，因为内部人比外部投资者更清楚公司的实力，这也是一种信号传递博弈。

6.2.2 事后的隐藏信息博弈

这是一种道德风险模型所表达的情形。这类博弈，有股东与经理之间、债权人与债务人之间、经理与销售人员之间、雇主与雇员之间、原告或被告与代理律师之间的委托—代理关系。经理作为股东的代理人，可能会做出利己但损害股东利益的道德风险行为。债务人可能将债权人借给他的钱用于高风险项目，从而损害债权人利益。销售人员可能未尽心尽力推销企业产品，但又将不良的销售业绩归咎于市场需求不足，等等。

6.2.3 事后的隐藏行动博弈

这也是一类道德风险模型描述的情形。当投保人在取得保险合约之后，不保重身体（不良生活习惯如饮酒、吸烟等），或不注意防盗，不注意汽车保养，佃农不努力劳作，经理不努力经营，雇员不努力工作，债务人不控制项目风险，房东不加强房屋修缮，房客不注意房屋维护，议员不真正代表选民利益，政府官员不廉洁奉公，律师不努力办案时，事后隐藏行动的道德风险就出现了。对一个社会来说，犯罪分子的犯罪行为也是这样的一种道德风险。

总的看来，非对称信息可按时间在“事前”和“事后”发生的可能性分为事前非对称和事后非对称，也可按内容上的非对称分为“行动上的非对称”和“知识上的非对称”，分别称为“隐藏行动”和“隐藏信息”的博弈，如表 6-1 所示。

表 6.1　委托—代理模型的基本类型

	隐藏行动（hidden action）	隐藏信息（hidden information）
事前（ex ante）		逆向选择模型 信号传递模型 信息甄别模型
事后（ex post）	隐藏行动的道德风险模型	隐藏信息的道德风险模型

对于道德风险，是因为委托人不能完全观察到代理人的行为，而代理人活动的结果尽管能被观察到，但这种结果不完全是代理人行动选择的结果，而是代理人行动与其他的随机性因素共同作用的结果。并且，委托人不能将代理人行动与随机因素的作用完全区分开来。如土地上的农作物产量是佃农努力工作程度与随机性的气候条件共同作用的结果，地主并不能将佃农的贡献与随机性的气候条件的贡献分开来。

逆向选择、信号传递及信息甄别博弈实际上都是事前的信息不对称环境下的博弈，后两者是解决逆向选择问题的机制设计。信号传递和信息甄别机制在解决逆向选择问题时是相似的。表 6.2 给出不同模型下的应用示例。

表 6.2 不同模型的应用举例

模型	委托人	代理人	行动、类型或信号
隐藏行动道德风险	保险公司	投保人	防盗措施
	保险公司	投保人	饮酒，吸烟
	地主	佃农	耕作努力
	股东	经理	工作努力
	经理	员工	工作努力
	员工	经理	经营决策
	债权人	债务人	项目风险
	住户	房东	房屋维修
	房东	住户	房屋维护
	选民	议员或代表	是否真正代表选民利益
	公民	政府官员	廉洁奉公或贪污腐化
	原告/被告	代理律师	是否努力办案
	社会	罪犯	偷盗的次数
隐藏信息道德风险	股东	经理	市场需求/投资决策
	债权人	债务人	项目风险/投资决策
	企业经理	销售人员	市场需求/销售策略
	雇主	雇员	任务的难易/工作努力
	原告/被告	代理律师	赢的概率/办案努力
逆向选择	保险公司	投保人	健康状况
	雇主	雇员	工作技能
	买者	卖者	产品质量
	债权人	债务人	项目风险
信号传递和信息甄别	雇主	雇员	工作技能/教育水平
	买者	卖者	产品质量/质量保证期
	垄断者	消费者	需求强度/价格歧视
	投资者	经理	盈利率/负债率、内部股票持有比例
	保险公司	投保人	健康状况/赔偿办法

需要指出的是，同一个委托—代理关系可以存在多种的信息不对称属性，如雇主知道雇员的能力但不知其努力水平时，是一个隐藏行动的道德风险问题；但若雇主和雇员本人在签约时都不知道雇员的能力，但雇员本人在签约后发现了自己的能力（雇主仍不知），则问题就是一个隐藏信息的道德风险问题。若雇员开始就知道自己的能力而雇主不知，则是逆向选择问题；若雇员开始就知道自己的能力而雇主不知且若雇员在签约前就获得学历证书，则问题就是信号传递问题。相反，若雇员是在签约后根据工资合同的要求去接受教育，则问题就是信息甄别问题。

信息经济学与博弈论之间的关系是，前者是后者在信息不对称环境下的应用，但从特点上看，博弈论更注重于方法论，而信息经济学注重于问题的解析。博弈论研究的是给定信息结构下的均衡是什么，而信息经济学研究的是给定信息结构下，什么是最优的合约安排。

信息经济学主要研究非对称信息环境中的最优合约，故又称为合约（契约，合同）理论或机制设计理论。

博弈论从某种意义上看是“实证的”，而信息经济学是“规范的”。

讨论

【提示问题】

1. 博弈论与信息经济学的区别是什么?

2. 委托—代理各种基本模型的特点是什么?

3. 试结合本章引导案例分析存在哪些委托—代理行为? 其中委托方和代理方分别是谁? 属于哪种委托—代理基本模型?

【教师注意事项及问题提示】

1. 根据本章引导案例，通过引导学生分析其中的委托—代理行为，引出委托—代理理论的基本概念，并分析各种委托—代理模型的异同。

2. 通过引导学生研究本章引导案例中的委托—代理关系，让学生掌握委托—代理理论简单模型的架构，并清楚辨析信息经济学与博弈论的关系。

6.3 委托—代理关系的基本分析框架

6.3.1 基本思想

在本节中，我们来设计一个可用于分析委托—代理关系的基本框架。就委托—代理的一般意义来说，所谓委托—代理是指委托人通过给予代理人一定的奖赏去诱使代理人按照委托人的利益要求完成一定的行为。在这个非常一般的理解中，其实包含了十分丰富的内容。首先，委托人给予代理人的奖赏无论在形式还是在数额上都是有多种可能的。奖励可分为物质和精神上的，甚至还可能包括诸如权力在内的奖赏内容。代理人需要完成的行为既包括“事后”的，也包括“事前”的。“行为”本身也包括“行动”和“知识报告”等多种内容。在本章，我们将奖赏限制在物质的内容上，将“行为”限制在“行动”上，并且是“事后”发生的。当然，按照本章的一贯假定，委托人不能无成本地观察到代理人的行为，即代理人的行为是“私人信息”。

在代理人行为是委托人不能无成本地观察到的情形，委托人就面临代理人说谎的风险。一个佃农可以将因其偷懒而造成的产量下降归咎于不利的气候；国有企业的经理也可能将亏损归咎于过去发生的大量负债或职工们在“大锅饭”分配制度中的懈怠（尽管这类因素确已构成国有企业不振的一部分原因）。此时，委托人存在两种可选择的方式去处理这种风险。一是直接去观察代理人的行为，譬如，老板雇用监工去监视工人的劳动。但是，直接观察是要花费额外成本的，如老板要为监工开工资。另外，老板雇用监工实际上又引入了新的一种委托—代理关系，即老板作为委托人请监工代理其监督工人的工作。这样，又存在监工的工作是否努力的问题，是否还需要再雇用监工的监工去监视监工呢？显然，除非老板自己直接去监视工人，委托—代理关系及其带来的因代理人行为不可无成本观察的问题都会对委托人带来一种额外的成本。但是，即使由老板自己亲力亲为地去监视工人，老板也会花费另一种成本，即老板自己的时间机会成本，因为倘若老板将用于监视工人的时间作其他用途（制定战略计划、营销或休闲），他会获得其他的效用。我们可以假定，随着监视的增加（监视所花费的时间或成本的增加），监视的边际成本是递增的，而监视的边际收益下降。这样，总存在代理人的一些“剩余”行为，倘若老板通过监视去观察这些行为，其边际收益会小于边际成本。此时，再通过边际上监视的增加（监视时间的增加）去观察代理人行为就是得不偿失的。对于这样的场合，即监视的成本大于收益的情形。委托人再通过观察代理人行为去控制因代理人偷懒的风险就是不经济的了。此时，存在另外的一种可选择的方式：委托人与代理人之间签订合约。

当代理人的行为不能通过“经济”（即观察成本小于观察收益的情形）的方法被委托人观察到时，委托人与代理人之间就会就代理人的“真实行为”产生分歧。代理人会利用委托人不清楚代理人行为的真实状况这一点向委托人提交有利于自己而不利于委托人的报告。譬如，佃农会向地主夸大其工作努力的程度。当然，委托人也会因其不能观察到代理人的行为而难以相信代理人的一面之词，并且，他也知道代理人有说谎的动机。解决这一问题的一种办法是：合约将委托人支付给代理人的奖赏与某个委托人与代理人都同时承认可以共同观察到的指标相联系起来。并且，这种指标的可观察性是共同知识，即委托人和代理人都能观察到这种指标，委托人和代理人都知道对方能观察这种指标，委托人和代理人都知道对方知道自己能观察到这种指标……所谓能观察到的指标，是指观察成本足够小，我们这里将观察成本假定为零。当然，这种指标可以不止一个，如企业把考核员工的工作绩效用某个包含有多个单一指标的“指标体系”来“测算”。我们在本章的后面部分，将分析什么样的指标应进入“指标体系”，或一个“指标体系”究竟应包括多少指标的原理。

现在的问题是，尽管委托人和代理人就某一指标的“可观测”性上可以达成共识，但可能委托人和代理人就指标的“预测值”发生分歧。如国有企业的政府主管部门与国有企业经理就企业的产出产生不一致的说法。这种问题在原则上是完全可能出现的，正如 Hart（Oliver Hart，1995）在其“不完全合约理论”（Uncomplete Contract theory）中所指出的那样。我们可以假设存在一个双方都接受的第三者，根据第三者提交的观测来确认指标的预测值。当然，正如不完全合约理论还进一步指出的那样，由谁来充当第三者自然是一个没有解决的问题。我们在这里为避开“不完全合约”理论所揭示出来的复杂性，假定这个困难是不存在的，如请政府指定的审计部门提交有关国有企业的利润指标。

从博弈论看，这种根据某个双方都共同预测到的“指标”来决定委托人和代理人支付的合约，实际上是一种“相关博弈”。指标就是“信号”，而委托人支付给代理人的奖赏与代理人因工作辛苦形成的成本共同决定代理人的支付。

委托人的问题是，选择什么样的“指标（体系）”，以及什么样的合约，使委托人感到最为满意（效用最大化）？委托—代理理论的中心问题决定要为此寻找出一个答案，所以，委托—代理理论又可称为“最优合约理论”或“最优合同理论”。

6.3.2 数学表述

首先，做出如下的一系列假设。

第一，假设代理人可以选择的行动集合为 A，$a\in A$ 是代理人可能选择的一个具体行动。a 可以指一个多维的决策变量，如当 $a=(a_1, a_2)$时，a_1 是“数量”，a_2 是“质量”。为了分析的方便，在许多模型中，a 被简单地假定为代表工作努力水平的一维变量。

第二，假设 θ 是外生的随机变量，它是不受代理人和委托人控制的“自然状态”，$\theta\in\Theta$，Θ 是 θ 的可能取值范围，并设 θ 在 Θ 上的分布函数和密度函数分别为 $G(\theta)$和 $g(\theta)$。一般情况下，假定 θ 是连续变量；如果 θ 只有有限个可能值，$g(\theta)$为概率分布。

第三，当代理人选择某个具体的行动 a 之后，外生变量 θ 实现，θ 与 a 就共同解决了一个可预测结果，记为 $x=x(a, \theta)$。我们进一步还假设 a 与 θ 会共同决定一个所有权归属于委托人的货币收入（产出）$\pi(a, \theta)$。$x=x(a, \theta)$也可以是一个向量，此时它就是我们在前面所说的“指标体系”。$x=x(a, \theta)$也可以将 π 甚至 a 和 θ 都作为它的分量。当 a 或 θ 是 x 的分量时，a 就是可观测的了。

委托人和代理人在收入不确定情况下的效用函数并不简单地等同于它们在确定性情形下的效用函数。设委托人的确定性收入效用函数为 $v=v(y)$，其中 v 是委托人在收入为 y 下的效用水平，又设 $u=u(z)$是代理人的确定性收入效用函数，其中 u 是代理人在收入为 z 下的效用水平。假设这些效用函数满足通常的性质假定，即 $v'=\mathrm{d}v(y)/\mathrm{d}y>0$，$v''=\mathrm{d}v'/\mathrm{d}y\leqslant 0$；$u'=\mathrm{d}u(z)/\mathrm{d}z>0$，$u''=\mathrm{d}u'/\mathrm{d}z\leqslant 0$。

当确定性效用函数给定时，如何构造其在不确定性情形的效用函数是经济学在目前也未解决的一个难题。这是因为，按照经济学的现代理论，效用函数是序数的，并在任何严格单调递增函数的复合下也是同一编好序的效用函数。但我们至今也未能构造出一种不确定性效用函数，它既满足这一复合性质，又满足当不确定性情形退化到确定性情形时，不确定性效用函数也正好回到给定的确定性效用函数。尽管如此，Von Neumann 与 Morgenstern（1944）证明，期望效用函数能满足当复合的函数仅限于正线性变换函数的情形保持同一偏好序效用函数的性质。也就是说，当期望效用函数 $\int v(y)f(y)\mathrm{d}y$（其中 $f(y)$是随机收入 y 的分布密度函数）被一个正线性变换函数 $z=cv+d$（其中 c，d 为常数，$c>0$）复合成 $z=\int v(y)\mathrm{d}y+d$，则 z 也是委托人的一个效用函数。同时，当不确定性退化到确定性情形 $y=y_0$ 时，即 $f(y)=\delta(y-y_0)$，其中 $\delta(y-y_0)$是 Dirac 函数，满足

$$\delta(y-y_0)=\begin{cases}+\infty, & y=y_0\\ 0, & \text{其他}\end{cases}$$

且 $\int\delta(y-y_0)\mathrm{d}y=1$，此时有

$$\int v(y)f(y)\mathrm{d}y=v(y_0)$$

这是一个“次优”的结果，称期望效用函数为 V-Neumann-Morgenstern 效用函数或 V–N–M 期望效用函数。该函数目前在经济学中处理不确定分析时几乎是唯一被使用的不确定性效用函数。

代理人选择任何行动 a 几乎都会给他带来一定程度的“辛苦”或“痛苦”，假定其可被用一种效用测度的“成本函数” $c(a)$来刻画，且假设有 $c'=\mathrm{d}c(a)/\mathrm{d}a>0$，$c''=\mathrm{d}c'/\mathrm{d}a>0$。

显然，一般可假定$\partial \pi(a,\theta)/\partial a>0$，这与$c'>0$构成一对矛盾。$\partial\pi/\partial a>0$意味着委托人希望代理人多加努力，而$c'>0$则意味着代理人希望少努力。所以，除非委托人能对代理人提供足够多的激励或奖赏，否则，代理人不会如委托人希望的那样努力工作。

假设分布函数$G(\theta)$（密度函数$g(\theta)$），生产技术$x(a,\theta)$，产出函数$\pi(a,\theta)$，效用函数$v(y)$、$u(z)$，成本函数（也称“负效用函数”）$c(a)$都是“共同知识”。

显然，$x(a,\theta)$是共同知识时，当委托人能观测到θ时，也就可以知道a，反之亦然。

所以，我们一般总假定a和θ同时都是不可观测的。下面介绍参与约束的概念。

1．参与约束(个人理性约束)

设委托—代理关系为：委托人将产出$\pi(a,\theta)$中的一个部分s作为奖赏支付给代理人。并且，合约规定，s是按照可观测变量（指标）$x(a,\theta)$来决定的，即有$s=s[x(a,\theta)]$，则委托人的收入为$y=\pi(a,\theta)-s[x(a,\theta)]$，于是，委托人的V–N–M期望效用函数为

$$\text{(P)}\qquad \int v\{\pi(a,\theta)-s[x(a,\theta)]\}g(\theta)\mathrm{d}\theta$$

委托人的问题是选择$s(x)$以及a（a是由代理人选择的，但委托人的问题是他希望什么样的a）使这一期望效用函数最大化。

代理人不参加与委托人的这一委托—代理博弈即不签订合约时，他也会有一个“保留支付”或“保留效用”，记为$\bar{u}$。它是代理人不接受合约时的最大期望效用，由代理人面临的其他市场机会决定，可以表述如下：

$$\text{(IR)}\qquad \int u\{s[x(a,\theta)\}g(\theta)]\}\mathrm{d}\theta-c(a)\geqslant \bar{u} \tag{6.1}$$

式(6.1)称为“参与约束”或“个人理性约束”（individual rationality constraint，简写为IR），它是代理人接受合约的必要条件。

另一个概念是激励相容约束，下面给出定义。

2．激励相容约束

尽管委托人不能“经济地”观测到代理人的行为，但有一个原理制约着代理人的行为，这就是“激励相容约束”（incentive compatibility constraint，简写为IC）。这个约束决定了代理人的行动选择a应满足的条件：

$$\text{(IC)}\qquad \int u\{s[x(a,\theta)]\}g(\theta)\mathrm{d}\theta-c(a)\geqslant \int u\{s[x(a',\theta)]\}g(\theta)\mathrm{d}\theta-c(a'),\quad \forall a'\in A \tag{6.2}$$

一个委托—代理博弈中，委托人应清楚代理人的行动选择a必须同时满足(IR)和(IC)这两个约束。

这样，委托人的问题就是：在(IR)和(IC)限定的范围内选择a（通过奖惩诱使代理人选择a）和$s(x)$，最大化期望效用函数(P)，即：

$$\begin{aligned}&\text{(P)}\quad \max_{a,s(x)}\ \int v\{\pi(a,\theta)-s[x(a,\theta)]\}g(\theta)\mathrm{d}\theta\\&\text{s.t. (IR)}\quad u\{s[x(a,\theta)]\}g(\theta)\mathrm{d}\theta-c(a)\geqslant \bar{u}\\&\text{(IC)}\quad \int u\{s[x(a,\theta)]\}g(\theta)\mathrm{d}\theta-c(a)\geqslant\int u\{s[x(a',\theta)]\}g(\theta)\mathrm{d}\theta-c(a'),\quad \forall a'\in A\end{aligned} \tag{6.3}$$

这就是由Wilson（1969），Spence和Zeckhauser（1971）及Ross（1973）等人提出的委托—代理博弈的分析框架，称为“状态空间模型化方法”（State-Space formulation）。

这种方法的优点是每一种技术关系都很直观地表达出来，但困难的是由该方法难以导出

有信息量的解（若 $s(x)$不限制在一个有限的区域，这个模型还可能没有解）。

在本书中将主要使用的方法是由 Mirrlees（1974，1976）和 Holmstrom（1979）提出的所谓“分布函数的参数化方法”（Parameterized distribution formulation）。

这种方法的基本思路是：

因为 $x=x(a, \theta)$，$\pi=\pi(a, \theta)$，所以，对于每一个固定的 a，θ 与 x 或者 θ 与 π 是相对应的。因为 θ 是随机变量，故此时 x 和 π 都是随机变量。

我们将 θ 的分布函数转换为 x 和 π 的联合分布函数，用 $F(x, \pi, a)$和 $f(x, \pi, a)$分别代表从分布函数 $G(\theta)$导出的联合分布函数和密度函数。

此时，委托人的问题就可表示为：

$$
\begin{aligned}
&(\mathrm{P}) \quad \max_{a,s(x)} \int v\{\pi-s(x)\}f(x, \pi, a)\mathrm{d}x \\
&\text{s.t. (IR)} \quad \int u[s(x)]\, f(x, \pi, a)\mathrm{d}x-c(a)\geq \overline{u} \\
&(\mathrm{IC}) \quad u[s(x)]\, f(x, \pi, a)\mathrm{d}x-c(a)\geqslant \int u[s(x)]\, f(x, \pi, a')\mathrm{d}x-c(a'),\ \forall a' \in A
\end{aligned}
\tag{6.4}
$$

除了上述两种方法之外，还有一种更加抽象的分析框架，即所谓的一般化分布方法（general distribution formulation）。这种方法基于在分布函数的参数化方法表述下，代理人选择不同的行动 a 等价于他选择了不同的分布函数 $F(x, \pi, a)$ （或不同的密度函数 $f(x, \pi, a)$）。

由此，我们就可将分布函数本身当作代理人的选择变量，从而将 a 消掉了（用 F 或 f 对应于 a）。

设 p 是 x 和 π 的一个密度函数，P 为所有 p 的集合（$p\in P$）。因 $c(a)=c[a(p)]=c(p)$（由 p 与 a 的上述对应），故 $c(p)$为 p（对应某个 a）的成本（负效用）函数。则委托人问题又可表述为：

$$
\begin{aligned}
&(\mathrm{P}) \quad \max_{p\in P,s(x)} \int v\{\pi-s(x)\}p(x, \pi)\mathrm{d}x \\
&\text{s.t. (IR)} \quad \int u[s(x)]p(x, \pi)\mathrm{d}x-c(p)\geqslant \overline{u} \\
&(\mathrm{IC}) \quad \int u[s(x)]p(x, \pi)\mathrm{d}x-c(p)\geqslant \int u[s(x)]p'(x, \pi)\mathrm{d}x-c(p'),\ \forall p' \in P
\end{aligned}
\tag{6.5}
$$

在这种表述中，关于 a 和成本 $c(p)$的经济学解释消失了，但得到一个非常简练的一般化模型，这个一般化模型甚至包括隐藏信息模型。

在上述 3 种表述方法中，参数化方法是标准的方法，本章将主要采用这种方法。

今后将假定产出 π 是唯一的可观测指标（即 $x=\pi$）。委托人对代理人的奖惩只能根据观测到的产出 π 作出。这时，委托人的问题就是：

$$
\begin{aligned}
&(\mathrm{P}) \quad \max_{a,s(x)} \int v\{\pi-s(x)\}f(\pi, a)\mathrm{d}\pi \\
&\text{s.t. (IR)} \quad \int u[s(\pi)]f(\pi, a)\mathrm{d}\pi-c(a)\geqslant \overline{u} \\
&(\mathrm{IC}) \quad \int u[s(\pi)]f(\pi, a)\mathrm{d}\pi-c(a)\geqslant \int u[s(\pi)]\, f(\pi, a')\mathrm{d}\pi-c(a'),\ \forall a' \in A
\end{aligned}
\tag{6.6}
$$

讨论

【提示问题】

1. 什么是激励相容约束？什么是参与约束？
2. 委托—代理关系 3 种基本分析方法有什么异同？
3. 试结合本章引导案例，设计其激励相容约束和参与约束。

【教师注意事项及问题提示】

1. 根据本章引导案例，引导学生构建其委托—代理的基本分析模型，掌握委托—代理理论的基本分析方法和思路。

2. 通过引导学生设计本章引导案例激励相容约束和参与约束，让学生建立通过设计博弈规则来实现激励目的的思想。

6.4 应用举例

6.4.1 委托—代理理论的应用之一：股东与经理

公司有许多股东，他们指定经理来管理企业。股东当然希望经理能够作出使企业利润达到最大化的决定，但他们又怎么知道企业的利润何时能达到最大呢？如果他们了解如何使企业的利润达到最大，他们就不必雇佣经理而直接向工人们发号施令了。正因为如此，股东们必须雇佣经理。这就带来了问题。经理们真正关心的是自己的物质福利，而这些不仅仅取决于公司的利润，还与其他因素诸如经理的未来前途有关，即便如此，股东们仍然希望签订一个能够激励经理最大化公司利润的合同。

是否存在有效的工具能够把对经理的激励与股东们的利益结合在一起？经理实现了企业利润最大化，就给予相应的奖金或红利，这似乎是一个合适的激励方式。然而，如果股东了解企业的真正盈利能力，他们只需与经理签订一个要求企业必须达到潜在盈利水平的简单合同就可以了。问题是股东不了解企业最大盈利水平，他们又如何激励经理实现利润最大化呢？股票选择权是一种办法。股票选择权是股东给经理的一种承诺，允许经理在一定的时间间隔后购买公司一定数量的股票，而股票价格则固定在给予承诺时的价格水平。这样，经理们就有了使公司股票的价格在这段时间间隔内有最大升幅的强大激励，而这通常会使公司的利润达到最大。实际上，公司的效益差也可能是不利的随机因素作用的结果，例如汇率的变化等，而这就超出了经理能够控制的范围，他也许已经尽了自己最大的努力，目的是为了奖励他努力工作，但努力水平并不一定与公司的业绩和红利完全相关。在公司经历了一段低效益的时期之后，继续给予经理股票的选择权，也许会激励他们今后更加努力工作。尽管股票选择权是激励经理实现利润最大化的有效工具，但是股东们却经常不懂得如何有效地使用它，更有甚者，有些股东把这种工具看成是贿赂，认为经理既然领取了高额的薪酬，再索要股票选择权就讲不过去。在中国，经理和股东们在公司成立之初就持有本公司股票的现象屡见不鲜，这时，代理人有足够的激励使本公司的股票市值有最大的增幅，而股票市值的上升往往伴随着企业利润的扩大。这样，代理人和委托人的利益就有机地联系在一起。

兼并是能够给经理们提供合适激励的另一种有效方法。兼并是指新的股东购买足以控制一个企业的股票。如果该企业没有实现利润最大化，那么对于以低价购买该公司控股权的新股东来说，就有获利的机会，而股价低正是企业利润低的反映。新的股东可能会解雇企业原有的懒散经理，这种有可能被解雇的压力就会使经理们有实现利润最大化的激励。但是，由于企业经营环境和组织结构的复杂，以及确定利润最大化战略所面临的成本和困难，新的股东通常会留用原有的经理。此外，经理们通常与原来的股东们签有补偿合同，这种合同保证他们如果由于企业兼并而被解雇就可以获得丰厚的补偿。在兼并过程中还存在着搭便车的问题。原有的股东也希望通过兼并改善企业的经营从而获得更高的收益，因此他们就不愿意以低价向兼并者出售自己手中的股票，这就使兼并者难以买到足以控制公司的股权。但是在许多公司的制度中却包括有允许稀释股权的条款，新的股东可以将该企业中属于自己的资产转卖给其他的公司，而这样做对原有的小股东们是非常不利的。稀释条款还允许新股东给自己发行新的股票。但是为什么原有的股东会在公司的制度中设置这样一条有可能对自己不利的稀释条款呢？因为这个条款使兼并变得更为可信，会激励经理们努力实现利润最大化，从而使被兼并的可能性变得最小。

所以，股东们关心的是公司利润最大化，而经理除了考虑企业的利润，更关心的是自己的福利和收益，这两者并不完全统一。经理们可以通过编造虚假数据，寻找客观理由蒙骗股东来推脱自己的责任。而股东们又不能完全依据企业的效益支付经理的薪酬，因为毕竟还有许多不确定的因素在影响着企业的经营，经理们更不愿意完全暴露在风险之中，所以给予管理层相应份额的股票，将经理的利益与股东的利益结合在一起，就不失为明智的选择。有人认为高层持股比例过大，在送股、配股和配股价方面易有以权谋私之嫌，既不利于公司的长远发展，也会侵害大多数股东的利益。其实，高层管理者持股比例较大并不足虑，关键是公司的董事会能否有效地控制高级经理。如果董事会不能有效地监督和控制经理的决策，只好任由经理们为所欲为了。

6.4.2 委托—代理理论的应用之二：风险资本家与风险投资者

风险资本家与风险投资者之间的委托代理关系的产生和发展是风险资本市场独特的投资方式以及风险资本家特有的专业素质共同作用的结果，并成为风险资本市场高效运转的必要条件。

首先，由于风险投资是将资本以股权的方式投入成长初期的高新技术企业的投资行为，在投资过程中普遍存在着项目的选择以及投资后如何有效地激励与监督风险企业的运作两大问题。由于风险投资面对的项目具有很强的技术性和专业性，项目所有者、企业家和企业管理者比外部投资者了解自己的企业多得多，在自身利益驱动下，他们倾向于强调企业好的一面，而隐瞒存在的困难，这就使得项目的选择存在很大的不确定性；在企业运作过程中，管理者有很多机会做出有利于自己而损害外部投资者的事情，使得本来就需要面临很高的技术风险、财务风险、经营风险等诸多风险的风险资本还需面对风险企业的管理风险即道德风险，这又要求投资者要具有相当水平的管理才能并投入相当的精力于风险企业的管理和运作中。解决这两大问题需要投资者进行复杂细致的投资前调查和精心的交易合同设计，并要求在投资后进行直接管理与监督。大量直接投资者并不能很好地做到这两条，其原因有二：一是由于缺乏专业的知识与技能，二是相互依赖存在“搭便车”的问题。

风险资本家是风险资本投资过程中风险资本筹集、管理及运作的市场参与者。他们长期专注于某个行业、领域甚至某个特定阶段的投资管理活动，积累了丰富的投资经验，成为了某些领域具有成功投资经验的专业投资家。在拥有丰富投资经验的同时，风险资本家还兼具相当的管理才能和分析判断能力以及让人羡慕的社会关系网络。风险资本家将筹集到的具有相当规模的资金按照一定的标准投向自己熟悉的某几个领域中经过严格筛选和细致调研的有着巨大增值潜力的几个风险项目中，并投入时间和精力来提高项目成功的概率和资本增值的幅度。

风险资本的风险资本家专业运作同社会生产的其他领域分工细化的原理类似，会在一定程度上提高资本的运作效率，降低风险资本的非系统性风险。对于整个风险资本市场来讲，委托—代理关系的出现必然会引起相应的代理成本，但从美国风险资本市场风险投资机构蓬勃发展的实践经验看，由规模经济、范围经济和学习曲线对管理一个和多个风险基金的风险资本家带来的运作成本的节约以及所带来的风险资本的额外增值远远超过了委托风险资本家的代理成本。随着风险资本市场的发展，风险资本家呈现出越来越明显的专业分工趋势。有些资本家从事计算机行业投资，有些则投资于生物技术行业；有的风险资本家投资于发育成长还处于早期的企业，而有的则集中投资于较为成熟的企业。这种专业分工有利于进一步提高风险资本市场的效率，因此，风险资本运作过程中的风险投资者与风险资本家之间的委托—代理关系的存在是科学的，是风险资本市场运作模式的必然趋势。

课后习题

1. 构成委托—代理关系的基本条件有哪些?

2. 公司制企业中，股东、经理、债权人、工人、顾客、供货商等都被称为“利益相关者”。分析不同利益相关者之间的委托—代理关系。特别地，解释在什么意义上可以说“工人是委托人，经理是代理人”？

3. 风险中性的股东雇佣风险规避的经理，工资契约完全由股东确定，经理只能选择接受或拒绝，契约一旦确定就不能修改。努力的货币损失为 ψ，经理的保留效用 $U_0=U(w_0)$。企业的收益如表 6.3 所示，其中，$0<p_L<p_H<1$，$\pi_H>\pi_L$。要求：

表 6.3　不同收益水平的概率分布

收益 \ 努力程度	努力	不努力
高收益（π_H）	p_H	p_L
低收益（π_L）	$1-p_H$	$1-p_L$

（1）写出经理付出努力是社会最优的条件；

（2）求解信息对称时的最优工资契约，该契约有何特点?

（3）说明在非对称信息情形下激励经理努力更为困难。

4. 假设代理人的效用函数为 $U=\sqrt{w}-e$，其中 e 为不可观察的努力水平，可取值 0 或 7，代理人的保留效用为 4。风险中性的委托人需要为雇佣代理人而相互竞争。企业的收益如表 6.4 所示。问：

表 6.4 不同收益水平的概率分布

收益 \ 努力程度	e=7	e=0
1 000	0.8	0.1
0	0.2	0.9

（1）给出为使代理人付出高努力的激励相容约束、参与约束和零利润条件；

（2）当只能实行固定工资时，代理人效用将是多少？

（3）在对称信息下，代理人的效用是多少？

（4）在非对称信息下，代理人的效用是多少？

知识扩展

詹姆斯·莫里斯（James A. Mirrlees，1936—）

1．人物简介

詹姆斯·莫里斯生于苏格兰的明尼加夫，1957 年获得爱丁堡大学数学硕士学位。1963 年获剑桥大学经济学博士学位。作为激励理论的奠基者，莫里斯在信息经济学理论领域作出了重大贡献，从而获得 1996 年诺贝尔经济学奖。

2．学术贡献

作为经济学家，莫里斯自 20 世纪 60 年代便活跃于西方经济学界，以激励经济理论的研究见长。20 世纪 70 年代，他与斯蒂格里茨、罗斯、斯彭斯等人共同开创了委托—代理理论的研究，并卓有成就。现在流行的委托—代理的模型化方法就是莫里斯教授开创的。莫里斯分别于 1974 年、1975 年、1976 年发表的三篇论文，即《关于福利经济学、信息和不确定性的笔记》《道德风险理论与不可观测行为》《组织内激励和权威的最优结构》，奠定了委托—代理的基本的模型框架。莫里斯教授开创的分析框架后来又由霍姆斯特姆等人进一步发展，在委托—代理文献中，被称为“莫里斯—霍姆斯特姆模型方法”。1996 年，因詹姆斯·莫里斯对不对称信息理论的贡献，他和威廉·维克瑞一起荣获诺贝尔经济学奖，凭借着这样一份内部交流文稿就摘走了国际经济学界的桂冠。莫里斯的主要著作如下：

[1] Mirrlees J A. Notes on welfare economics, information and uncertainty[J]. in Essays on Economic Behavior under Uncertainty, edited by M. Balch, D. McFadden, S. Wu, Amsterdam: North-Holland, pp. 243-261, 1974.

[2] Mirrlees J A. The theory of moral hazard and unobservable behaviour: Part I[M]. Mimeo, Nuffield College, Oxford University, 1975. Reprinted in The Review of Economic Studies, 1999, 66(1), pp. 3-21.

[3] Mirrlees J A. The Optimal Structure of Incentives and Authority Within an

Organization[J]. Bell Journal of Economics, 1976, 7(1): 105-131.

[4] Mirrlees J A. An Exploration in the Theory of Optimum Income Taxation [J]. The Review of Economic Studies, 1971, 38(2): 175-208.

[5] Diamond P A, Mirrlees J A. Optimal Taxation and Public Production I: Production Efficiency[J]. The American Economic Review, 1971, 61(1): 8-27.

[6] Mirrlees J A. Optimal tax theory: A synthesis[J]. Journal of Public Economics, 1976, 6(4): 327-358.

第7章　逆向选择和道德风险

【学习目标】

逆向选择和道德风险基本模型可以视为激励（Incentive）理论的框架结构，激励理论作为博弈论在经济学中最重要的应用之一，在各个领域中有着广泛的应用。它揭示了不对称信息在经济中扮演的重要角色，对于研究者了解经济系统的实际运作模式和其中存在的种种问题极有帮助。

通过本章的学习，应掌握以下问题：

- 了解不对称信息对经济系统运行产生的影响；
- 掌握逆向选择和道德风险的基本模型。

【能力目标】

- 提高学生运用不对称信息博弈分析处理经济问题的能力。

【引导案例：猎人与猎狗的博弈寓言（续）】

猎人通过高人指导合理地解决了绩效机制改革问题，猎狗们纷纷尽最大努力去追野兔，猎狗抓到大小野兔的数量显著增加，但一段时间之后，本地的野兔数量渐渐减少，为了维持高质量生活，需要捕猎当地的野猪。但是，捕猎野猪需要增加一个辅助设备，因此，猎人购买了五套设备分发给每只猎狗，猎狗们也很兴奋，都努力使用辅助设备去捕猎野猪，于是猎人高兴地收获野兔和野猪。可是一段时间后，随着猎狗纷纷要求更换设备，猎人更新添置设备的经费显著增大，成为猎人新的烦恼问题。

猎人通过观察发现由于设备的损坏与猎狗无关，所以猎狗在捕猎野猪的过程中并不注重保护设备，它们只关心是否能捕猎到野猪。猎人冥思苦想，这是一种什么现象呢？如何破解呢？

猎人经过查阅资料学习后，提出猎狗也要分担辅助设备的购买经费，这引起猎狗们的埋怨，猎狗抱怨道，我们为了捕猎野猪，都冒着身体受到伤害的风险，我们没有向你要身体伤害赔偿，你反向我们要设备损坏费，太不近人情了。猎人想想也有道理，怎么办呢？他想到了保险公司，于是他提出给每个猎狗和猎狗使用的工具购买伤害保险。这可给保险公司出了大难题，因为猎狗和设备受到伤害的可能性与猎狗的抓捕猎物风格密切相关，如果保险公司按照猎狗平均冒险的水平给猎狗和设备确定保险费率，就会使低冒险的猎狗觉得保险费过高而退出购买保险，剩下高冒险的猎狗投保者留在保险市场上，而这又进一步刺激保险公司提高保险费率，猎人就更不会给低冒险猎狗投保了。你如何替猎人和保险公司给出解决方案呢？

7.1　逆向选择

当人们进行交易时，如果相关信息在交易双方之间是对称的，此时人们会选择合适的商品或者合适的交易对象，通过谈判达成一个对双方都有利的交易条件，任何潜在的帕累托改进都可以实现。但是，如果相关的信息在交易时是不对称的，如买方不了解商品质量信息但卖方知道，此时，人们可能会发现选择的商品或交易对象未必是自己希望的，由于担心受骗上当，好东西未必能卖出好价钱，好人未必有好报。这种情况我们称为逆向选择。逆向选择的存在使得很多潜在有利的交易无法实现，严重的话还会导致市场坍塌。

7.1.1 旧车市场中的逆向选择

最早注意到逆向选择问题的是 2001 年诺贝尔经济学奖得主阿克洛夫。阿克洛夫在 1970 年发表的《柠檬市场：质量不确定性与市场机制》(Akerlof，1970) 一文中，通过考察二手车的交易发现，不对称信息会使得市场交易难以顺利进行。

与新车不同，旧车市场上二手车质量参差不齐。为简单起见，我们假定二手车有两种类型：好车或坏车。假定好车对卖方的价值是 20 万元，对买方的价值是 22 万元；坏车对卖方的价值是 10 万元，对买方的价值是 12 万元。在完全信息下，买方能够辨认好车和坏车，买卖双方通过谈判容易达成协议，如好车的价格为 21 万元，坏车的价格是 11 万元，两类车都可以交易。但如果存在信息不对称，卖车的人知道自己出售的车是好车还是坏车，而买方只知道每辆车有 (例如说) 50%的可能性是好车，50%的可能性是坏车。那么，按简单的加权平均，这辆车对买方的预期价值是 16.5 万元。买方愿意为这辆车出价多少呢？你或许会认为，只要卖方愿意接受的价格不高于 16.5 万元，双方就能达成交易。但这个想法是错误的。设想卖方愿意接受例如说 15 万元的价格，买方会买这辆车吗？肯定不会，因为他们知道，卖方愿意以 15 万元的价格卖出这辆车，表明这肯定是一辆坏车，对买方只值 12 万元，因为拥有好车的卖主不会接受任何低于 20 万元的价格。因此，买方不能出平均价，最多只愿意出 12 万元。这样，坏车可以成交，但好车没有办法成交。由于信息不对称，坏车把好车挤出这个市场。这就是逆向选择，类似所谓的“劣币驱逐良币”。

更一般地，我们有如图 7.1 所示的信息不完全博弈。

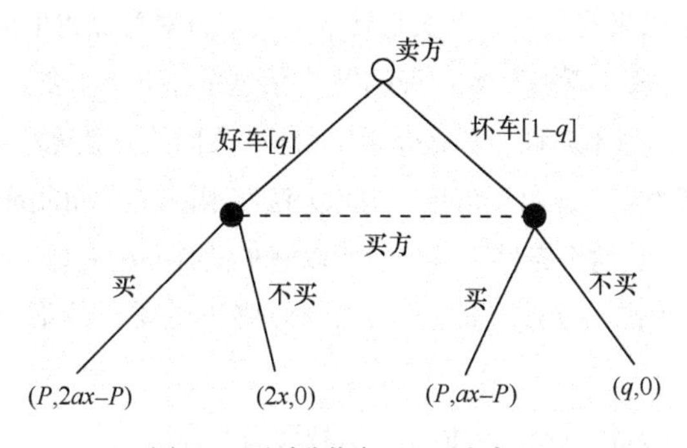

图 7.1 不对称信息下二手车交易

假定卖方所出售的二手车只有好车和坏车两类。图 7.1 中对应买方决策的两个节点间有一条虚线，表示买方信息不完全，不知道车的质量，只知道好车的概率为 q，坏车的概率为 $1-q$。假定好车和坏车对卖方的保留价值分别为 $2x$ 和 x，对买方的价值分别为 $2ax$ 和 ax。这里，我们假定无论是卖方还是买方，好车的价值是坏车的两倍；并且，对买方的价值是卖方

的 a 倍（$a\geqslant 1$，否则交易没有意义）。我们用 P 表示成交价格。由于无法区分好车和坏车，P 是市场上所有车的成交价格。如果是好车，双方成交后买方获得的增加值是 $2ax-P$；如果是坏车，买方获得 $ax-P$。对于卖方，无论出售的是好车还是坏车，只要成交，其获得的收益都是 P；如果交易没有达成，旧车仍然属于卖方，好车价值为 $2x$，坏车为 x，双方的收益为 0。

假定买卖双方都是理性的，谁也不会干亏本的买卖。那么，对于买方而言，只有买车得到的预期净收益大于不买车的净收益（恒为 0）时，才会购买。对于卖方而言，成交的购车价格不能低于他的保留价值，即坏车的售价不能低于 x，好车的售价不能低于 $2x$。

具体来说，要是交易达成，买方买车得到的预期收益应不小于不买车的收益，用数学公式表示就是

$$q\times(2ax-P)+(1-q)\times(ax-P)\geqslant 0$$

化简后得到

$$P\leqslant(1+q)ax$$

即，如果存在信息不对称，买方愿意支付的最高价格是$(1+q)ax$。对于拥有坏车的卖方而言，其愿意接受的最低价格是 x，在 x 和$(1+q)ax$ 之间的某个价格上，双方可以达成交易。但是对拥有好车的卖方而言，能够接受的最低价格是 $2x$，双方都合意的价格必须满足

$$2x\leqslant P\leqslant(1+q)ax$$

这也意味着

$$2x\leqslant(1+q)ax$$

只要 x 不等于 0，进一步化简得到

$$q\geqslant 2/a-1$$

也就是说，给定消费者对车的评价，只有当市场上好车的比例足够大时，好车才有可能成交。或者等价于另外一个条件

$$a\geqslant 2/(1+q)$$

即给定好车的比例，只有买方对旧车的评价比卖方足够高，好车才有可能成交。

这个从代数上推导出来的条件，其实是要求买卖双方对商品价值的评价差异要足够大。例如说，给定 $q=1/2$，要求 a 不小于 4/3，而在完全信息条件下，只要 a 不小于 1，交易协议就可以达成。显然，如果信息不对称，那么介于 1 和 4/3 之间的 a 就无法实现交易。这表明本来可以实现买卖双方双赢的交易，由于信息不对称无法实现。在前面的例子中，我们假定 $a=1.2$（坏车）和 $a=1.1$（好车），这个条件不满足，所以好车没有办法交易。事实上，如果我们假定买方对车的评价只比卖方高出 20%（即 $a=1.2$），则只有好车的比例不低于 0.67 时，好车才有可能成交。

我们可以使用图 7.2 来体现不完全信息下实现交易的临界条件。

如图 7.2 中曲线 AB 所示，要么买方对车的评价足够高（a 大），要么市场上好车的比例足够高（q 大），如果两个条件都不能满足，就会出现所谓的市场失灵：三角形 ABC 就是一个市场失灵区域。在完全信息的情况下，ABC 区域内的交易可以达成；但在信息不完全的情况下，这些交易将无法实现。

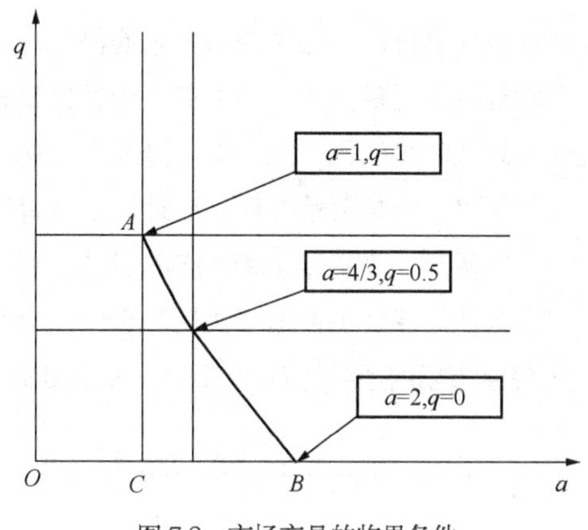

图 7.2　市场交易的临界条件

概括地说，所有的交易要能发生，就要求 a 必须不小于 1，即待交易的物品对买方的价值大于卖方。反过来说，只要 a 大于 1，这个交易就可以增加总价值。但如果存在信息不对称，即使 a 大于 1，交易也不一定能进行，这就是效率损失，或者说市场失灵。

现实社会中人们对陌生人的评价也是这样。任何人打交道相当于一种交易，决定人们是否与陌生人交往的主要因素有两个：一是陌生人中“好人”的比例，二是与陌生人交往带来的好处。根据上述推导的结果，如果好人的比例很高，例如说人口中 90%都是好人，那只需要 a 不小于 20/19 即可实现合作；反之，如果人口中好人的比例只有 30%，则只有 a 大于 1.54 时，合作才可能实现。直观上看，如果好人很多，即使与陌生人打交道带来的好处不算很大，人们也愿意与之交往；如果好人的比例非常低，只有预期的收益很高时，人们才愿意与陌生人交往。坏人并不一定就没人交往，如果与坏人交往得到的好处足够大，也会有人愿意与他交往。

这就可以解释为什么改革开放早期，人们明明知道商贩可能是个骗子，也愿意购买其商品的原因。当时商品严重短缺，即使假冒伪劣的产品也有很高的价值。即使在今天，仍有不少人“知假买假”。一些所谓的“名牌产品”（如名包、名表）明明是假的，但由于价格很低，穿戴上又可以以假乱真，对许多人还是很有诱惑力的。

7.1.2　金融市场中的逆向选择

金融市场的信息不对称情况比一般的商品市场要严重得多。我们这里来分析一下保险和银行信贷两个市场中的信息不对称问题。

先来看一下保险市场。人们都厌恶风险，并希望通过购买相应的保险来减少风险的损失，这就出现了保险业。以疾病保险为例，如果信息是对称的、完全的，保险公司可以根据每个投保人得病风险的不同，制定不同的收费标准。例如说，假定投保 100 万元，如果得病概率是 10%，就收 10 万元的保费；如果得病概率是 5%，就收 5 万元的保费。这样，每个人都可以买到适合自己的保险。

但如果保险公司只知道人群中平均的患病概率，对具体每个人的情况不了解，则它只能根据患病的平均概率确定一个统一的保费水平，例如说，每人都收 8 万元。但此时，患病概率较低的人会觉得吃亏，他们很可能会退出保险市场。随着低风险客户的退出，保险公司面临的剩下的参保人的平均患病概率会提高。如果按照原来的保费标准肯定会亏损，保险公司因而就得提高收费标准。但收费提高之后，剩下的参保人中新的患病概率小的一部分人又会退出保险市场。这样，投保人患病的平均概率进一步上升，引发保险公司进一步提价，导致更多的“优良客户”流失，从而陷入一种恶性循环。到最后，只有患病可能性最大的人才愿意参加保险，这一过程如图 7.3 所示。（图中，患病的实际概率从低到高排列，水平线代表平均概率，垂直线代表退出市场人数。保费上升与“优质”客户退出互动，导致投保人患病的平均概率不断上升。）这就是保险市场的逆向选择问题（Rothschild and Stiglitz，1976）。

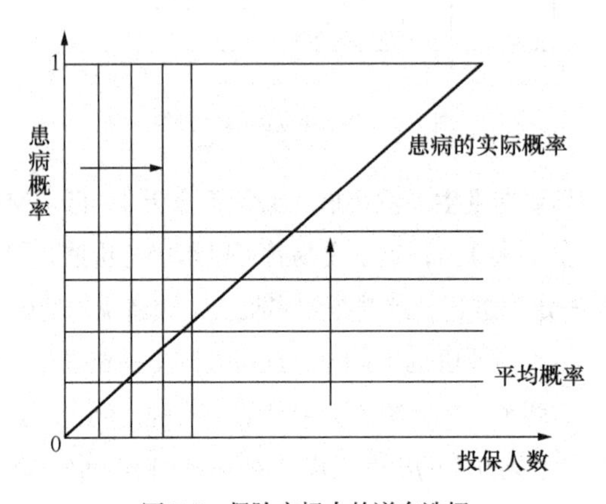

图 7.3　保险市场上的逆向选择

现实市场上许多保险险种之所以不存在，原因就在于逆向选择和我们将在 7.2 节讨论的道德风险。例如现在保险公司不提供自行车被盗险。事实上，20 世纪 80 年代初，中国人民保险公司曾经提供过自行车被盗险。最初，保险的公司根据没有保险时的自行车被盗率计算出保费，但很快就发现，投保自行车的被盗率明显上升。保险公司发现自己亏损后，就提高保费，但很快又发现自行车的被盗率进一步上升，还是亏损。最后就把自行车保险取消了。这里的原因在于，当保险公司按之前的平均被盗率收保费时，那些知道自己的自行车被盗可能性很小的人（如居住在部队大院，上班时自行车有人看管），会选择不投保，所以实际投保的自行车的被盗率自然高于全社会自行车的被盗率。当保险公司提高保费时，又一些被盗率相对低的人退出了保险。同时，由于道德风险的原因，投保的人也更不注意防盗，甚至有人故意骗保。

银行信贷市场同样面临逆向选择问题。假如两个项目 A 和 B 均需要 100 万元投资，A 项目成功的概率为 90%，如果成功收益为 130 万元，如果失败收益为 0。B 项目有 50%的概率成功，如果成功，将获益 200 万元，失败的收益也为 0。直观地看，B 项目风险大，但是一旦成功收益也多；A 项目风险小，但是成功时的收益也相对较少。如果比较预期收益，A 项目的预期收益是 130×0.9=117 万元，B 项目的预期收益是 200×0.5=100 万元。从这个角度看，项目 A 要优于 B。

如果信息是对称的，银行知道哪个项目是高风险的，哪个项目是低风险的，就可以制定相应的利率。假设银行要求的预期回报率是 10%。如果项目 A 申请贷款，要保证 10%的预期回报，给定 A 项目 90%的成功率，银行需要项目 A 成功后偿还的利率为 22%（110/0.9=122）；同理，如果 B 项目申请贷款，银行要求的利率应为 120%（110/0.5=220）。在这两种利率下，银行的期望收益率都是 10%。此时，项目 A 会愿意贷款，因为如果成功了，获得 130 万元，还给银行 122 万元，还剩 8 万元的净收益；如果失败了，则宣布破产，最终受益为 0。项目 B 则不愿意贷款，因为即使成功，200 万元的收益并不够偿还贷款本利 220 万元。这个时候社会最优的决策和个人最优的决策是一致的：A 项目的预期收益率大于银行的资金成本 10%，应该得到贷款，而且实际上也会得到贷款；B 项目由于预期收益率是 0，低于社会成本，不应得到贷款，也确实不会得到贷款。这是完全信息下的理想状态。

如果信息不完全，社会最优的资金分配就没有办法实现。假设银行不知道项目 A 还是项目 B，只知道项目是 A 或 B 的概率皆为 0.5。要确保 10%的期望收益率，银行只能根据项目类型的分布收取一个平均利率：22%×0.5+120%×0.5=71%。这就是说，如果要贷款，银行会要求 71%的利率。如果项目成功，企业需要偿还 171 万元。这样，只有高风险的项目 B 会申请贷款，而低风险的项目 A 不会申请贷款。这是因为，项目 A 在最好的情况下也只能获得 130 万元，贷款显然不合算；而项目 B 如果成功会盈利 200 万元，偿还银行 171 万元后还有 29 万元的净利润。银行当然也不傻，它知道愿意接受 71%利率的一定是高风险的项目 B，给这样的项目贷款当然是不合算的。这样，想贷款的项目一定是坏项目，而好的项目反倒得不到贷款，社会的最优选择无法实现，仍然是信息不对称造成的。

这实际上就是另一位 2001 年诺贝尔经济学奖得主斯蒂格利茨等人研究信贷配给的原因（Stiglitz and Weiss，1981）。我们知道，在一般商品市场上，只要买的人愿意多付钱，卖的人总是愿意卖给他，配给制只发生在价格受到管制的计划经济和战时经济。但即使没有利率管制，银行对贷款申请也实行配给制，并不是愿意支付较高利率的人一定能够得到贷款。事实上，银行往往愿意把资金贷款给愿意付较低利率的申请者，而不是愿意支付高利率的申请者。原因在于，银行的预期收益不仅取决于利率水平，还取决于还款的概率，并不是利率越高，银行的预期收益就越高。在前文的例子中，利率是 22%时，“好”企业会贷款，其还贷的概率是 90%，而如果利率上升到 71%，“好”企业会出局，只有“坏”企业会贷款，其还贷的概率只有 50%。正是由于逆向选择的原因，银行索取的利率越高，贷款申请人的平均质量越差。当银行索取的利率非常高时，只有赌徒式的企业才会贷款。所以银行的预期收益与利率水平呈现图 7.4 所示的倒“U”型关系。

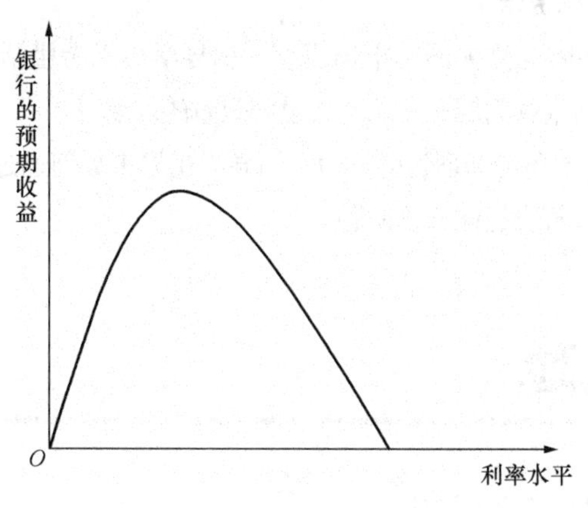

图 7.4　利率水平与银行预期收益

图 7.4 中，一开始随着利率的上升，预期收益上升，而当利率超过一定界限之后，再提高

利率，预期收益反而降低，利率越高，向银行贷款的人越可能是“赌徒”。就如同如果有人借10万元，承诺的回报率是百分之一千，人们一般不会相信他真的能够还本付息，银行因而一般不会因为客户愿意多付利息就会增加授信。

从这点看，信息不对称会导致信贷市场上好项目不一定能够得到融资，还会大大提高银行的经营风险。为了解决这个问题，金融体系中也有相关的制度保证。信贷资金的配给制就是其中一种。配给制有助于克服在信息不对称条件下资源配置的无效性，因而从社会的角度讲也是正当的。如果一个商场拒绝向你出售商品，你或许可以向消费者协会投诉甚至可以向法院起诉；但如果银行拒绝向你提供贷款，你是没有办法投诉或者起诉的。

曾经发生的保险公司停止办理车贷保险事件就是信息不对称导致的。车贷为买车的人提供了一条便捷途径，售价为20万元的汽车，消费者可以先花例如6万元作为首付，剩下的14万元通过银行贷款按揭偿还。因为偿还存在一定风险，保险公司开设了车贷保险，为银行减轻后顾之忧。但是，由于许多恶意骗保逃债现象的存在，迫使保险公司不再愿意提供车贷保险，而一旦保险公司取消保险，银行也就不愿意提供贷款。很多刚毕业的年轻人想买车，本来可以通过银行按揭的方式购买，但是由于其中无法被识别出来的“害群之马”的存在，导致了游戏规则的变更，让所有人承担最终的成本。这就是逆向选择的代价。

另外，在世界上几乎所有国家中，中小企业普遍难以获得贷款，也是因为存在严重的信息不对称。一些大的公司，资产、财务报表是公开的，银行对其更有信心，而一个小企业，银行难以知道其经营状况，也就不会乐于给他贷款，结果就出现了中小企业融资难的问题。

【提示问题】

1. 如何理解信息不对称会导致逆向选择？

2. 设想你走在大街上，或者开车时在红绿灯前停下的时候，遇到一个乞讨者，针对你应该施舍还是不施舍的问题，试通过构建一个信息不对称下的施舍博弈分析乞讨中的逆向选择现象。

【教师注意事项及问题提示】

1. 根据本节介绍的阿克洛夫旧车市场模型，引导学生思考生活中其他一些逆向选择现象，如学术界存在的逆向选择问题——论文质量和数量的问题等。

2. 通过引导学生对逆向选择理论的学习，引导学生思考如何通过设计市场机制或是非市场机制（如政府干预）来解决逆向选择问题。

7.2 道德风险

7.2.1 道德风险的产生

道德风险也译为败德行为，是指经济代理人在使自身效用最大化的同时，损害委托人或其他代理人效用的行为。

道德风险并不等同于道德败坏。亚当·斯密（1776）在《国富论》中就已经意识到了道德风险的存在，只是没有采用这样一个名词。道德风险是 20 世纪 80 年代西方经济学家提出的一个经济哲学范畴的概念。在经济活动中，道德风险问题相当普遍。获得 2001 年度诺贝尔经济学奖的斯蒂格里茨在研究保险市场时，发现了一个经典的例子：美国一所大学学生自行车被盗比率约为 10%，有几个有经营头脑的学生发起了一个对自行车的保险，保费为保险标准的 15%。按常理，这几个有经营头脑的学生应获得 5%左右的利润。但该保险运作一段时间后，这几个学生发现自行车被盗比率迅速提高到 15%以上。何以如此？这是因为自行车投保后学生们对自行车安全防范措施明显减少。在这个例子中，投保的学生由于不完全承担自行车被盗的风险后果，因而采取了对自行车安全防范的不作为行为。而这种不作为的行为，就是道德风险。

通常在合同签订后，如果代理人的行动选择会影响委托人的利益，而委托人不清楚代理人的行动选择，委托人利益的实现就有可能面临“道德风险”。

道德风险发生的一个重要原因就是信息不对称。在委托人和代理人签订合同时，双方拥有的信息是对称的，但是当委托—代理关系建立之后，由于委托人无法观察到代理人的某些私人信息，特别是代理人工作努力程度的信息，或者委托人获得有关代理人的信息需要付出高昂的成本，因此信息呈现不对称。这时，代理人可能会利用自己独占的私人信息，选择对委托人不利的行动，从而损害委托人的利益。可见，代理人拥有独占性的私人信息是道德风险产生的关键。

因此，要避免道德风险，委托人必须获得代理人的私人信息，以消除信息的不对称性。但在现实中，委托人很难或不可能完全获得这些私人信息，所以道德风险在现实生活中不可能完全消除。

7.2.2 道德风险的不利影响

在现实生活中，道德风险的存在会给经济生活带来许多消极影响，主要表现在：不利事件发生的概率上升，影响资源的最优配置，造成大量社会财富不必要的损失和浪费，导致市场均衡的低效率。

在医疗保险市场上，投保人一旦获得医疗保险，理性的投保人就将增加自己这方面的开支，要求医生开一些不必要的贵重药品，实则增加了医疗保险支付的数量，即增加了社会成本。这样会导致社会风险服务和医疗服务的低效率。

在劳动力市场上，雇主和雇员签订劳动合同后，雇员的工作努力程度这个信息在雇主和雇员之间是不对称的。如果雇主无法从雇员的工作绩效中推测出其工作努力程度，同时雇员的收益与雇主的效用无关，雇员就会有偷懒的动机，不会努力工作。因为努力工作要付出相应的脑力和体力，导致身心疲惫，对于雇员来说是负效用的，但这种努力有利于雇主的效用的提高。这种情况下，雇员就会选择一个对自己有利但对雇主不利的较低努力水平，从而出现道德风险，导致生产的低效率。

在资本市场上，银行在贷款时，无法根据借款者的回报率给予其不同的利息率。银行能否收回贷款并获得利润，既取决于借款者的经济效益，也取决于银行所处环境状态的各种不确定性。当银行以借款者的经济收益作为利息率标准时，借款者就会利用银行难以观察或不可能观察到的隐蔽行动采取相应行动，或是虚报利润额，或是非法转移资金，等等。这类道德风险行为，使银行承担的风险比贷款前有所增加。

综合以上分析，道德风险可能导致社会福利降低，保险、劳动力、资本等风险市场不完备，而完备的经济刺激难以达到最优的资源配置。因此，经济学家深入研究了以合作和分担风险为中心的激励机制理论，使不对称信息条件下的市场能够产生次优经济效率。

7.2.3 道德风险的一般模型

尽管代理人的努力是不可证实的，而且为此它不能被作为合约的变量，假设这一努力带来的结果在期末是可证实的，获得的结果将被包括在合约中来规定代理人的支付。

具体按时间顺序分析这一博弈。最初，委托人决定提供怎样的合约给代理人。然后，代理人根据委托人确定的合约条款决定是否接受这一关系。如果合约最终被接受，给定所签的合约，代理人必须决定他最希望的努力水平。这可以由代理人自由决策，因为努力不是一个合约变量。所以，当委托人设计这一定义关系的合约时，委托人必须心里明白，合约签订以后，代理人将选择的是对他个人而言最好的努力水平。

考虑一个风险中性的委托人或一个风险厌恶的代理人的事例。在这一事例中，对称信息的最优合约是由委托人为代理人完全保险。然而，如果代理人的努力是不可观察的，那么一旦他签订了合约，他就将付出对自己最有利的努力水平。因为工资与结果无关，所以他会付出最低的可能努力。因此，委托人将会获得低于与对称信息境况相一致的预期利润，因为代理人的努力不同于（小于）有效率水平。

首先，假设代理人可以选择的行动的集合为 A，$a\in A$ 是代理人可能选择的一个行动。这里假设 a 为代表工作努力水平的一维变量；当代理人选择某个具体的努力水平 a 之后，由于存在确切未知的随机变量，得到某种所有权归属于委托人的结果（如收益）。假定 X 的集合有限，即 $X=\{x_1, \ldots, x_n\}$，则在努力 a 下 x_i 发生的条件概率可记为：

$$\text{Prob}[x=x_i \mid a]=p_i(a), (i=1, 2, \ldots, n)$$

这里 $p_i(a)>0$，$\sum_{i=1}^{n} p_i(a)=1$。设 w 是对代理人的支付，$u=u(w)$是代理人的确定性收入效用函数，其中 u 是代理人在收入为 w 下的效用水平，则委托人的确定性收入效用函数为 $v=v(x-w)$，其中 v 是委托人在收入为 $x-w$ 下的效用水平。代理人选择任何努力水平 a 几乎都会给他带来一定程度的“辛苦”或“痛苦”，假定其可被用一种效用测度的“成本函数” $c(a)$来刻画，且假设有 $c'=\mathrm{d}c(a)/\mathrm{d}a>0$，$c''=\mathrm{d}c'/\mathrm{d}a>0$。

由于努力水平不是一个可量化的和可观测得到的变量，因此委托人不能把努力水平包含在合约条款中。换句话说，委托人可以“提议”某一努力 a^*，但他必须确保这正是代理人想要付出的水平。该博弈的最后阶段（且他作为道德风险问题的基本点）就是在这一阶段代理人会选择付出的努力。这一选择可以写成

$$\sum_{i=1}^{n} p_i(a^*)u(w(x_i))-c(a^*)\geqslant\sum_{i=1}^{n} p_i(a)u(w(x_i))-c(a),\forall a'\in A$$

这一条件就是委托代理合同中的激励相容约束。可以说，激励相容约束反映了道德风险问题：一旦合约被接受，由于努力是不可证实的（它没有包括在合约条款中），因此代理人会选择最大化其目标的努力水平。

在该博弈的第二阶段，既定代理人将付出的努力和执行合约条款，代理人决定是否接受委托人提出的合约。形式化就有

$$\sum_{i=1}^{n} p_i(a)u(w(x_i)) - c(a) \geqslant \underline{U}$$

这一约束条件就是参与约束条件，也称为个体理性条件。参与约束条件所反映的事实是，如果代理人通过某合约的所得不大于或等于他从市场中其他选择中所获得的所得，那么，他总会拒绝这一合约。

在该博弈的第一阶段，委托人设计合约来预期代理人的行为。即委托人推出的合约就是以下问题的解：

$$\max_{a,\omega(x_i)} \sum_{i=1}^{n} p_i(a)v(x_i - w(x_i))$$

$$\text{s.t.} \quad \sum_{i=1}^{n} p_i(a)u(w(x_i)) - c(a) \geqslant \underline{U}$$

$$\sum_{i=1}^{n} p_i(a^*)u(w(x_i)) - c(a^*) \geqslant \sum_{i=1}^{n} p_i(a)u(w(x_i)) - c(a), \forall a' \in A$$

其中，第一个约束就是参与约束，第二个约束就是激励相容约束。

7.3 应用举例——信贷市场的道德风险

个人贷款涉及银行和个人（借款人）两个方面，两者之间的行为是一种博弈。由于目前我国个人信用制度尚未建立，个人的资信情况无从谈起，上述的博弈成为一种非对称信息的博弈。这里的非对称信息是指个人拥有但银行不拥有的信息。因此，自然就产生了道德风险的问题。

银行在发放个人住房贷款前要审查借款申请人的资信、收入等情况，假设借款人是完全合格的（符合银行要求的各项条件），银行发放贷款。但合同签订后，银行无法观察到借款人的行为，无法随时掌握借款人经济条件、家庭等方面的变动情况。此时，借款人有两个选择：一是按时归还贷款本息；二是赖账，拒绝还款。很明显，借款人如果采取第二种选择，必须要承担违约的风险，即在借款合同中签订的由银行通过诉讼，拍卖抵押品以抵偿。但倘若抵押品是房屋或其他生活必需品，根据我国有关法律，属于个人的生活必需品，应当留给个人。这样，借款人的违约成本就仅剩下道义和舆论上的谴责了。如果再把这种道义和舆论上的谴责由相当数量的个人进行分摊，那么违约成本简直是微乎其微了。违约成本过低，使借款人能够在收入减少、退休和其他权利纠纷等情况下，轻易地做出拒绝还款的选择。

与其他市场上的道德风险不同的是，导致信贷市场上的道德风险发生的原因是在以

个人信用为主要交易载体的市场上却缺乏鼓励守信的激励机制。个人遵守信用，按时归还贷款的行为不能得到任何形式的奖励。相反，不守信用、恶意赖账的行为，却可能获得相对多的效益。所以，关键是银行应设立合理的激励体系，引导良好社会信用关系的建立和延续。

要做到这点，银行应该建立起完善的个人信用服务制度。在这种制度下，如果个人的守信良好，那么他就能从银行得到全套的信用服务，包括在其他消费信贷办理时的优惠（免报送部分材料、免部分手续和免交部分手续费等），信用卡使用上的优惠（透支额的增加、服务费的减少），金融信息服务和个人理财服务。

考虑到不完全信息的情况，银行不可能完全查知个人的守信程度，个人的守信度也可能随各种因素的改变而发生变动，银行不得不根据所能知悉的个人情况猜测个人的守信度。在这种情况下，最优的激励计划应该是设置分级的信用优惠政策，对在不同时间段内的守信者给予级差优惠。例如，对在 2 年内、4 年内、6 年内……一直守信用者，可以享受到依次递增的信用优惠和金融服务。这样使个人有了守信用的激励，却不使他承担全部的风险。

【提示问题】

1. 如何理解信息不对称会导致道德风险的发生？

2. 针对当前非常普遍的腐败（道德风险）现象，试通过委托—代理理论来分析腐败问题。

【教师注意事项及问题提示】

1. 通过理论的学习和资料的搜集，引导学生思考生活中常见的道德风险问题产生的原因。

2. 通过引导学生对道德风险的理解，引导学生思考如何设计一个激励机制来解决道德风险问题，例如说，如何使得政治家替老百姓服务，以什么样的激励手段保证政治家不滥用权力；如何使得经理人为股东的利益服务，使他们不滥用经理人的权力，等等。

课后习题

1. 逆向选择中逆向的含义是什么？

2. 假设在一个信贷市场上，借款人的信用可靠程度 q 服从[0, 2]上的均匀分布，信用可靠程度为 q 的借款人愿意接受的最高贷款利率为$(3-q)\times 6\%$，贷款人贷款给信用可靠程度为 q 的借款人要求得到的最低利率为$(3-q)\times 4\%$，贷款人不能判断具体每个贷款人的信用可靠程度，只知道借款人的信用可靠程度的分布，并且贷款人是风险中性的。请用阿克洛夫模型分析上述贷款市场的逆向选择过程和结果。

3. 请尝试以保险市场为背景，建立相应的逆向选择模型，然后分析模型。

4. 试辨析逆向选择与道德风险的区别，并举例说明。

5. 试分析基金管理者在基金销售过程中的道德风险可能有哪些，针对你提出的道德风险谈谈避免道德风险的方法。

知识扩展

约瑟夫·斯蒂格利茨（Joseph E. Stiglitz，1943—）

1. 人物简介

约瑟夫·斯蒂格利茨，美国经济学家，美国哥伦比亚大学教授，英国曼彻斯特大学布鲁克斯世界贫困研究所（BWPI）主席。他于 1979 年获得约翰·贝茨·克拉克奖（John Bates Clark Medal），由于其在“对充满不对称信息的市场分析”领域所作出的重要贡献，2001 年，约瑟夫·斯蒂格利茨获得诺贝尔经济学奖。斯蒂格利茨曾担任世界银行资深副总裁与首席经济学家，提出经济全球化的观点。他还曾经在国际货币基金组织任职。

2. 学术贡献

斯蒂格利茨为经济学的一个重要分支——信息经济学的创立作出了重大贡献。他所倡导的一些前沿理论，如逆向选择和道德风险，已成为经济学家和政策制定者的标准工具。他是世界上公共部门经济学领域最著名的专家。斯蒂格利茨教授是数以百计的学术论文和著作的作者和编者，包括十分畅销的本科教材《公共部门经济学》(诺顿公司)和与安东尼·阿特金森合著的《公共经济学讲义》。1987 年，他创办的《经济学展望杂志》降低了其他主要经济学杂志所设立的专业化障碍。斯蒂格利茨博士是美国最著名的经济学教育者之一。他先后执教于耶鲁大学、普林斯顿大学和牛津大学，并从 1988 年开始在斯坦福大学任教。他主讲经济学原理、宏观经济学、微观经济学、公共部门经济学、金融学和组织经济学，包括在该校最受欢迎的经济学。

其主要著作如下：

[1] Uzawa, Hirofumi, Joseph E. Stiglitz, eds. Readings in the Modern Theory of Economic Growth. MIT Press, 1969.

[2] Grossman S J, Stiglitz J E. Information and Competitive Price Systems[J]. American Economic Review, 1976, 66(2): 246-253.

[3] 约瑟夫·E·斯蒂格利茨，安东尼·B·阿特金森. 公共经济学讲义[M]. 麦格劳-希尔图书公司，1980 年.

[4] 约瑟夫·E·斯蒂格利茨，D·M·G·纽伯里. 商品价格稳定理论[M]. 牛津大学出版社，1981 年.

[5] Stiglitz J E. The price of inequality[M]. Penguin UK, 2012.

[6] Stiglitz J E, Weiss A. Credit Rationing in Markets with Imperfect Information[J]. American Economic Review, 1981, 71(3): 393-410.

[7] Stiglitz J E. Peer monitoring and credit markets[J]. The world bank economic review, 1990, 4(3): 351-366.

[8] Grossman S J, Stiglitz J E. On the Impossibility of Informationally Efficient Markets[J]. American Economic Review, 1980, 70(3): 393-408.

乔治·阿克洛夫（George A. Akerlof，1940—）

1．人物简介

乔治·阿克洛夫出生于美国的纽黑兰，1966 年获美国麻省理工学院博士头衔，自 1980 年至今，一直在美国加利福尼亚大学伯克利（UCBerkeley）分校任经济学首席教授。由于其在“对充满不对称信息的市场分析”领域所作出的重要贡献，2001 年获得诺贝尔经济学奖。

2．学术贡献

阿克洛夫对市场的不对称信息研究具有里程碑意义。他引入信息经济学研究中的一个著名模型是“柠檬市场”（the“lemons” market）。（注：“柠檬”一词在美国俚语中表示“次品”或“不中用的东西”。）主要用来描述当产品的卖方对产品质量比买方有更多的信息时，低质量产品将会驱逐高质量商品，从而使市场上的产品质量持续下降的情形。阿克洛夫的理论被广泛运用于一些完全不同的领域，如健康保险、金融市场和雇佣合同等。

阿克洛夫的研究范围较广，包括货币理论、金融市场、宏观经济学等，并曾在贫困和失业理论、犯罪与家庭、社会习俗经济学等领域发表过大量研究论著，其主要著作如下：

[1] Akerlof G A. The market for " lemons": Quality uncertainty and the market mechanism [J]. The Quarterly Journal of Economics, 1970, 84(3): 488-500.

[2] Akerlof G A. Labor Contracts as Partial Gift Exchange[J]. The Quarterly Journal of Economics, 1982, 97(4): 543-69.

[3] Akerlof G A, Kranton R E. Economics and Identity[J]. The Quarterly Journal of Economics, 2000, 115(3): 715-753.

[4] Akerlof G A, Yellen J L. The fair wage-effort hypothesis and unemployment[J]. Quarterly Journal of Economics, 1990, 105(2): 255-283.

[5] Akerlof G A, Dickens W T, Perry G L, et al. The macroeconomics of low inflation[J]. Brookings papers on economic activity, 1996, 1: 1-76.

[6] Akerlof G A, Shiller R J. Animal spirits: How human psychology drives the economy, and why it matters for global capitalism[M]. Princeton University Press, 2010.

[7] Akerlof G A, Dickens W T. The Economic Consequences of Cognitive Dissonance[J]. American Economic Review, 1982, 72(3): 307-19.

[8] Akerlof G A. Social Distance and Social Decisions[J]. Econometrica, 1997, 65(5): 1005-

1028.

[9] Akerlof G A, Janet L. Yellen, eds. Efficiency wage models of the labor market[M]. Cambridge University Press, 1986.

[10] Akerlof G A, Kranton R E. Identity and the Economics of Organizations[J]. Journal of Economic perspectives, 2005, 19(1): 9-32.

[11] Akerlof G A. Procrastination and Obedience[J]. American Economic Review, 1991, 81(2): 1-19.

第 8 章　信号传递和信息甄别

通过前一章的学习，我们发现逆向选择可能会导致帕累托改进无法实现，使得双赢的交易无法达成。为了解决逆向选择对市场运行产生的不利影响，经济学家总结并发现了两种最简单有效的方法——信号传递和信息甄别。本章我们将逐一介绍这些知识。

【学习目标】

通过本章的学习，应掌握以下问题：

- 了解并掌握信号传递和信息甄别的基本模型；
- 了解运用信号传递和信息甄别解决信息不对称的分析方法。

【能力目标】

- 提高学生运用模型化方法分析解决实际问题的能力。

【引导案例：啤酒博弈】

1990 年，彼得·圣吉所著的《第五项修炼》中有一个著名的“啤酒博弈”（beer game）：一家厂商推出新款啤酒，在市场上非常受欢迎，纷纷脱销，于是各大零售店就争相向批发商要货，但批发商也缺，于是要 10 箱的就给 5 箱应付，但很快零售商主们就发现了这个秘密，于是要 10 箱的就夸大说要 20 箱，这样来满足自己的需要。最终这些定量汇总到生产厂商的时候，数据就失真了，厂商大量生产，但市场慢慢饱和，一旦分销商货源充足，零售商就大减订单，最终产品过剩。

在啤酒博弈中没有什么元凶，没有人该受到责备。博弈中的 3 个角色，任何一个人的意图都是善良的：好好服务顾客，保持产品顺利地在系统中流通，并避免损失。每一个角色都以自己的理性猜测可能发生什么，并作了善意、果决的判断。没有一个人的用意是坏的，虽然如此，危机还是发生了。问题出在哪里，该如何解决问题呢？

8.1　信号传递的含义

我们知道，逆向选择是由信息不对称所导致的，从而使得帕累托最优不能实现。在委托—代理关系中，委托人不知道代理人的信息，只有代理人知道自己的信息，那么就有可能出现“低质量”的代理人排除“高质量”代理人的现象，而委托人就会选择“低质量”的代理人，从而产生逆向选择问题。在这时，“高质量”代理人是处于信息优势的，但是在竞争中却处于劣势，而委托人也因为信息劣势而在选择中处于不利的位置。为了解决信息不对称所造成的逆向选择问题，我们通常有两种办法：第一种是信号传递，也就是拥有私人信息的代理人想办法将其私人信号传递给委托人，也就是处于信息劣势的一方；第二种是信息甄别，即委托人通过制定一套策略或合同来获取代理人的信息。

在不对称信息条件下，为了在一定程度上解决逆向选择问题，使自己在质量不等的市场上脱颖而出，“高质量”代理人会向委托人发送信号，主动显示自己的优势，以减少信息不对称的程度，进而提高自己的效用。

所谓信号传递，就是指具有信息优势的一方向具有信息劣势的一方提供信号传递。例如对于优质品，质量保证书、包退、包换、包修等是一种成本低廉且短期效果明显的信号传递方式。另外，建立自己的名牌产品也是一种较好的信号传递方式，虽然其投入成本可能较高，但其长期回报却十分丰富，如海尔电器、麦当劳等，其品牌本身就传递了产品是优质产品的信息。

所谓信息甄别，就是指由处于信息劣势的一方首先给出区分信息优势方类型的不同合同条款，信息优势一方通过选择与自己的类型相符合的合同来揭示自己的私人信息，从而使得帕累托改进收益实现。例如在保险市场上，保险公司提供不同的保险合同供投保人选择，而投保人则通过选择适合于自己的保险合同来显示自己的风险类型。

8.2 劳动力市场信号博弈

在现实生活中，虽然逆向选择普遍存在，但是市场依然有效，其中的原因在哪里？在阿克洛夫的研究基础上，1973 年，迈克尔·斯彭斯（Michael Spence）在《劳动力市场信号传递》中力图解释这个问题。他指出，在竞争性的劳动力市场中，具有较高才能的劳动者可以通过采用某些有成本的行为进行信号传递，由此解决劳动市场中的逆向选择问题。斯彭斯也因此成为信号传递理论的奠基人。

8.2.1 模型假设

（1）假定劳动力市场上是完全竞争的，从而在均衡条件下工资等于（预期的）劳动生产率，企业的预期利润为零；

（2）只考虑一个雇员和一个雇主，雇员的能力 θ 有两个可能的值，分别为 $\theta=1$（低能力）和 $\theta=2$（高能力）；雇员知道自己的真实能力 θ，雇主只知道 $\theta=1$ 和 $\theta=2$ 的概率均为 1/2；

（3）雇员的教育成本函数与其能力成反比的关系，设为 $C(s, \theta)=s/\theta$，此函数式意味着能力越高，教育成本越低。

8.2.2 博弈过程

（1）“自然”首先选择雇员的类型 θ，$\theta=1$（低能力）和 $\theta=2$（高能力）；雇员知道自己的真实能力 θ，雇主只知道 $\theta=1$ 和 $\theta=2$ 的概率均为 1/2；

（2）雇员行动：雇员在与雇主签约之前首先选择教育水平 $s\in\{0, 1\}$，其中 $s=0$ 代表不接受教育，$s=1$ 代表接受教育；教育的成本为 $C(s, \theta)=s/\theta$；

（3）雇主行动：雇主在观察到雇员的教育水平后决定雇员的工资水平 $w(s)$；雇员选择接受或不接受。如果接受，企业的期望产出为 $y=\theta$（注意我们假定教育水平本身不影响产出），雇员的效用为 $U(s,\theta)=w-s/\theta$，企业的期望利润为 $\pi(s,\theta)=\theta-w$；如果不接受，$U=\pi\equiv0$。

8.2.3 均衡分析

首先注意到，因为教育本身并没有价值但却花费成本，在对称信息情况下，不论能力高低，雇员将选择 $s=0$（不接受教育），低能力雇员的工资为 $w(\theta=1)=1$，高能力雇员的工资为 $w(\theta=2)=2$。但这种帕累托最优均衡在信息不对称情况下一般是做不到的。这是因为，给定雇主不知道 θ，企业的预期产出是 $y=0.5\times1+0.5\times2$，雇主之间的竞争将使得 $w=1.5$，但 $w=1.5$ 可能并不是一个均衡，如果教育传递信号的话。

在非对称信息情况下，雇主只能观察到 θ，因而工资只能以 s 而定。令 $\mu(\theta=1 \mid s)$为当观察到雇员选择教育水平 s 时雇主认为雇员是低能力的后验概率。精炼贝叶斯均衡意味着：（1）雇员选择教育水平 $s(\theta)$；（2）雇主根据观察到的 s 得出后验概率 $\mu(\theta=1 \mid s)$和支付工资水平 $w(s)$，使得：①给定预期的工资 $w(s)$，$s(\theta)$是能力为 θ 的雇员的最优选择，②给定 $s(\theta)$，$\mu(\theta=1 \mid s)$是与贝叶斯法则一致的，$w(s)$是雇主的最优选择。

均衡可能是混同均衡或分离均衡。让我们首先考虑混同均衡。混同均衡意味着不同能力的雇员选择相同的教育水平，从而得到相同的工资。首先考虑 $s(\theta)\equiv0$ 的情况：

$$(\text{PE})\text{混同均衡：}\begin{cases} s(\theta=1)=s(\theta=2)=0 \\ w(0)=w(1)=1.5 \\ \mu(\theta=1|s=0)=0.5 \\ \mu(\theta=1|s=1)=0.5 \end{cases}$$

就是说，在均衡时，两类雇员都选择不接受教育，雇主认为教育不传递信号，因而工资等于期望产出，与教育无关。容易证明，这确实是一个均衡：给定雇主支付的工资与教育水平无关（$w\equiv1.5$）和雇员的后验概率 $\mu(\theta=1 \mid s=1)=0.5$，雇员的最优选择是不接受教育（$s=0$）；给定雇员选择不接受教育，$s=1$ 是不可能事件，$\mu(\theta=1 \mid s=1)=0.5$ 与贝叶斯法则并不矛盾，雇主不可能比选择 $w\equiv1.5$ 做得更好（注意，$s=0$ 在均衡路径上，贝叶斯法则意味着 $\mu(\theta=1 \mid s=1)=0.5$）。

这里，(PE)之所以是一个均衡，是因为我们假定雇主在观察到 $s=1$（非均衡路径上）时不修正先验概率。如果雇主的后验概率为 $\mu(\theta=1 \mid s=1)=0$（即认为选择接受教育的雇员一定是高能力的），上述混同均衡就不成立。这是因为，给定 $\mu(\theta=1 \mid s=1)=0$，当雇员选择 $s=1$，雇主将选择 $w(1)=2$，高能力的雇员将选择接受教育，从而得到 $U=2-0.5=1.5$，而不是选择不接受教育得到 $U=1-0=1$。这样，我们有如下分离均衡：

$$(\text{SE})\text{分离均衡：}\begin{cases} s(\theta=1)=0, s(\theta=2)=1 \\ w(0)=1, w(1)=2 \\ \mu(\theta=1|s=0)=1, \mu(\theta=1|s=1)=0 \end{cases}$$

就是说，低能力的雇员选择不接受教育，高能力的雇员选择接受教育；雇主认为不接受教育的一定是低能力，因而支付工资 $w(0)=1$，认为接受教育的一定是高能力，因而支付工资 $w(1)=2$。容易证明，(SE)是一个精炼贝叶斯均衡：给定雇主的后验概率和工资决策，高能力雇员的最优选择是接受教育，因为 $U(s=1, \theta=2)=1.5>U(s=0, \theta=2)=1$；低能力雇员的最优选择是不接受教育，因为 $U(s=0, \theta=1)=1\geqslant U(s=1, \theta=1)=1$。另一方面，给定雇员的选择，雇主的后验概率是根据贝叶斯法则得到的（注意，在分离均衡下，不存在非均衡路径），工资决策也是最优的。也容易证明，不存在其他的分离均衡（如低能力雇员选择接受教育，高能力雇员选择不接受教育）。

在分离均衡中，教育水平就成为传递雇员能力的信号。如我们已经指出的，这里的关键是高能力的人受同样教育的成本低于低能力的人，正因为如此，高能力的人才能通过选择接受教育把自己与低能力的人区分开来。如果接受教育的成本与能力无关，教育就不可能起到信号传递的作用，因为低能力的人会模仿高能力的人选择同样的教育水平。

8.2.4 小结

在这个模型中，存在一个混同均衡和一个分离均衡。但是，混同均衡并不是一个合理的解释，因为它依赖于我们有关雇主的在非均衡路径上后验概率的特定假设，即 $\mu(\theta=2 \mid s=1)=0.5$，而这个假定是不合理的。为了说明这一点，让我们比较一下在不同假设下低能力雇员在选择接受教育（$s=1$）和不接受教育（$s=0$）之间的效用水平。如果雇主认为不接受教育象征低能力（因而 $w(0)=1$），接受教育象征高能力（$w(1)=2$），低能力雇员选择不接受教育时的效用为 $U=1-0=1$，选择接受教育时的效用为 $U=2-1/1=1$，所以不接受教育仍是（弱）最优选择；如果雇主认为不接受教育象征高能力（因而 $w(0)=2$），接受教育象征低能力（因而 $w(1)=1$），低能力雇员选择不接受教育时的效用为 $U=2-0=2$，选择接受教育时的效用为 $U=1-1/1=0$，所以不接受教育仍是最优选择。就是说，不论雇主的后验概率如何，不接受教育总是低能力雇员的最优选择。因此，如果观察到 $s=1$，雇主不应该认为雇员有任何可能性是低能力的，即合理的后验概率 $\mu(\theta=1 \mid s=1)=0$。但给定 $\mu(\theta=1 \mid s=1)=0$，高能力雇员将选择 $s=1$，因此 $s(\theta=1)=s(\theta=2)=0$ 不构成一个混同均衡。因此，这个模型中唯一合理的均衡是分离均衡：低能力雇员选择不接受教育，高能力的雇员选择接受教育。

8.3 信息甄别

下面，我们继续讨论上节中的劳动力市场的情形：

在上述的模型中，我们假定博弈的顺序是，雇员在签订就业合同之前根据预期到的工资函数首先选择教育水平，雇主在观察到雇员的教育水平之后再决定支付什么样的工资给雇员。现在我们把博弈的行动过程逆转过来，假定雇主首先行动，在雇员接受教育之前就提出一个合同菜单$\{w, s\}$，雇员选择其中一个与雇主签约，然后根据合约规定接受教育 s，在完成教育后得到合约规定的工资 w。这就是信息甄别模型。

迈克尔·罗斯查尔德（Michael Rothschild）和约瑟夫·斯蒂格利茨（Joseph Stiglitz）所提出的均衡是这样定义的：均衡指存在着一组合同$\{(w_1, s_1), (w_2, s_2), \ldots, (w_k, s_k)\}$和一个选择规则$R:\theta\to(w, s)$，使得：（1）每一类雇员在所有可选择的合同中选择一个最适合自己的合同（即：θ能力的雇员选择(w_θ, s_θ)，当只当对于所有的(w, s)，$U_\theta(w_\theta, s_\theta)\geqslant U_\theta(w, s)$）；（2）雇主的利润不能为负；（3）不存在新的合同能够使得选择该合同的雇主得到严格正的利润。

上述的均衡定义可以理解为，信息甄别均衡存在的前提条件为：

（1）所有在市场上可供选择的雇佣合同中，没有一个会给雇主带来预期的损失；

（2）"市场之外"没有可以带来正利润的雇佣合同，即所有雇佣合同都已被考虑。

在信息甄别模型中，如果均衡是存在的，那么，高能力雇员会选择高教育程度高工资的合同，而低能力的雇员将会选择低教育程度低工资的合同。雇主就可以把不同能力的雇员区分开来。同样，如果均衡是存在的，那么均衡一定是唯一的。原因在于，在信号传递模型中，均衡依赖于雇主（没有私人信息的参与人）有关雇员（有私人信息的参与人）的后验概率，而因为存在着非均衡路径，非均衡路径上的后验概率具有任意性，对应不同的后验概率，有不同的均衡。对比之下，在信息甄别模型中，后验概率是没有意义的。雇主先提供合同，雇员行动之后的后验概率不影响雇主的选择；而后行动的雇员具有完全的信息。毫不奇怪，当我们在信号传递模型中剔除掉"不合理"的后验概率时，剩下的唯一均衡是分离均衡，并且，该分离均衡与信息甄别模型中相同（即最低成本分离均衡）。

与信号传递模型不同，在信息甄别模型中，均衡可能根本就不存在，即使存在，最多也只能有一个。雇员行动之后的后验概率不影响雇主的选择，而后行动的雇员具有完全的信息。而且信息甄别下的分离均衡（若存在）正是信号传递下的帕累托最优均衡。

【提示问题】

1. 如何理解通过信号传递或者信息甄别的作用？

2. 如何有效地设计一个信号传递机制或者信息甄别机制来解决逆向选择问题？

【教师注意事项及问题提示】

1. 根据本章的学习，引导学生思考市场上充斥着大量的商业广告到底传递什么信息。

2. 针对经济和生活中的种种信号，引导学生思考例如送礼这一普遍流行的社会规范的作用。

8.4 应用举例

8.4.1 商品房档次的信号传递价值

目前，我国商品房交易市场普遍存在着对商品房质量的信息不对称现象。由于商品房购买者对商品房质量的了解程度远远低于房地产开发商，所以，在商品房市场的信息不对称会导致购房者的逆向选择：买便宜的、质量低的商品房。优秀的房地产开发商的价值被埋没，从而就会考虑采用档次这一信号向购房者发送信息。

假设购房者明确商品房的档次 θ，θ 为连续变量。商品房市场由优秀开发商和劣等开发商组成且各占 50%。优秀开发商具有足够的经验、长期积累的房地产市场的认识以及开发的规模效应。因而劣等开发商与优秀开发商相比，其要建设同等档次的商品房就会花费较高的成本，假设优秀开发商建设档次为 θ 的商品房的成本为 $C_1(\theta)=8\,000\theta$；劣等开发商建设档次为 θ 的商品房的成本为 $C_2(\theta)=20\,000\theta$。

完全信息条件下，购房者完全了解开发商的实际质量，因此，可以根据开发商质量给定相应的成交价格。优秀开发商得 80 000 元/档次，劣等开发商得 40 000 元/档次。

但在不完全信息条件下，如果购房者不能确定开发商的实际质量，只好给每位开发商以平均的价格 60 000 元/档次来成交商品房，这样的逆向选择就牺牲了优秀开发商的利润。

如果购房者依据档次为信号，并且认为：如果 $\theta \geqslant \theta^*$则属于优秀开发商，并以 80 000 元成交；如果 $\theta<\theta^*$则属于劣等开发商，并以 40 000 元成交。

如果档次低于 θ^*，即商品房档次在 0 与 θ^*之间时，都是劣等开发商，成交价相同，故建设收益为 0，如果档次达到 θ^*时，都属于优秀开发商，成交价为 80 000 元，故提高档次的收益为 80 000–40 000=40 000 元。

这样对于优秀的开发商来说，建设档次更高的商品房的成本为 $8\,000\theta$，提高档次后的收益为 80 000 元。因此，当提高档次的收益高于成本时，他们会选择建设更高档次的商品房，即 $80\,000>8\,000\theta^*$，$\theta^*<10$。

对于劣等开发商来说，商品房的建设成本为 $20\,000\theta$，收益为 40 000 元，因此，当提高商品房档次的收益成本高时，劣等开发商就会放弃提高档次，宁愿建设低档次，即 $40\,000<20\,000\theta^*$，$\theta^*>2$。

所以，综合上述结果，当 $2<\theta^*<10$ 时，即购房者以档次为判断标准在 2 和 10 之间时，档次作为信号就可以有效地区分两类开发商。

8.4.2 保险市场中的信息甄别*

假定有两类投保人，一类是风险比较高的，另一类是风险比较低的。前一类人身体素质比较差，患病的概率比较高，设这类人出事故的概率为 q；而后一类人则身体素质比较好，身体很健康，设这一类人出事故的概率为 r。这里 $0<r<q<1$。

设所有的投保人都有财产 w。一旦发生事故，会损失 L。因此，如果不买保险，消费者的最终财产或者为 w，或者为 $w-L$。一旦买了保险，其必然要付出保险费，记为 P。同时，保险公司还规定有一部分损失应由投保人自负，自负损失记为 D。所以，如果买了保险，消费者的最终财产或者是 $w-P$（如果事故没有发生），或者是 $w-P-D$（如果事故发生）。

保险公司的期望利润取决于购买保险的顾客类别。如果顾客是低风险的人，则保险公司的期望利润为

$$E\pi(P, D, r)=P-r\cdot(L-D)$$

这里 $r\cdot(L-D)$是指出现事故的概率为 r，而一旦出现事故，保险公司要赔保 $L-D$ 的金额。同理，如投保人是高风险的人，则保险公司的期望利润为

$$E\pi(P, D, q)=P-q\cdot(L-D)$$

假定低风险的顾客与高风险的顾客具有相同的效用函数 $u(x)$，这个效用函数呈凹性，因为在这里，顾客是风险规避型的。风险低的顾客的期望效用取决于自负部分 D、保险价格 P 与事故发生概率 r。其期望效用为

$$EU(D, P, r)=ru(w-P-D)+(1-r)u(w-P)$$

同理，风险高的顾客的期望效用为

$$EU(D, P, q)=qu(w-P-D)+(1-q)u(w-P)$$

上述两类顾客由于行为方式和禀赋的不同，对于保险价格 P 和自负部分 D 的态度就大有差别。而这在客观上就为保险公司提供了极好的契机去筛选不同的消费者。

保险公司本不知道购买保险的人的真实状况如何，但它可以通过设定不同的 P 和 D 的组合来筛选不同的消费者，让顾客自我选择。这里的理论依据是，由于出事故的概率不同，顾客对于 D 和 P 的偏好是不同的：身体状况好的人由于自己出事故的概率低，会选择高的自负部分 D 和低的保险价格 P，因为对他来说，出事故的可能性较低；反之，身体状况差的人由于出事故的概率较高，所以会选择低的 D 和高的 P 的组合，即宁可付较高的保险费去换得较低的自负部分风险，用曲线表示如图 8.1 所示。

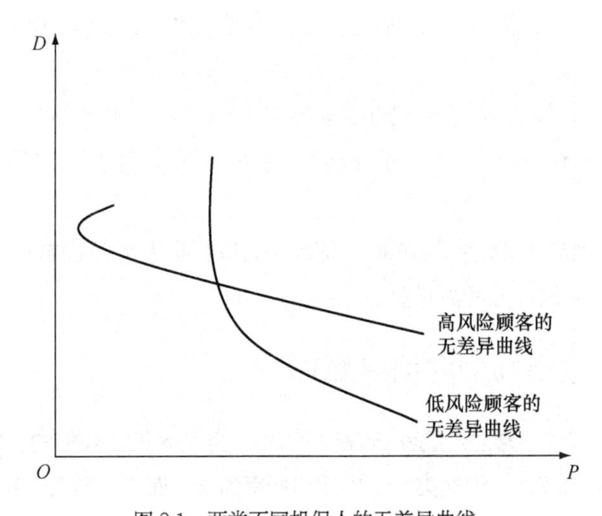

图 8.1　两类不同投保人的无差异曲线

在图 8.1 中，高风险顾客的无差异曲线比较平坦，而低风险顾客的无差异曲线比较陡峭。

基于上述讨论，我们来分析保险政策的筛选功能。保险公司对 D 与 P 可以有各种搭配，但原则上是让自负损失 D 与保险价格 P 之间存在替代关系，如图 8.2 所示。

图 8.2 画出了 4 条无差异曲线，对每一种类型的消费者都各画出两条。注意，由于 D 与 P 对于投保人都意味着损失，所以，无差异曲线越接近原点，则越是代表高的效用水平。

考虑两个组合：A 和 B。在 A 点，保险价格比较低，但自负损失比较高，这种组合往往为

低风险的顾客所接受。原因在于，尽管低风险的人也可以买由 B 点所代表的保险政策组合，但对他来说，B 点处于效用水平低的那条无差异曲线上，而 A 点则在效用水平较高的那条无差异曲线上。所以，低风险的人会选择 A。

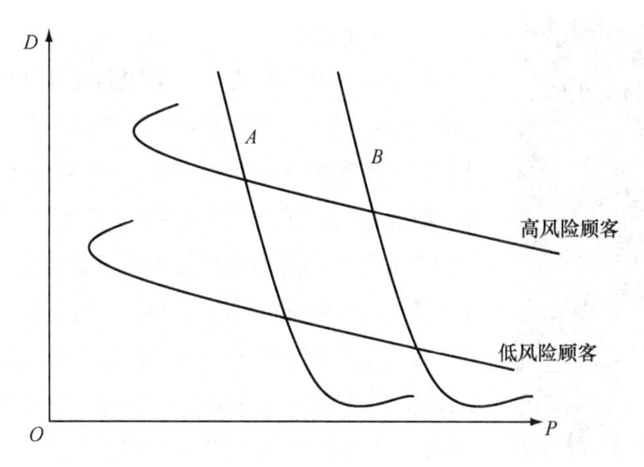

图 8.2　D 与 P 的筛选功能

同理，B 点会受高风险顾客的欢迎。对他来说，A 点也可以购买，但与 B 相比，则 A 点代表较低效用水平。所以，风险大的顾客会放弃 A 而选择 B。

课后习题

1. 在 8.2 节的例子中，雇员选择的教育水平 s 是一个离散变量，$s \in \{0, 1\}$，现将 s 变为一个连续变量，$s \in [0, \bar{s}]$，相应地将雇员的期望产出变为

$$y(\theta,s)=\begin{cases}s, & \theta=1\\ 2s, & \theta=2\end{cases}$$

其他条件保持不变，试重新分析模型的均衡。

2. 考虑一个民事诉讼博弈。原告 P 知道如果案子上法庭的话他是否能赢；被告 D 不知道谁将赢，只知道有 1/3 的概率原告将赢；被告也知道原告 P 知道谁将赢；被告的这些知识是共同知识。（因此原告有两种类型，被告只有一种类型。）如果原告胜诉，他的净所得为 3，被告的净所得为–4（可以设想为赔偿原告 3 和支付法庭 1）。如果败诉，原告的净所得为–1，被告的净所得为 0。在博弈开始时，原告有两种选择：他可以要求被告赔偿 M=1 或 M=2 以私了。如果被告接受原告的要求，博弈结束，原告和被告的支付分别为 M 和–M。如果被告拒绝原告的要求，案子到法庭。给出这个博弈的扩展式表述（博弈树）和所有的精炼贝叶斯均衡（注意：对每个均衡战略组合，被告的后验概率是 M 的函数）。

3. 请以二手车市场为背景，设计一个信号传递模型和一个信息甄别模型。

4. 假设你是一家软件公司的人事经理，需要为公司招聘 10 名软件开发人员。如果运用博弈论和信息经济学的思想和原理考虑，你的招聘计划中应该包括哪些要点？可以向相关部门和上级做哪些重要建议？

知识扩展

迈克尔·斯彭斯（A. Michael Spence，1948—）

1．人物简介

迈克尔·斯彭斯出生于美国新泽西州的蒙特卡莱。他于1962—1966 年就读于普林斯顿大学并获哲学学士学位；1968 年在牛津大学获数学硕士学位；1972 年在哈佛大学获经济学博士学位。斯彭斯教授历任哈佛大学经济学教授、经济系主任，斯坦福大学商学院研究生院前任院长和现任名誉院长。2001 年，迈克尔·斯彭斯与另两位经济学家乔治·阿克洛夫和约瑟夫·斯蒂格利茨共享诺贝尔经济学奖。他们指出了在市场经济条件下，信息不对称问题的普遍性和严重性，从而可能产生逆向选择和道德问题，同时经济人会努力去抵消信息不对称问题对市场效率的负面影响。

2．学术贡献

斯彭斯教授在现代信息经济学研究领域作出了突出贡献。从 20 世纪 70 年代开始，他就致力于“不对称信息市场”理论的研究，首先提出了“市场信号”概念，用于说明信息在市场中的传递方式、效用以及对市场行为的影响，从而为“逆向选择”、“道德风险”和“委托—代理模型”的建立打下了坚实基础。斯彭斯教授的研究显示了信息在当代经济社会的极端重要性，他的理论是过去五十年来经济学研究领域的一个里程碑。此外，斯彭斯教授提出的信号发送模型将预期、决策信息集、信息条件等概念引入博弈论，从而对博弈论的发展和应用产生了深远的影响。

斯彭斯最重要的研究成果是市场中具有信息优势的个体为了避免与逆向选择相关的一些问题发生，如何能够将其信息“信号”可信地传递给在信息上具有劣势的个体。信号要求经济主体采取观察得到且具有代价的措施以使其他经济主体相信他们的能力，或更为一般地，相信他们产品的价值或质量。斯彭斯的贡献在于形成了这一思想并将之形式化，同时还说明和分析了它所产生的影响。其主要著作如下：

[1] Spence A M. Job Market Signaling[J]. Quarterly Journal of Economics, 1973, 87(3): 355-374.

[2] Spence A M. Product Selection, Fixed Costs and Monopolistic Competition[J]. Review of Economic Studies, 1976, 43(2): 217-235.

[3] Spence M. Cost Reduction, Competition and Industry Performance[J]. Econometrica, 1984, 52(1): 101-21.

[4] Spence M. Competitive and optimal responses to signals: An analysis of efficiency and distribution[J]. Journal of Economic Theory, 1974, 7(3): 296-332.

[5] Spence M. Symposium: The Economics of Information: Informational Aspects of Market Structure: An Introduction[J]. Quarterly Journal of Economics, 1976, 90(4): 591-597.

[6] Spence M. Nonlinear prices and welfare[J]. Journal of public economics, 1977, 8(1): 1-18.

[7] Spence A M. Monopoly, Quality and Regulation[J]. Bell Journal of Economics, 1975, 6(2): 417-429.

参考文献

[1] Samy Azer 著. 王维民 译. 问题导向学习（PBL）指南[M]. 北京：北京大学医学出版社，2012.

[2] 范英昌. 病理学 PBL 教程[M]. 北京：中国中医药出版社，2013.

[3] 郭晓斐. 耶鲁博弈论[M]. 北京：朝华出版社，2012.

[4] 潘天群. 博弈思维[M]. 北京：北京大学出版社，2005.

[5] 刘加福. 新管理博弈学[M]. 北京：中国纺织出版社，2005.

[6] 欧瑞秋，王则柯. 图解经济博弈论[M]. 北京：中国人民出版社，2012.

[7] 欧瑞秋，王则柯. 图解信息经济学[M]. 北京：中国人民出版社，2008.

[8] 王则柯，何洁. 信息经济学浅说[M]. 北京：中国经济出版社，1999.

[9] 张维迎. 博弈论与信息经济学[M]. 上海：上海人民出版社，1996.

[10] 谢识予. 经济博弈论[M]. 上海：复旦大学出版社，2002.

[11] Nash J F. The bargaining problem[J]. Econometrica, 1950, 18(2): 155-162.

[12] Nash J F. Non-Cooperative Games[J]. Annals of mathematics, 1951, 54(2): 286-295.

[13] Selten R. Spieltheoretische behandlung eines oligopolmodells mit nachfrageträgheit: Teil i: Bestimmung des dynamischen preisgleichgewichts[J]. Zeitschrift für die gesamte Staatswissenschaft/ Journal of Institutional and Theoretical Economics, 1965, 121(4): 301-324.

[14] Harsanyi J C. Games with Incomplete Information Played by “Bayesian” Players, I-III Part I. The Basic Model[J]. Management science, 1967, 14(3): 159-182.

[15] Selten R. Reexamination of the perfectness concept for equilibrium points in extensive games[J]. International journal of game theory, 1975, 4(1): 25-55.

[16] Kreps D M, Wilson R. Reputation and imperfect information[J]. Journal of economic theory, 1982, 27(2): 253-279.

[17] Hotelling H. Stability in Competition[J]. The Economic Journal, 1929, 39(153): 41-57.

[18] Harsanyi J C. Games with randomly disturbed payoffs: A new rationale for mixed-strategy equilibrium points[J]. International Journal of Game Theory, 1973, 2(1): 1-23.

[19] Schelling T C. The Strategy of Conflict[M]. Harvard university press, 1960.

[20] Aumann R J. Subjectivity and correlation in randomized strategies[J]. Journal of mathematical Economics, 1974, 1(1): 67-96.

[21] Rosenthal R W. Games of perfect information, predatory pricing and the chain-store paradox[J]. Journal of Economic theory, 1981, 25(1): 92-100.

[22] Fudenberg D, Kreps D M, Levine D K. On the robustness of equilibrium refinements[J]. Journal of Economic Theory, 1988, 44(2): 354-380.

[23] Fudenberg D, Kreps D M. A theory of learning, experimentation and equilibrium in games[M]. Mimeo, MIT, 1988.

[24] Espinosa M P, Rhee C. EFFICIENT WAGE BARGAINING AS A REPEATED GAME[J]. Quarterly Journal of Economics, 1989, 104(3): 565-588.

[25] Rubinstein A. Perfect equilibrium in a bargaining model[J]. Econometrica: Journal of the Econometric Society, 1982, 50(1): 97-109.

[26] Friedman J W. A non-cooperative equilibrium for supergames[J]. Review of Economic Studies, 1971 , 38(113): 1-12.

[27] Spence M. Job market signaling[J]. Quarterly Journal of Economics, 1973, 87(3): 355-374.

[28] Kreps D M. Singaling Games and Stable Equilibrium[R]. mimeo, 1984.

[29] Kreps D M, Cho I K. Signaling Games and Stable Equilibria[J]. Quarterly Journal of Economics, 1987, 102(2): 179-221.

[30] Ross S A. The Economic Theory of Agency: The Principal's Problem[J]. The American Economic Review, 1973, 63(2): 134-139.

[31] Hart O, Holmström B. The theory of contracts[C]. in Advances in Economic Theory: Fifth World Congress, edited by T. Bewley, Cambridge University Press, 1987.

[32] Hart O. Firms, contracts and financial structure[M]. Oxford university press, 1995.

[33] Mirrlees J A. Notes on welfare economics, information and uncertainty[J]. in Essays on Economic Behavior under Uncertainty, edited by M. Balch, D. McFadden, S. Wu, Amsterdam: North-Holland, pp. 243-261, 1974.

[34] Mirrlees J A. The Optimal Structure of Incentives and Authority Within an Organization[J]. Bell Journal of Economics, 1976, 7(1): 105-131.

[35] Akerlof G A. The Market for "Lemons": Quality Uncertainty and the Market Mechanism[J]. Quarterly Journal of Economics, 1970, 84(3): 488-500.

[36] Rothschild M, Stiglitz J. Equilibrium in Competitive Insurance Markets: An Essay on the Economics of Imperfect Information[J]. Quarterly Journal of Economics, 1976, 90(4): 629-649.

[37] Stiglitz J, Weiss A. Credit rationing in markets with incomplete information[J]. American Economic Review, 1981, 71: 393-409.

[38] 余治国.妙趣横生的博弈学[M].北京:人民邮电出版社,2014.

附录1 PBL教师手册

以问题为导向的学习（Problem Based Learning，PBL）教学模式，是指：在教师的指导下，以问题/项目为载体激发学生学习的主动性并引导学生把握学习内容的教学方法，是将基础知识和实际问题结合起来，打破学科界限，以学生为中心的自我导向式学习。与传统教学模式相比，该教学模式被证明在人才培养方面具有较多独特优势，能更好地满足教学模式的需求，强调小组教学，由学生根据学习的理论知识，自行提出问题，分析问题，找出根据解决问题，以获得最有效率的学习。

经典的 PBL 教学理念是使学生具备如下的几个方面的能力：①终身自学；②不断运用新方法解决所面临的问题；③团队合作意识；④将理论知识整合运用到实际问题中；⑤善于沟通；⑥良好的个人素质和职业行为，能够自我评价与评价他人。

PBL 教学具有以下两方面的特性：

（1）以问题为中心。这种教学方式是建立在真实世界中可能遇到的复杂、零乱的问题基础上，通过创设问题情境，激发学生学习兴趣，组织学生合作学习，综合自己和他人的智慧，寻求问题答案，强调解决经济管理方面发生的类似的真实问题。

学生通过自身努力并充分利用有效的教学资源，寻求问题答案，教师是教学过程的引导者而非主导者，教学过程中教师应该对整个教学思路加以把握，通过长期的 PBL 教学训练，使学生建立终身学习的观念。

（2）以学生为中心。在 PBL 教学过程中，学生是真正的知识建构者，作为教学活动的主体而存在。在 PBL 的实施过程中，从决策者到实践者再到评价者，尽管充当的角色不同，但学生的主体地位不能动摇。

PBL 实行的教学方法应注意：①以自学为主；②分析问题，认识问题，解决问题；③全面采取综合性课程；④全面贯彻小组的互相学习；⑤小组配备的不是教师，而是作为“支持者”的指导教师；⑥不进行系统的讲授，以小组总结的形式自己完成教学大纲的学习内容。

PBL 是新事物，从被认识到被引入教育中来只经过了短短几十年的时间，但当我们深入研究它的学习理念时，发现它的学习思想体现了学习的本质。这种问题导向学习，真正使教学“授人以渔”，符合当代本科教育的要求。不过传统的教学方法也不是一无是处，它的优点是知识架构较为完整，不像问题导向式学习，学生所学的知识可能较为零散，两者之优劣长短正好互补。

我国长期的教育现状是以学科为课程单位、以灌输式授课为教学方式，自古以来的“师者，传道授业解惑也”，造成学生被动学习意识根深蒂固，故目前不能盲目和完全地照搬国外所谓“正统”的 PBL 教学模式，我们认为遵循 PBL 教学理念，即学生自主地主动学习，可采取不同形式在不同层次制定适合于本校、本学科、本课程、不同教学阶段的 PBL 教学模式。在不影响 PBL 本质的前提下对其进行多种形式的调整，使其能够适合我国本科教学现状，同时又能提高学生学习能力，使培养的学生更适合新时代的需求。

一、PBL教学准备与教学实施流程

PBL 教学仍然要依据教学大纲，在某一节点选择教学案例，依据主要的教学目标设计问题并提出问题，学生利用各种途径主动解决问题，自己归纳总结，最后教师点评。

（一）PBL教学准备

1．教案撰写

撰写 PBL 教案前应该考虑以下问题：教学目标、教学内容、各相关学科内容的交叉、相应的配备资源、课堂时间如何分配等。具体方法如下：确定所选教案与课程内容的关系并列出详细的问题，确定学生总数及如何分组，小组老师如何安排，课时如何安排，每次课之间的自学时间有多少，其他课程的教学进度如何，哪些内容与 PBL 教学内容相交叉，每次课后是否要预留反馈和评估的时间，等等。

2．集体备课

①集体讨论：由教研室主任或课程负责人担任组长，强化全体教师的团队精神与合作意识，鼓励每位教师踊跃发言和积极讨论，表达自己的观点，共同研究和解决 PBL 教学中可能发生的问题，以求共同进步和提高，取得最好的学习效果。

②模拟演练：为了更好地预测教学中可能出现的问题，集体备课时，可以对 PBL 课堂过程进行模拟演练。在演练中，教师要尽可能地从学生的思维角度去思考，站在学生的立场和角度上去看待和解决问题，暴露课堂上可能出现的问题，将其解决问题的措施和引导方式运用到 PBL 教学课堂实践中去。

3．小组讨论的教室设备

小组讨论教室所需空间较小，只要有容纳十人左右的长桌即可。其余的设备和一般教室相同，有些甚至还可配备计算机网络，可以实时在线查询。但边讨论边上网有时会干扰小组讨论的进行。

4．学习资源的有效利用

充分利用各种有效资源，包括书籍、期刊、光盘、录像带、录音带、网络、专家等。

教师应给出参考资料信息，查阅和搜集有用的资料、图片、视频等，也可以录制 DV 短片，以更好地展示案例相关情景。

另外教师应有效掌握和充分利用多媒体等教学工具。

（二）PBL教学实施流程

1．创设情境，发掘和提出问题

几乎在所有应用 PBL 的教学中，PBL 问题的构建一直是很关键的问题，构建 PBL 问题的标准是值得很多教师思考的重要问题。一般认为，PBL 教学问题的设计应该具备 5 个特征：

（1）问题应该是劣构的、开放的、真实的；

（2）问题符合教学内容的目标层次要求，与教学内容相联系，也可以提出其他更多衍生的“问题”；

（3）问题能引起学生的认知冲突，使学生感到有认知难度，但经过努力又能将问题解决；

（4）问题应该能激发学生的学习动机，鼓励学生思路、探索；

（5）问题设计带有情境特征，这包括涉及学科知识的复杂情景，或者与生活实际和经验相关等。

2．PBL 教学过程

进行 PBL 教学时，通常一个案例分成 2 ~ 3 次进行，每次约 2 个学时。案例以分组的形式进行讨论，每个小组进行案例讨论之前，推选一名学生为组长，主导程序的进行。第一次课，先阅读案例，对教师提出的“问题”进行分析，提出可以解释“问题”的假说，从而决定学习的主题。回顾已经掌握的知识和信息是否能解决目前的问题，如果不能，确定还要学习的知识和搜寻新的信息，制定好学习目标及每位同学必须学习的内容，课下自行搜集资料及各种相关的内容。

第二次课，在讨论时，携带所搜集的资料发表意见，特别针对每一议题全体同学进行讨论，提出问题的解决方案，并从中寻找出最优的解决方案。

第二次下课前或第三次课由各组进行作品展示。在两次课完成 PBL 教学模式的情况下，一般是在进行 PBL 教学前一周下发教学资料（教案、参考书及部分问题），在课前由每组的组长分配组员侧重查阅的问题并提出解决办法。在每次课上由组长主持并选派记录员作记录，由查阅相关问题的同学作主导发言，大家补充，充分讨论，最后一次课时完整陈述问题解决的过程，并将本组作品进行展示。同时，每个人都准备 ppt 做关于自己所做研究报告内容的陈述，进行答辩。

当学生解决问题遇到困难时，习惯性地期待教师的帮助，但在 PBL 实际教学过程中，教师并不主动进行解答，只作为一位流程的旁观者、监督者和评估者，学生必须自行寻找答案，共同讨论，最后达成统一。当然这并不代表教师设计好问题之后就完成教学任务了，教师要随时观察学生的学习进度，当学生思路偏离教学目标太远时，教师要适当加以引导，最后教师的归纳总结将教学目标完整地体现出来。

3．建立教学评价方法，进行总结反思

教学评价是教学过程的最后环节，合理的评价方法既决定着 PBL 教学改革成败，也是推动 PBL 教学改革的标志。如果教学方法改了，而对学生的考核依然沿用过去的方法，则无法使学生立刻体会到大课讲授与 PBL 之间的区别。教学评价内容与项目设计是否科学合理直接关系到对前面各环节教学过程的评价，如果设计出现问题，就不能对前面所有教学活动进行全面、客观、科学、合理的评价。因此，这一环节也是 PBL 教学法的关键环节。

PBL 教学评价应具有多元化、多样化的特点，评价方式包括：形成性评价与终结性评价相结合；学生自我评价与相互评价相结合；教师与学生相互评价相结合；书面评价与口头评价相结合等特点。

PBL 评价类型包括：学生自我评价；小组成员互评；小组老师评价学生；学生评价小组老师；小组自评等。

另外，教师还要注意引导学生进行总结反思，思考学习所得。

PBL 教学实施流程如下图所示。

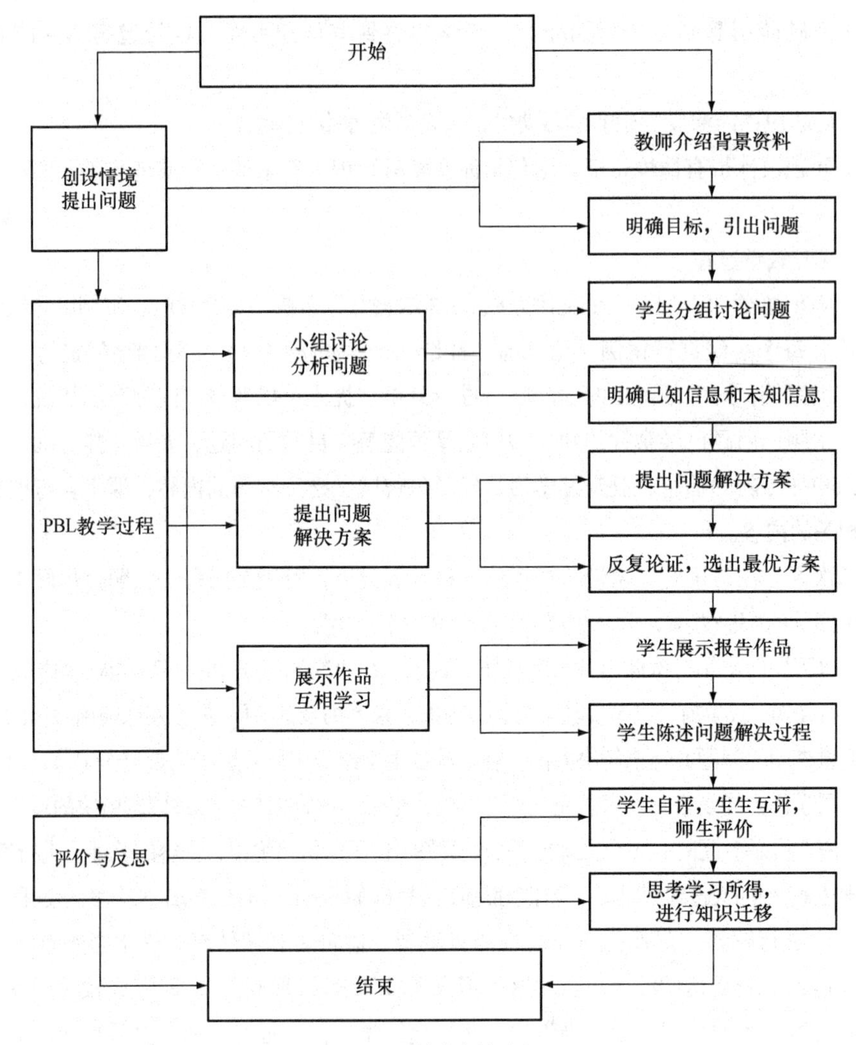

图　PBL 教学实施流程

二、如何做一个合格的小组老师

PBL 这种新型教学模式对教师的要求与传统的灌输型教学完全不同，能否真正领会 PBL 的精髓，并顺利完成从“知识的传授者”到“学习的促进者”的角色转换，对教师来说是一个极大的挑战。在 PBL 教学模式中，小组老师不应以学科专家的面目出现，而应该是学生自主学习的促进者。他不能像传统授课那样将事实性知识直接传授给学生，使其成为被动学习者，而是要引导学生主动地获取知识；他不能直接告诉学生问题的答案，而是要帮助学生通过各种途径自己寻求解决问题的方法；他更多地应该通过倾听、发问、质疑、评价等形式帮助学生提高对知识的理解和应用能力，培养其终身学习的能力。

（一）小组老师必须转变观念

（1）PBL 是一种获得知识和培养缜密思维的有效学习方法。

（2）PBL 是学生必须对自己的学习负责的求知方式。

（3）PBL 是将不同学科整合起来，引导学生不断思考和深入探索，提出观点和接受意见的谈论会。

（二）小组老师应具备的能力和技巧

（1）熟悉课程的整体目标、各相关部分的知识点及其架构和逻辑。

（2）具备课程设计能力，熟悉 PBL 的学习方式及各种学习资源。

（3）具有一定的领导和组织能力，具有解决问题的能力和技巧，能调动组内同学间互动。

（4）具备训练学生深入思考及自主学习的能力，在小组讨论时多提出启发性的"问题"，避免讲授。

（5）具有评价学生表现的原则与方法。

（三）小组老师在 PBL 中所担任的角色

1. 参与 PBL 小组讨论强调引导及启发，而不能讲授及解答，给予学生自主学习的机会，学生讨论出现障碍时，给予适当引导。

2. 小组老师在讨论中需观察的事项

（1）参与度

① 谁是高度参与者（谁话最多）？谁是低度参与者（谁话最少）？

② 什么原因造成高度参与者突然安静而低度参与者突然活跃？

③ 如何对待沉默的同学？"沉默"的原因是什么？是同意还是不同意？是不感兴趣还是畏缩？是否因意见不被赞同而生气？

（2）影响力

① 哪些同学具高度影响力（当他们说话时，其他同学会注意听）？

② 哪些同学影响力低（当他们说话时，其他同学不注意听）？

③ 小组内是否有竞争对手？是否有争夺领导权的现象？这个现象对其他同学有何影响？

（3）影响力的型态

① 霸道型：是否同学试图将个人意志或价值观强加于其他同学或促进其他同学接受自己的决定？

② 和事佬型：是否有同学热烈地支持其他同学的决定？是否有同学持续避免在小组中发生冲突或不愉快？是否有同学在给予其他同学评价时只表扬而不批评？

③ 放任型：是否有同学明显不参与讨论？是否有同学退缩、漠不关心小组的活动？

④ 民主型：是否有同学试图让所有同学参与小组讨论或决定？是谁直接公开表达个人的感受和意见而不考虑其他同学的感受和意见？是谁可以接受别人的意见和批评？当小组内气氛紧张时，哪位同学可以通过解决问题的方式来处理冲突？

（4）做决定的过程

① 是否有同学做了决定立即执行而未征求其他同学的意见？如一位同学决定讨论的题目，立即就开始讨论，这种情况对其他同学有何影响？

② 小组讨论的主题是否不断被变换？是谁促使主题跳跃？小组互动中有什么理由可以解释这个现象？

③ 是谁支持其他同学的建议或决定？这样的支持是否造成这两位同学决定全组的讨论题

目或活动？

④ 是否有证据显示在小组内少数同学的反对之下，多数同学扔强行推出某些决定？是否经过表决？

⑤ 所有同学是否均参与决定？这种做法对小组有何影响？

⑥ 是否有同学的意见未得到任何形式的反应？这种情况对该同学有何影响？

（5）促进小组讨论功能

① 是否有同学找到解决问题的最佳方式？

② 是否有同学试图总结刚才小组讨论的内容和成果？

③ 是谁在保持小组讨论方向的正确？是谁使小组讨论的主题不断变换或跑题？

（6）维持小组讨论功能

① 是谁帮助其他同学加入讨论？是谁打断或干扰其他同学的讨论？

② 同学之间是否有良好沟通？是否有部分同学固执而听不进其他人的意见？是否有部分同学愿意帮助其他同学沟通想法？

③ 在小组中意见是如何被拒绝的？当自己的意见不被小组同学接受时，该同学的反应如何？

（7）小组气氛

① 哪些同学喜欢友善和谐的气氛，他们是如何避免冲突的？哪些同学容易引发冲突？

② 同学们是否都投入小组讨论中？讨论的气氛是否围绕学习任务？是否令人满意？

（8）小组认同感

① 小组内由于意见不同是否又被拆分成多个小组？

② 是否有同学置身于小组讨论之外？他们如何被小组看待？

③ 是否有同学时而参与小组讨论时而退出？是什么原因导致的？

（9）组内情绪

① 在小组讨论中，你都观察到了什么样的情绪变化（愤怒、挫折、温馨、兴奋、无聊、防御、竞争）？

② 是否有同学试图阻止负面情绪的宣泄？他是如何做到的？

（10）规范

① 在小组中是否有些领域是讨论的禁忌（如性、宗教、讨论小组的情绪或领导者的行为等）？是谁在强化这样的禁忌？这时讨论将如何进行下去？

② 同学之间是否太谦让有礼？在小组中是否只有正面的情绪可以表达，同学间是否轻易就同意了彼此的意见？当同学有不同意见时会发生什么情况？

三、小组老师守则

1. 准时到达 PBL 教室，不得随意取消或调换 PBL 课程。若无法参加 PBL 讨论，要在一周前通知教务处；若因紧急情况无法参加，要尽快通知教务处，以便安排老师。

2. 讨论教案时，要按顺序将教案（学生版）发给学生。小组老师需注意小组讨论的内容千万不要偏离主题太远，学习内容要符合既定的学习目标。

3. PBL 强调学生自我学习及组内同学间互相学习，小组老师的职责在于引导学生正确的学习方向，但不能变成小组教学或单纯的知识传授。

4. PBL 强调学生自我学习，因此不要将文献或参考数据给学生，学生必须学习如何获得所需的知识，以达到学习目标。

5. 除由规划教材取得数据外，应鼓励学生尽可能由期刊及计算机网站上去找寻数据。

6. 展示学习成果时，要求学生把握好汇报时间，学习如何提纲挈领在限定时间内将所学知识让组内全部成员都知道，所得到的知识内容也应详细整理成讲义，发给同组成员。每位同学要搜集全部问题，这样在其他同学报告时才能参与讨论。

7. 在教案的讨论结束后，小组老师要带领小组进行自我评估，包括同学对自己的评估、同组成员的评估、对小组老师的评估及小组老师对整个小组成员的评估。

8. 小组老师应参加每个教案讨论前的小组老师会议，这样才能对将讨论的教案有一个完整的认识。

9. 小组老师在每个学习单元或模块结束时，需要对每位同学进行整体评估，给每位同学评语及分数。

四、PBL 学习中常见的问题及解决办法

问题 1：学生对学习的内容产生严重的分歧且争执不下，并有口头上人身攻击的迹象。

解决方法：小组老师应及时引导小组离开争议的内容，转移到别的学习内容。并指出口头人身攻击是不当的行为，缺乏专业的修养。

问题 2：两位学生不同意彼此各自找到的资料而争论不息。

解决方法：可请学生说明其资料来源，并要求他们做更深入批判性的讨论，并咨询其他学生的意见。如果争论循环不息而无建设性的结论甚或无标准答案，就应将学生导入其他议题，以免浪费时间。

问题 3：少数学生在教案第一次讨论结束后并没有回去查数据，因此在第二次讨论时为了有所提问，而常导致离题。

解决方法：通常同组同学发现某人离题太远时多会将主题拉回，但若发生的次数过于频繁有时会有一些冲突产生，此时小组老师必须缓和一下气氛。在回馈时，请学生做些反省，以免再次发生。小组老师若不及时更正，会导致同学不协调，影响学习氛围及进度。

问题 4：小组内一位学生所提出的假说很肤浅，仅局限于学习表面化。

解决方法：小组老师可要求该名学生对他的假说提供更进一步的解说并征询其他学生的看法及意见。

问题 5：有些学生因个性的关系，小组老师点一下便回答一句，然后便又陷入沉默之中。

解决方法：可以在第一次结束后请该同学多查一些数据，下次便可以问他查了哪些资料并给予口头上的鼓励，通常准备资料越多越会有自信，沉默的情形就有减缓的趋势。或者也可以请该学生在某些熟悉的议题上，让他更深或更广发挥。

问题 6：一位同学几次 PBL 教案讨论都很深沉，在小组回馈时他也曾为此抱歉，但并未明显改善。

解决办法：你可邀请这位学生与你私下交谈，安排在平和温馨的环境下交谈并应深入了

解他的消极行为的原因，可建议安排他向最佳同学讨教，以鼓励为原则。

问题7：小组内某一热心的成员喜欢抢着发言，甚至沦为个人教学秀。

解决方法：小组老师可适时提出一个问题并表明希望听听其他同学之意见及看法，但不要泼冷水伤了热心成员的自尊。在回馈时，告知大家礼让别的同学有机会表达也是个美德。

问题8：学生对教案中学习目标的设定，因为要求、兴趣不同而达不到共识。

解决方法：可建议学生考虑彼此立场并指出学习目标的设定高于个人兴趣，以求达到共识。回馈时告知学生以异求同在团队中的重要性。

问题9：一位学生提出一项有趣的学习项目，但超越了该教案的学习目标的范围。

解决方法：首先告诉学生不应过于离题以免达不到学习目标，并给予适当的提示让学生凝聚在原来的目标上。若所有的同学都强烈表示愿意探讨这个有趣的项目，可能意味着教案设计的问题，不妨让大家尝试一下，并就此现象回馈给写教案者以便考虑是否对此教案做出适当的更改。可咨询所有同学的意见，以学生自主的方式去求得共识。

问题10：学生告诉小组老师，别的小组与本组的学习目标不尽相同，他们怕比别组学得少。

解决方法：可向学生解释，即使不同同学在不同时段也有不同的学习目标，所以不同的组别进度不同是很正常的，但最终还是会达到所有主要的学习目标。再者，PBL 教案的目的是对学习过程及心态的培训，知识层面的多寡在这阶段不是最重要的学习目标。

问题11：有学生向你诉说 PBL 学习流程太费时，他们没有足够的时间去准备，可否减少教案。

解决方法：你表示深深同情学生的难处，同时建议学生重新审视自己的时间规划并找出增进学习效率的方法，因为时间管控也是学习的重要技巧。

问题12：小组活力不足，无法有效率地发言，小组老师该如何处理?

解决方法：先把课堂气氛调整成有安全感的氛围，再请组长鼓励同学针对流程提出不同的意见，当记录者在黑板写下问题后，再问同学对该问题有无意见。最后在课堂结束前的回馈时，提示同学应针对问题多发言。

问题13：学生之间的竞争（个人间或形成两种极端）有什么错误?

解决方法：小组学习的 PBL 强调合作的优点与重要性，我们并不否认团队化的良性竞争的重要性，但我们绝不应纵容个人的恶性竞争。

问题14：讨论过程中同学因意见不同而有火药味产生时，小组老师该介入吗？如何介入?

解决方法：如果同学之间无人介入，此时小组老师应适时介入，原则上不评断谁是谁非，但应请同学发扬民主，接受不同的意见，并以谦和的态度就事论事。通常在火药味产生之前就已有迹象，小组老师应当特别注意并加以引导。

五、评价方法（仅供参考）

（一）报告、答辩和成绩评定

本书作者在《博弈论与信息经济学》的 PBL 教学中所采用的成绩评定方法如下：

个人课程总成绩=小组报告成绩+个人报告和答辩成绩+个人笔试回答问题成绩+平时成绩

比重分别是：50%+20%+20%+10%

1．小组报告成绩

小组报告成绩=小组自评成绩（20%）+其他组给该组评定成绩（30%）+老师评定成绩（50%）

报告成绩评定主要是依据所提交报告从以下方面考核评定：

（1）报告总体内容齐全程度和创新程度；

（2）报告总体格式规范程度；

（3）报告对基本问题的回应程度；

（4）报告对拓展问题的回应程度。

2．个人报告和答辩成绩

依据个人所做研究报告内容的陈述和问答表现由答辩老师确定。

3．个人笔试回答问题成绩

在小组答辩前或后，每个人都进行笔写回答问题。方式是：随机抽取事先准备好的有关小组研究题目的课本知识基本问题，然后独立用 30 分钟将答案写在答题纸上，由教师根据回答评定成绩。

4．平时成绩

根据讨论时期表现和上课出勤情况由同组组长（40%）和教师（60%）共同确定。

组长要与组员协商给定每个组员的平时成绩。

（二）评价表

PBL 学习评价表（师对生）

第____组　姓名：________　学号：______　（每一次 PBL 课程后填写一次，评估对象包括本组同学）

学号/学生姓名	准备（20%）	出勤（20%）	参与（20%）	表达（20%）	互动（20%）	总分	评语

注：评分标准：①准备，包括收集与整理资料，20 分；②出勤，20 分，迟到或早退酌情扣分；③参与，包括上课态度及对学习主题的了解，20 分；④表达能力，20 分；⑤团体互动，20 分。

学习评价表（生对师）

题号	题目	非常同意	同意	无意见	不同意	非常不同意
1	教师对 PBL 的教学目标清楚					
2	教师会适当地鼓励学生的学习动机					
3	教师会适当引导学生逻辑思考与判断					
4	教师对课堂时间运用恰当					
5	教师引导 PBL 进行方式恰当					
6	教师对 PBL 教学具有热枕					

你对教师的其他建议或意见：

1. 主要的优点有哪些？主要的缺点有哪些？
2. 下次的小组讨论你认为教师应该做些什么？不应该做些什么？

小组学习评价表（学生自评与互评）

题号	题目	非常同意	同意	无意见	不同意	非常不同意
1	本组同学参与度良好					
2	同学间的互动良好					
3	本组讨论的进行流程掌控良好					
4	讨论的内容良好、有组织并充实					
5	本组同学均很认真地搜集资料					
6	同学们的学习热情高昂					
7	本组同学大多能达到预定的学习目标					
8	增进同学之间良好的互动关系					
9	此次小组学习对自己知识量的增加有帮助					
10	此次小组学习对自己的学习方法影响很大					

1. 你对自己的建议或意见：

（1）哪些还需要改进？

（2）与上次比较哪些已有实质改进？哪些还未改进？

2. 你对同组其他同学的建议或意见：

（1）哪些还需要改进？

（2）与上次比较哪些已有实质改进？哪些还未改进？

课程问卷（期末进行）

题号	题目	非常同意	同意	无意见	不同意	非常不同意
1	教师 PBL 上课时间不固定，经常调课					
2	教师 PBL 课程安排的次数与章节适当					
3	教师的教材内容充实、教案难度适中					
4	PBL 教室设备充足					
5	教师的教学目标清楚					
6	教师会适当地鼓励学生的学习动机					
7	教师会适当地引导学生逻辑思考与判断					
8	教师对课堂时间运用恰当					
9	教师对 PBL 教学具有热忱					
10	PBL 学习评价的方式恰当					

1. 你认为每学期合理的教案数目：______个教案/学期。

2. 你对于这学期 PBL 课程其他的建议或意见：

附录2 PBL学生手册

一、PBL教学的特点

PBL（Problem Based Learning）是以问题为导向的学习，是一种基于真实事件的以学生为中心的教学理念。PBL 教学模式是以问题为基础，以学生为主体，以小组讨论为形式，在小组老师的参与下，围绕某一专题或具体项目进行研究的自主学习过程。

这种教学模式突出了以学生为主体，使学生在提出问题、解决问题以及寻找答案的过程中获取知识，培养能力。其特点是打破学科界限，围绕问题进行学习，以提升学生的自主学习能力，培养创新能力，通过获取、理解新知识和解决新问题的能力培养达到教学目标。

PBL 教学可以促进学生不断地思考，学生为解决问题需要查阅课外资料，归纳、整理所学的知识与技能，获取新知识、新技能，有利于培养学生的自主学习精神；改变了“我讲你听，我做你看”及“预习—听课—复习—考试”四阶段教学模式，让呆板孤立的知识片段化作整体知识链，触类旁通，突出了“学生是主体，讨论是灵魂，自学是关键”的教学理念。PBL 教学过程中教师慢慢“隐退”，仅在关键时刻起到点拨与引导的作用，教师不再是唯一的知识库，而是知识构建的促进者、学科专家、信息的咨询者。

二、PBL教学法对学生的要求

PBL 教学的成功开展，需要学生的主动配合，从准备资料开始，就要结合提纲、案例去查阅大量的文献资料，并积极与其他同学交流沟通，大家同心协力得出最佳结论。这样的学习，花在前期准备工作上的时间与精力大大多于普通的课堂学习，因此需要学生们有主动学习的自觉性，否则很难达到预期的教学效果和目标。学生应从自身出发，完成角色的转换，从被动的学习者转变为学习的主人。

综上所述，学生应具有以下学习态度：

（1）心理建设。要摒弃不劳而获的心态，学生必须对自己的学习负责，PBL 是一种主动和自我引导的学习，即愿意学习，以达到终生学习的目的。

（2）要建立自信，只要我想做，一定能做到。

（3）要善于接受批评。

（4）负责的态度。包括按时完成指定的作业；主动并鼓励别人参与讨论；聆听他人的意见；于适当的时候表达自己的观点；不干扰教学过程；促进他人学习。

三、PBL 教学的过程

1．发放教学案例

（1）学生根据案例提出的问题，设定主要和次要学习目标，由组长把需要回答的问题分工给每个学生。

（2）每个学生根据问题和学习目标到图书馆、网站、教科书或课堂上寻找答案，提交书面材料。这当中需要大家发挥协作精神。

2．讨论学习

（1）选出组长主持讨论，回答教案提出的问题，并由一名同学作记录。

（2）组内同学和指导教师进行简短评议。

3．总结

小组集体讨论后做出总结，并由一名同学代表总结发言。组内同学和教师进行评议：对该教案是否适用本次学习目标进行评议；对同学参与整个学习的过程进行自评、互评；教师也对学生的学习情况进行评议。

编写教案的教师与学生们面对面，对教案所要达到的学习目标以及所反映出的问题进行小结，并反馈学习情况。

四、PBL 教学中学生常出现的问题

PBL 教学法对学生的学习能力要求较高，学生容易出现如下问题：

（1）合作能力不强，很多学生选择独立完成问题。

（2）信息获取途径较为单一，多为教科书、相关书籍上的现有信息，不能有效利用网络等媒体。

（3）综合分析能力有待提高。

五、信息资料的查找方法

PBL 教学法需要学生查阅大量的文献，自己找出问题的答案，因此，查找文献的能力很重要。

现代社会信息资料可谓浩如烟海，要想在其中找自己需要的信息，而又不迷失其中，首先要有明确的方向感，有的放矢，即懂得哪些文献是可靠的，哪些文献会让查找更加便捷，哪里能找到所需要的文献。

1．明确文献资料的查找方向

（1）一次文献：包括图书、期刊、论文、调查报告、会议记录、试验报告，这些是实践的记录与总结，具有原创性。在活动中学生查找最多的可能是图书与期刊，如名著、一般性专著、教科书、手册、报纸、科普图文、辞典、百科全书、年鉴等。

（2）二次文献：是由一次文献提炼出来的，如目录、题录、索引、文献。在二次文献中，我们不能获得作者的观点，只是为研究者提供检索的方便，使我们更快地找到所要的东西。

（3）三次文献：是在二次文献的基础上检索、选择、综合分析而成的，如综述与述评。

2．如何利用网络查找文献

根据信息载体的不同，可以分为印刷品、录像带、光盘数据库、因特网等。光盘数据库、因特网已经成为新一代的信息资源，从中可以更方便地获得所需要的信息。尤其是近年来网络技术飞速发展，逐渐成为跨时空的大型全球“信息中心”，但网络提供的信息往往十分庞杂，更需要学生具有敏锐的判断能力，以防学生迷失在网络信息的“海洋”中。

下面介绍一些常用的文献数据库。

（1）国内主要资源

① 维普：该数据库收录 8 000 余种社科类及自然科学类期刊的题录、文摘及全文，主题范畴为社科类、自然科学类、综合类，年代跨度为 1989 年至今。

② 万方：万方数据资源系统的数据库有百余个，应用最多的主要是专业文献库、中国科技引文库、中国学位论文库、中国期刊会议论文库等。

③ CNKI：主要应用包括中国期刊全文数据库、中国优秀博士硕士论文全文数据库、中国重要报纸全文数据库、中国医院知识仓库、中国重要会议论文全文数据库。

④ 超星图书馆、书生之家图书馆、中国数字图书馆：是国内主要汇集各类图书资源的数据库。

（2）国外主要资源

① Springer 电子期刊：施普林格出版社于 1842 年在德国柏林创立，是全球第一大科技图书出版公司和第二大科技期刊出版公司，每年出版 6 500 余种科技图书和约 1 700 余种科技期刊，其中超过 1 500 种经同行评阅的期刊。施普林格注重出版物内容水平、出版人员的专业性和服务质量，专注出版，服务科学是施普林格一贯的准则和目标。截至目前，共有 190 位诺贝尔获奖者在 Springer 出版专著或发表期刊文章，全部 52 位菲尔兹奖获奖者在 Springer 出版数学专著，70%图灵奖获奖者选择在 Springer 出版专著或发表期刊文章。读者通过 SpringerLink 系统可以访问 1997 年至今 Springer 出版的近 1 470 余种英文电子期刊，学科涉及生命科学、自然科学、技术、工程、医学、法律、行为科学、经济学、生物学和医学等 11 个学科。Springer 出版的期刊 50%以上被 SCI 和 SSCI 收录，一些期刊在相关学科拥有较高的排名。

② Engineering Village：该平台上，可以同时检索以下 3 个文摘索引数据库。a. Ei Compendex（1884 年—）：对应的印刷版检索刊为《工程索引》，是目前最常用的文摘数据库之一，侧重于工程技术领域的文献的报道，涉及核技术、生物工程、交通运输、化学和工艺工程、照明和光学技术、农业工程和食品技术、计算机和数据处理、应用物理、电子和通信、控制工程、土木工程、机械工程、材料工程、石油、宇航、汽车工程以及这些领域的子学科。其数据来源于 5 100 种工程类期刊、会议论文集和技术报告。每周更新。b. INSPEC（1969 年—）：由英国电机工程师学会（IEE，1871 年成立）出版的 Inspec 让读者有机会查阅到世界各地的科技文献资料，内容来自全球 80 多个国家出版的 4 000 多种科技期刊，外加图书、报告及 2 200 多种会议记录，为用户提供及时、深刻、全球性的技术资料，内容涉及物理、电子电气、通信、控制、计算机、计算、信息技术、制造及工程。每周更新，每年新增大约 35 万份记录。c. NTIS（1899 年—）：全称是 National Technical Information Service，是

美国国家技术情报社出版的美国政府报告文摘题录数据库，对应的印刷型刊物为：《Government Reports Announcements & Index（GRA & I）》和《Government Inventions for Licensing》。以收录美国政府立项研究及开发的项目报告为主，少量收录西欧、日本及世界各国（包括中国）的科学研究报告。包括项目进展过程中所做的一些初期报告、中期报告、最终报告等，反映最新政府重视的项目进展。该库 75％的文献是科技报告，此外还有专利、会议论文、期刊论文、翻译文献；25%的文献是美国以外的文献；90%的文献是英文文献。内容覆盖科学技术各个领域。每周更新。

③ Elsevier SDOL 电子期刊：荷兰爱思唯尔（Elsevier）出版集团是全球最大的科技与医学文献出版发行商之一，已有 180 多年的历史。ScienceDirect 系统是 Elsevier 公司的核心产品，自 1999 年开始向读者提供电子出版物全文的在线服务，包括 Elsevier 出版集团所属的 2 200 多种同行评议期刊和 2 000 多种系列丛书、手册及参考书等，涉及四大学科领域：物理学与工程、生命科学、健康科学、社会科学与人文科学，数据库收录全文文章总数已超过 856 万篇。

④ IEEE/IEE（IEL）：IEEE/IEE Electronic Library（IEL）数据库提供 1988 年以来美国电气电子工程师学会和英国电气工程师学会出版的 150 多种期刊、5 670 多种会议录、近 1 390 种标准的全文信息。用户通过检索可以浏览、下载或打印与原出版物版面完全相同的文字、图表、图像和照片的全文信息。IEL 包括：IEEE 学报、IEEE 期刊、IEEE 杂志、IEEE 函件、IEEE 会议录、IEEE 标准、IEE 期刊、IEE 会议。

⑤ 如果知道文章作者、出处、文章标题、文摘等信息，可以直接从搜索引擎搜索，如：Google 搜索引擎 http://www.google.com，谷粉学术搜索引擎 http://www.gfsoso.com/scholar。

六、如何做合格的 PBL 小组组长

组长并非领导者，而是让讨论过程有效地进行。组长最好由学生推选或自由轮替，也可以由小组老师推荐。

要做个称职的组长，应注意下列事项：

1. 激励大家组成团队

鼓励各成员发挥自我意识与自信，收集所有资料，朝共同目标努力；给予更多的责任与权力，使小组成员组成团队，学习互助合作及团队精神，发挥责任感并共同携手向前；分配并协调资料的收集与报告。

2. 协助进行讨论

（1）提前到达小组讨论教室，准备教具，准时开始讨论。

（2）宣读本次的主题，引导与激发讨论主题，掌握讨论方向，技巧性地克服讨论过程中所遇到的困难。

（3）控制讨论流程与时间，归纳众议并导出学习目标与结论。

（4）宣告本次讨论的结论及决议事项，准时结束会议，请同学填写学生自我评价量表与相互评价量表。

3．寻求回馈

在讨论结束后，小组成员对当次讨论中组长的表现及成员间彼此的表现相互评估与鼓励，增加彼此间的默契，并填写学生自我评价量表与相互评价量表，使下次讨论效果更好。

七、考核方法（仅供参考）

学习评价表（生对师）

题号	题目	非常同意	同意	无意见	不同意	非常不同意
1	教师对 PBL 的教学目标清楚					
2	教师会适当地鼓励学生的学习动机					
3	教师会适当引导学生逻辑思考与判断					
4	教师对课堂时间运用适当					
5	教师引导 PBL 的进行方式适当					
6	教师对 PBL 教学具有热枕					

你对教师的其他建议或意见：

1. 主要的优点有哪些？主要的缺点有哪些？

2. 下次的小组讨论你认为教师应该做些什么？不应该做些什么？

小组学习评价表（学生自评与互评）

题号	题目	非常同意	同意	无意见	不同意	非常不同意
1	本组同学参与度良好					
2	同学间的互动良好					
3	本组讨论的进行流程掌控良好					
4	讨论的内容系统、有组织并充实					
5	本组同学均很认真地搜集资料					
6	同学们的学习热情高昂					
7	本组同学大多能达到预定的学习目标					
8	增进同学之间良好的互动关系					
9	此次小组学习对自己知识量的增加有帮助					
10	此次小组学习对自己的学习方法影响很大					

1. 你对自己的建议或意见：

（1）哪些还需要改进？

（2）与上次比较哪些已实质改进？哪些还未改进？

2. 你对同组其他同学的建议或意见：

（1）哪些还需要改进？

（2）与上次比较哪些已实质改进？哪些还未改进？

课程问卷（期末进行）

题号	题目	非常同意	同意	无意见	不同意	非常不同意
1	教师PBL上课时间不固定，经常调课					
2	教师PBL课程安排的次数与章节适当					
3	教师的教材内容充实、教案难易适中					
4	PBL教室设备充足					
5	教师的教学目标清楚					
6	教师会适当地鼓励学生的学习动机					
7	教师会适当地引导学生逻辑思考与判断					
8	教师对课堂时间运用恰当					
9	教师对PBL教学具有热枕					
10	PBL学习评价的方式适当					

1. 你认为每学期合理的教案数目：______个教案/学期。
2. 你对于这个学期PBL课程其他的建议或意见：